AGRICULTURA DE PRECISÃO

José Paulo Molin
Lucas Rios do Amaral
André Freitas Colaço

AGRICULTURA DE PRECISÃO

José Paulo Molin
Lucas Rios do Amaral
André Freitas Colaço

© Copyright 2015 Oficina de Textos

1ª reimpressão – 2016 | 2ª reimpressão – 2019 | 3ª reimpressão – 2023

Grafia atualizada conforme o Acordo Ortográfico da Língua Portuguesa de 1990, em vigor no Brasil desde 2009.

Conselho editorial   Aluízio Borém; Arthur Pinto Chaves; Cylon Gonçalves da Silva; Doris C. C. Kowaltowski; José Galizia Tundisi; Luis Enrique Sánchez; Paulo Helene; Rozely Ferreira dos Santos; Teresa Gallotti Florenzano

Capa e projeto gráfico Malu Vallim
Diagramação Alexandre Babadobulos
Preparação de figuras Letícia Schneiater e Alexandre Babadobulos
Preparação de textos Carolina A. Messias
Revisão de textos Patrizia Zagni
Impressão e acabamento BMF gráfica

Dados Internacionais de Catalogação na Publicação (CIP)
(Câmara Brasileira do Livro, SP, Brasil)

Molin, José Paulo
    Agricultura de precisão / José Paulo Molin, Lucas Rios do Amaral, André Freitas Colaço. -- 1. ed. -- São Paulo : Oficina de Textos, 2015.

    Bibliografia
    ISBN 978-85-7975-213-1

    1. Agricultura de precisão 2. Agricultura de precisão - Inovações tecnológicas 3. Solos - Manejo 4. Sustentabilidade I. Amaral, Lucas Rios do. II. Colaço, André Freitas. III. Título.

15-07856   CDD-631.3

Índices para catálogo sistemático:
1. Agricultura de precisão 631.3

Todos os direitos reservados à **Oficina de Textos**
Rua Cubatão, 798
CEP 04013-003 – São Paulo – Brasil
Fone (11) 3085 7933
www.ofitexto.com.br   e-mail: atend@ofitexto.com.br

Prefácio

Ao mesmo tempo que há uma crescente demanda por alimentos, energia e demais produtos oriundos da agricultura, os recursos naturais estão cada vez mais escassos. Diante desse contexto, a produção agrícola precisa ser otimizada, visando à sustentabilidade e à segurança alimentar. A gestão dos cultivos deve buscar o máximo rendimento das culturas com o menor consumo de insumos possível, ou seja, com o consumo racional e otimizado desses. Nesse contexto, a agricultura de precisão se mostra prática essencial e ganha cada vez mais adeptos.

O termo *agricultura de precisão* tem aproximadamente 25 anos, mas os fatos e as constatações que levaram ao seu surgimento são de longa data. Desde que a agricultura existe, sempre houve motivos para se diferenciar os tratos culturais nos pastos, pomares e lavouras em razão de alguma diferença interna das áreas. Com a expansão territorial da agricultura promovida pelo auxílio da mecanização, que permitiu que áreas cada vez maiores fossem cultivadas, esse detalhamento foi sendo relegado e grandes áreas passaram a ser geridas como se fossem homogêneas. Diante da necessidade de dar um novo foco para a agricultura, surgiu a atual agricultura de precisão.

Este texto aborda os aspectos conceituais da agricultura de precisão, mas também contempla as tecnologias envolvidas. Estas, por sua vez, têm vida útil bastante efêmera na escala do tempo e muitas, em poucos anos, estarão superadas ou terão perdido a sua importância. De qualquer forma, espera-se que os conceitos permaneçam, evoluam e se consolidem.

Por parte dos autores, não existe a pretensão de esgotar o assunto, mas espera-se que o texto sirva de suporte para estudantes e profissionais. Entendemos que a agricultura de precisão não é uma disciplina, e sim uma abordagem, que pode e deve ser inserida nas disciplinas clássicas. Sua apresentação acadêmica na forma de disciplina justifica-se quando o objetivo é dar a visão do conjunto e deve prevalecer enquanto os conceitos não forem incorporados pelas diferentes áreas do conhecimento, não somente dentro da agricultura, mas das Ciências Agrárias como um todo.

O livro é composto de um conjunto de temas abordados sob o escopo da agricultura de precisão e acredita-se que poderá haver entendimentos distintos entre os leitores quanto à amplitude e aprofundamento nos diversos assuntos. Por isso, observações, comentários e críticas serão sempre bem-vindos.

Sumário

Introdução 9

1 Sistemas de navegação global por satélites 17
1.1 GNSS 17
1.2 Componentes do GPS 20
1.3 Receptores GNSS 21
1.4 Erros que atuam no GNSS 26
1.5 Representação cartográfica 30
1.6 Métodos de posicionamento 32
1.7 Desempenho de receptores GNSS 39

2 Mapas de produtividade: monitoramento da variabilidade das lavouras 43
2.1 Reconhecimento da variabilidade 43
2.2 Mapas de produtividade e suas funções 45
2.3 Monitor de produtividade e seus componentes 48
2.4 Monitores de produtividade em grãos 52
2.5 Monitoramento de produtividade em outras culturas 56
2.6 Calibração e operação do monitor 61
2.7 Processamento de dados e filtragens 62

3 Amostragens georreferenciadas 71
3.1 Conceitos básicos de amostragem 71
3.2 Estratégias de amostragem 73
3.3 Equipamentos para amostragem de solo 84
3.4 Amostragem de outros fatores de produção 86

4 Sistemas de informações geográficas e análise espacial de dados 89
4.1 Sistemas de informações geográficas e a AP 89
4.2 Análise dos dados 96
4.3 Geoestatística 106

5 Sensoriamento e sensores 119
5.1 Sensores na agricultura 119
5.2 Sensoriamento remoto 122
5.3 Sensoriamento proximal 131

6 Gestão detalhada das lavouras 155
6.1 Conceitos básicos e aplicações 155
6.2 Tratamento localizado na aplicação de fertilizantes e corretivos 159
6.3 Tratamentos localizados em pulverizações 175
6.4 Tratamento localizado na semeadura 183
6.5 Tratamento localizado no preparo do solo 186
6.6 Tratamento localizado na irrigação 187

7 Unidades de gestão diferenciada 189
7.1 Conceitos fundamentais 189
7.2 Aplicações 193
7.3 Formas de obtenção 196

8 Sistemas de orientação e automação em máquinas 203
8.1 Soluções associadas à AP 203
8.2 Barras de luzes 204
8.3 Sistemas de direção automática 210
8.4 Controle de tráfego 213
8.5 Sistemas de direção automática para equipamentos 216
8.6 Qualidade dos alinhamentos e do paralelismo entre passadas 217
8.7 Automação das decisões nas máquinas 219
8.8 Eletrônica embarcada e a necessidade da sua padronização 223
8.9 Robótica – histórico e conceitos 225
8.10 Ambiente agrícola e os desafios para a robótica 226

Referências bibliográficas 233

Introdução

A VARIABILIDADE ESPACIAL NAS LAVOURAS

A prática da agricultura na sua forma mais ampla, envolvendo as lavouras de ciclo curto e as semiperenes, a fruticultura, as pastagens e as florestas implantadas, é uma atividade econômica que precisa ser minimamente sustentável. As áreas utilizadas para tais explorações não são obrigatoriamente uniformes – mesmo dentro de pequenas porções de uma gleba existirão diferenças no solo e no relevo que podem significar a demanda por tratamentos diferenciados.

Os agricultores que trabalhavam pequenas áreas de forma manual e com pequenas máquinas e implementos sempre tiveram essa percepção. No entanto, essa situação mudou radicalmente em muitas regiões do mundo, nas quais as áreas de cultivo se tornaram cada vez maiores e a potência e a capacidade das máquinas utilizadas aumentaram exponencialmente. Com isso, o agricultor foi perdendo muito da sua visão dos detalhes quanto ao solo e à cultura, pois o maquinário de alta capacidade trata facilmente grandes áreas de maneira uniforme. Entretanto, essa estratégia não pode ser considerada otimizada, pois nem o solo nem a cultura são uniformes dentro dessas áreas.

É necessário resgatar essa habilidade que o agricultor possuía no passado e conciliar as grandes extensões de lavouras e suas operações mecanizadas com as diferenças intrínsecas dentro dessas áreas produtivas. No entanto, a observação visual pelo agricultor e os ajustes manuais nas operações não são mais possíveis. Ao conciliar a investigação da variabilidade e o conhecimento agronômico já acumulado com o uso de máquinas e algum nível de automação dos processos, é possível reproduzir boa parte daquele detalhamento promovido antigamente pelo agricultor no gerenciamento de pequenas glebas.

Nem por isso os pequenos produtores devem se considerar relegados. Tal abordagem atualmente lhes oferece facilidades e recursos que permitem o resgate das práticas do passado de forma ainda mais efetiva. O conhecimento agregado ao longo da história ajuda a explicar cientificamente as variabilidades observadas e oferece caminhos para a gestão localizada com mais técnica e rigor, mesmo em pequenas lavouras.

Os aspectos ambientais ainda não são suficientemente abordados pelo setor produtivo agrícola e, além disso, há uma parcela da sociedade que culpa a agricultura moderna e as tecnologias envolvidas em torno dela de serem grandes degradadores ambientais. Especialmente os fertilizantes minerais, herbicidas, fungicidas e inseticidas, necessários para se obterem elevadas produtividades, são considerados contaminantes. No entanto, a utilização racional desses insumos, de forma a aplicá-los apenas na quantidade essencial, no local adequado e no momento em que são necessários, significa um avanço recente, da mesma forma que acontece com energia, sementes e água.

BREVE HISTÓRICO

Desde o início do século XX, existem relatos de trabalhos que mostram a utilidade de se gerenciar as lavouras de forma detalhada e localizada, inclusive com a aplicação de insumos, como o calcário, em taxas variáveis. Porém, a adoção real de práticas dessa natureza remonta aos anos 1980, quando foram gerados os primeiros mapas de produtividade na Europa e foram feitas as primeiras adubações com doses variadas de forma automatizada nos Estados Unidos.

Contudo, existem outros fatores que também ajudaram no surgimento dessa linha de pensamento. Por exemplo, na Universidade de Minnesota (EUA) reunia-se um grupo de pesquisadores, predominantemente da área de solos, que passou a chamar a atenção para a grande variabilidade espacial presente nas lavouras, advinda da própria formação dos solos ou das interferências causadas pelo homem. Esse movimento do final dos anos 1980 deu origem ao que hoje é o Congresso Internacional de Agricultura de Precisão (ICPA), que acontece a cada dois anos e que, por sua vez, deu origem à Sociedade Internacional de Agricultura de Precisão (ISPA). Estes são eventos de grande relevância por agregarem considerável número de cientistas e técnicos em torno do tema. Outro fato que inegavelmente influenciou a efetiva implementação das práticas de agricultura de precisão (AP) foi o surgimento do Sistema de Posicionamento Global (GPS), que passou a oferecer sinal para uso civil em torno de 1990.

No Brasil, as primeiras atividades ligadas à AP, ainda muito esparsas, ocorreram em meados da década de 1990, primeiramente com a importação de equipamentos, especialmente colhedoras equipadas com monitor de produtividade de grãos. Porém, não havia máquinas disponíveis para a aplicação de fertilizantes em taxas variáveis, o que passou a ser praticado no final dos anos 1990, também com equipamentos importados. No início dos anos 2000, surgiram as primeiras máquinas aplicadoras brasileiras para taxas variáveis de granulados e pós, equipadas com controladores importados e, mais tarde, com os primeiros controladores para taxas variáveis nacionais. Aqui também a comunidade acadêmica passou a se organizar em torno de eventos, que aconteceram a partir de 1996, com o primeiro simpósio sobre AP na Universidade de São Paulo, Campus Escola Superior de Agricultura Luiz de Queiroz. Em 2000, a Universidade Federal de Viçosa (UFV) realizava o seu primeiro Simpósio Internacional de Agricultura de Precisão (SIAP). Em 2004, na ESALQ/USP, realizava-se o primeiro Congresso Brasileiro de Agricultura de Precisão (ConBAP), que, na sequência, juntou esforços com o SIAP e as ações desenvolvidas em ambos culminaram com a criação da Comissão Brasileira de Agricultura de Precisão, órgão consultivo do Ministério da Agricultura, Pecuária e Abastecimento oficializado pela portaria n° 852 de 20 de setembro de 2012.

Outro fato importante é que até 2000 o governo norte-americano causava intencionalmente um erro exagerado nos posicionamentos disponíveis a partir do sinal de GPS de uso civil. Isso exigia alto investimento em sistemas de correção diferencial daqueles que trabalhavam no campo com o GPS, o que consequentemente elevava o custo operacional. No dia primeiro de maio de 2000, a degradação do sinal GPS foi desligada e, consequentemente, os receptores de navegação de baixo custo se popularizaram.

A conjugação desses fatores fez com que o mercado de AP passasse efetivamente a existir, com o surgimento das primeiras empresas de consultoria e de serviços. No início da década de 2000, as barras de luzes, que já equipavam todos os aviões agrícolas, passaram a ser utilizadas em pulverizadores autopropelidos e outros veículos terrestres. Na sequência, surgiram os sistemas de direção automática. Foi assim que se estabeleceu no mercado e na mente dos usuários o conceito que associa AP a duas grandes frentes: a aplicação de corretivos e fertilizantes em taxas variáveis com base em amostragem georreferenciada de solo e o uso de sistemas de direção automática e congêneres.

A DEFINIÇÃO DE AP

A AP tem várias formas de abordagem e definições, dependendo do ponto de vista e da disciplina em que o proponente se concentra. Na sua fase inicial, a definição de AP era fortemente vinculada às ferramentas de georreferenciamento de dados nas lavouras, envolvendo, por exemplo, a sigla GPS, o que gerou entendimentos equivocados. Então, ela evoluiu para a visão da gestão das lavouras com um nível de detalhamento que permite considerar e tratar devidamente a variabilidade intrínseca destas.

Há uma crescente comunidade do segmento agrícola que transita no meio conhecido como Tecnologia da Informação (TI). Nesse sentido, têm surgido interpretações variadas quanto à sobreposição ou às semelhanças entre TI e AP. No entanto, Ting et al. (2011) fazem uma análise sobre o tema e caracterizam todo o contexto da área de TI na agricultura, afirmando que TI é utilizada de formas bastante diferentes desde as etapas pré-lavoura até as pós-lavoura. A AP, da forma como é tratada hoje, pode ser compreendida como a aplicação de TI durante a condução das lavouras, por isso a comunidade voltada à aplicação de TI na agricultura na sua forma mais ampla nem sempre está identificada com o que se trata dentro da AP.

A origem do termo "agricultura de precisão" está fundamentada no fato de que as lavouras não são uniformes no espaço nem no tempo. Assim, foi necessário o desenvolvimento de estratégias para gerenciar os problemas advindos da desuniformidade das lavouras com variados níveis de complexidade. A Comissão Brasileira de Agricultura de Precisão, órgão consultivo do Ministério da Agricultura, Pecuária e Abastecimento, adota uma definição para AP que estabelece que se trata de

> um conjunto de ferramentas e tecnologias aplicadas para permitir um sistema de gerenciamento agrícola baseado na variabilidade espacial e temporal da unidade produtiva, visando ao aumento de retorno econômico e à redução do impacto ao ambiente. (Brasil, 2014, p. 6).

As definições para AP variam bastante, mas Bramley (2009) incorpora um pequeno, porém importante componente. Ele sugere que AP é um conjunto de tecnologias que promovem melhorias na gestão dos sistemas de produção com base no reconhecimento de que o "potencial de resposta" das lavouras pode variar consideravelmente, mesmo em pequenas distâncias, da ordem de poucos metros.

O conceito por trás do termo "potencial de resposta" abre possibilidades mais amplas de estratégias gerenciais. A gestão das intervenções agronômicas pode ser fundamentada em algumas vertentes. Uma delas é aumentar a produtividade, com possível incremento de custos, dentro dos limites do conceito econômico da lucratividade. Outra estratégia é a redução de custos, com diminuição do uso de insumos por meio da sua racionalização guiada pela variabilidade espacial. No entanto, outro conceito ainda pouco explorado na sua forma mais correta, que são as unidades de gestão diferenciada (Cap. 7), pode permitir a exploração do potencial de resposta além dos padrões usuais. Tal estratégia muito provavelmente exige a aplicação de maior quantidade de insumos em algumas dessas unidades e, em outras, a sua redução a um nível mínimo de manutenção das baixas produtividades, sempre visando ao melhor retorno econômico dentro do entorno de uma lavoura ou talhão.

O termo "agricultura de precisão" pode até ser contestado. A palavra "precisão" pretende se referir ao grau de aproximação da grandeza mensurada ao valor verdadeiro, porém o termo correto para tal é "exatidão". "Precisão", na verdade, refere-se à repetitividade na mensuração de uma dada grandeza, logo o termo apresenta uma distorção na origem. O correto seria a referência à agricultura com exatidão maior do que aquela com que já é praticada. Para se atingir maior exatidão, é necessário utilizar recursos para aumentar a resolução em todo o processo, desde o diagnóstico, com mais dados, até as intervenções, com auxílio de automação. No entanto, como o termo "agricultura de precisão" já está consolidado, ele será mantido aqui.

A questão de incluir ou não o uso de Sistemas de Navegação Global por Satélites (GNSS) e suas derivações, associadas aos sistemas guia e de direcionamento automatizado de veículos agrícolas como parte da AP, divide opiniões. AP está associada ao conceito de agricultura com uso intensivo de informação (Fountas et al., 2005), portanto o uso de sistema de direção automática e controle de tráfego, por exemplo, não exige nem está associado ao uso intensivo de informação espacializada do solo ou da cultura. Por outro lado, Bramley (2009) defende a ideia de que tais práticas e tecnologias podem ser consideradas dentro do contexto da AP na medida em que permitem ao usuário a aproximação com o uso de recursos como GNSS, diminuindo a distância destes aos conceitos de mapeamento da produtividade e gerenciamento localizado das lavouras. Essas ferramentas de automação associadas ao GNSS são tratadas no Cap. 8.

Certamente não haverá consenso entre comunidades, nem mesmo dentro de uma dada comunidade, sobre os detalhes no entorno do que se entende por AP, e as discussões podem levar a novos entendimentos. Considera-se aqui que AP é acima de tudo uma abordagem, e não uma disciplina com conteúdo estanque. O que hoje é visto como fato novo (a "maior precisão" na agricultura) um dia será algo corriqueiro e inserido nos processos, técnicas, rotinas e equipamentos. Continuará sendo importante, mas estará incorporado aos sistemas de produção e envolverá novos desafios a serem trabalhados.

OS DESAFIOS

A AP se origina na gestão da variabilidade espacial das lavouras, o que representa um novo paradigma para esse início de século. No entanto, entende-se que ela tem várias formas de abordagem e pode ser praticada em diferentes níveis de complexidade. No Brasil, a prática predominante é a gestão da adubação das lavouras com base na amostragem georreferenciada de solo e aplicação de corretivos e fertilizantes de forma localizada e em doses variáveis. A aplicação de calcário, gesso, P e K em taxas variáveis com base na amostragem de solo em grade tem tido grande apelo comercial porque, num primeiro momento, oferece chances de economia desses insumos. Com essa realocação ou redistribuição otimizada, são diminuídos os desequilíbrios e pode-se esperar impacto positivo na produtividade das culturas, pois a técnica permite a espacialização do conceito proposto por Liebig em meados do século XIX, conhecido como a Lei do Mínimo.

No entanto, as práticas de AP podem ser conduzidas com diferentes objetivos. Quanto mais dados disponíveis ou coletados, mais consistente é a informação gerada e o consequente diagnóstico referente à variabilidade existente nas lavouras. Dessa forma, dados de produtividade das culturas, expressos por mapas, são fundamentais. A interpretação da variabilidade presente nas lavouras, evidenciada nos mapas de produtividade, implica uma relação entre causa e efeito. A explicação para os fatos é a tarefa mais complexa, pois as causas devem ser identificadas, demonstrando os fatores que podem causar baixas e altas produtividades, o que possibilita as intervenções.

Em muitos casos, as baixas produtividades observadas em determinadas regiões de um talhão podem estar associadas a aspectos que estão totalmente fora do poder humano de intervenção, a exemplo da variabilidade da textura do solo. Em situações como essa, a solução é tratar as regiões de baixa produtividade de acordo com o seu baixo potencial, com menor aporte de insumos visando obter lucro mesmo que com baixa produtividade. Já as regiões de maior potencial de resposta das lavouras devem receber um aporte maior de insumos visando explorar o limite econômico desse potencial. Trata-se de um exemplo simples de aumento intencional da variabilidade da lavoura, contrapondo-se à ideia de que AP sempre visa à uniformização.

Além disso, deve ser dada importância às demais práticas, como tratamento localizado de plantas invasoras, pragas e doenças, num contexto moderno que contempla a aplicação minimizada de insumos visando à economia e ao menor impacto ambiental possível.

Sempre haverá questionamentos, especialmente em relação às técnicas e à tecnologia. Tomando-se como exemplo a amostragem georreferenciada de solo visando à aplicação de insumos em taxas variáveis, sabe-se que há uma série de simplificações nos processos, a começar pela densidade de amostras em uma dada lavoura – muitos praticantes não atendem minimamente as recomendações técnicas – e a incerteza quanto às suas coordenadas, que pode ser da ordem de alguns metros. Há também a incerteza quanto ao número de subamostras e aos valores obtidos no laboratório. Também existem fontes de incertezas no processamento dos dados para a geração de mapas por meio de interpolações para se chegar às recomendações de insumos que também trazem dúvidas suscitadas nas interpretações de tabelas e recomendações, sejam eles corretivos de solo, fertilizantes, agroquímicos etc. Por fim, há também a questão das máquinas aplicadoras e dos controladores de taxas variáveis, que trabalham dentro de certos níveis de confiabilidade e acerto.

Entretanto, não se deve simplificar a análise desconsiderando aspectos relacionados a insumos, sua qualidade, uniformidade, teor real do elemento desejado e assim por diante. Ainda, deve-se considerar que todas as incertezas que se aplicam aos tratamentos localizados e às taxas variáveis servem também para a prática da gestão padronizada das lavouras com doses únicas (taxas fixas). Mesmo que as técnicas desenvolvidas no contexto da AP não venham a ser utilizadas, ainda há uma série de medidas que podem ser tomadas pelo agricultor e que resultarão em operações e práticas com maior eficiência, o que é fundamental. Aliás, é providencial que uma ampla revisão de procedimentos seja feita antes de se decidir pela adoção de práticas de AP, visando à melhoria contínua dos processos, mesmo que eles ainda não estejam diretamente associados à AP.

1 Sistemas de navegação global por satélites

1.1 GNSS

A humanidade vem desenvolvendo e aprimorando os métodos para localização e navegação. O primeiro grande invento nesse sentido foi a bússola, que permitiu grandes avanços, especialmente nas navegações marítimas. Um novo passo expressivo foi durante a Segunda Guerra Mundial, que demarcou significativos avanços no domínio da comunicação via rádio, da eletrônica e da engenharia de foguetes. Um marco relevante foi o lançamento do primeiro satélite na órbita da Terra, o Sputnik 1, pela União Soviética, em 4 de outubro de 1957. A partir daí, Estados Unidos e União Soviética intensificaram a corrida armamentista espacial, desenvolvendo sistemas de localização cada vez mais exatos. A meta, invariavelmente, girava em torno da localização de alvos inimigos, para lançamento de mísseis teleguiados, e localização de tropas aliadas, para protegê-las a distância.

Nos Estados Unidos, foram desenvolvidos inicialmente os sistemas Long-Range Navigation (Loran), o Low Frequency Continuous Wave Phase Comparison Navigation (Decca) e o Global Low Frequency Navigation System (Omega), todos baseados em ondas de rádio. O inconveniente desses sistemas era a impossibilidade de posicionamento global, além da limitação quanto à exatidão, em razão da interferência eletrônica e das variações do relevo, mas já permitiam navegação marítima autônoma. Outro sistema desenvolvido, baseado em satélites, foi o Navy Navegation Satellite System (NNSS), também conhecido como Transit, cujas medidas se baseiam no efeito Doppler, que é a alteração da frequência de ondas percebida pelo observador em virtude do movimento relativo de aproximação ou afastamento entre ele e a fonte. Nesse sistema, as órbitas dos satélites são muito baixas e não há uma quantidade suficiente de satélites, e consequentemente há falhas na definição das coordenadas (Monico, 2008).

Faltava uma solução que oferecesse boa exatidão, facilidade de uso e custos acessíveis para os usuários. Foi assim que surgiram os Sistemas de Navegação Global por Satélites, ou Global Navegation Sattelite Systems (GNSS), os quais inicialmente foram desenvolvidos para fins bélicos e revolucionaram os métodos de localização terrestre.

Os atuais componentes do GNSS de alcance global são o Navigation Satellite Time And Ranging (Navstar), ou Global Positioning System (GPS), que é dos Estados Unidos e se encontra em plena operação, e o Global'naya Navigatsionnay Sputnikovaya Sistema (Glonass), da Rússia, que passou recentemente por intenso esforço de retomada de lançamento de satélites para recompor sua constelação e também está em plena operação. Outro sistema é o Galileo, projetado pela European Space Agency (ESA), da União Europeia, e que está em fase de lançamento de foguetes para o posicionamento de satélites na constelação. Fato recente e relevante é que a China também está construindo a sua constelação para criar um sistema de navegação próprio, chamado de Compass Navigation Satellite System (CNSS), ou BeiDou Navigation Satellite System (BDS), como os chineses recentemente definiram que deverá se chamar.

Também são parte do GNSS alguns sistemas regionais que oferecem posicionamento com satélites estacionários, bem como todos os sistemas de correção diferencial públicos e regionais, disponíveis na América do Norte, Europa e Ásia. Uma visão abrangente de todos os componentes GNSS pode ser obtida em UNOOSA e UN (2010).

O GPS, com reconhecida maturidade, por sua vez, encontra-se em fase de modernização. Esse sistema, desenvolvido pelo Departamento de Defesa dos Estados Unidos (DoD, na sigla em inglês) com o objetivo de ser o seu principal sistema de navegação, é capaz de fornecer o tempo, a posição e a velocidade, com rapidez e exatidão, em qualquer instante e local aberto do globo, por isso se tornou a técnica de posicionamento mais eficiente e, consequentemente, mais utilizada até então.

Uma das características mais importantes do GPS é permitir que o usuário, de qualquer lugar da superfície terrestre ou próximo a ela, tenha à sua disposição no mínimo quatro satélites "visíveis", rastreados e sintonizáveis simultaneamente pelo mesmo receptor, permitindo assim a realização do posicionamento em tempo real. As especificações desse sistema serão descritas posteriormente, ilustrando o funcionamento padrão dos GNSS.

O Glonass foi desenvolvido pela então União das Repúblicas Socialistas Soviéticas (URSS) no início dos anos 1970 e, com o seu colapso, passou a ser mantido pela agência espacial do governo russo. O sistema foi declarado operacional em 1995, com a constelação completa, mas não passou pela devida manutenção, tendo em 2001 apenas sete dos 24 satélites operacionais necessários. O governo russo iniciou um programa de modernização e lançou, a partir de 2007, vários satélites para revitalização do sistema. A capacidade operacional renovada e completa de 24 satélites foi atingida em 2011. O principal objetivo do Glonass, que é equivalente ao GPS americano e foi desenhado também para uma cobertura global de satélites, é proporcionar posicionamento em três dimensões, velocidade e tempo sob qualquer condição climática. O sistema, que usa três níveis orbitais com oito satélites em cada nível, apresenta dois tipos de sinais de navegação: o sinal de navegação de precisão padrão (SP, Standard Precision) e o sinal de navegação de alta precisão (HP, High Precision).

O Galileo está sendo construído para ser o sistema de navegação global por satélite próprio da Europa que fornecerá um serviço de posicionamento exato e sob controle civil. Em dezembro de 2005, foi lançado o primeiro satélite teste, já o segundo, no final de 2007. A Agência Espacial Europeia (ESA, na sigla em inglês) continua a fase da construção da constelação, que estará completa com um total de 30 satélites (UNOOSA; UN, 2010). Será interoperável com o GPS e o Glonass, oferecendo dupla frequência como padrão. Garantirá a disponibilidade do serviço, sobretudo nas circunstâncias mais extremas, e informará aos usuários dentro de segundos uma falha de satélite – o que será importante para as aplicações nas quais a segurança é essencial. O sistema será formado por 30 satélites (27 mais três sobressalentes operacionais), posicionados em três planos médios circulares em 23.222 km de altura acima da Terra, com inclinação de 56° em relação ao plano equatorial. O grande número de satélites aliado à otimização da constelação e à disponibilidade dos três satélites de reposição ativos assegurará que a perda de um satélite da constelação não tenha nenhum efeito para o usuário.

O CNSS é um projeto do governo da China para desenvolver um sistema independente de satélites para navegação. Os primeiros satélites geoestacionários foram lançados em 2000, já uma segunda etapa de lançamentos foi iniciada em 2010, com mais satélites geoestacionários e também satélites em órbitas inclinadas numa altitude orbital de 21.150 km. O sistema foi previsto, na primeira etapa, para o uso em navegação local e, na segunda, para navegação global, como GPS, Glonass e Galileo. A China também é associada ao projeto Galileo, da União Europeia.

1.2 COMPONENTES DO GPS

Os GNSS, em geral, e o GPS, em particular, são estruturalmente divididos em três segmentos: espacial, de controle e dos usuários. O segmento espacial é caracterizado pela constelação de satélites (Fig. 1.1). O sistema GPS foi projetado pelo DoD e desenvolvido pelo Massachusetts Institute of Tecnology (MIT) para uso em aplicações militares para a Marinha e Aeronáutica dos Estados Unidos. É um sistema de geoposicionamento por satélites artificiais, baseado na transmissão e recepção de ondas de radiofrequência captadas pelos receptores, obtendo-se posicionamento em todo o globo terrestre. A constelação é composta de 24 satélites, dos quais 21 são suficientes para cobrir toda a Terra e três são originalmente previstos como reserva. São distribuídos em seis planos orbitais espaçados de 60°, com quatro satélites em cada plano, numa altitude aproximada de 20.200 km. Os planos orbitais são inclinados 55° em relação ao equador e o período orbital é de aproximadamente 12 horas siderais. Essa configuração garante que no mínimo quatro satélites GPS sejam visíveis, ininterruptamente, em qualquer local da superfície terrestre (Monico, 2008).

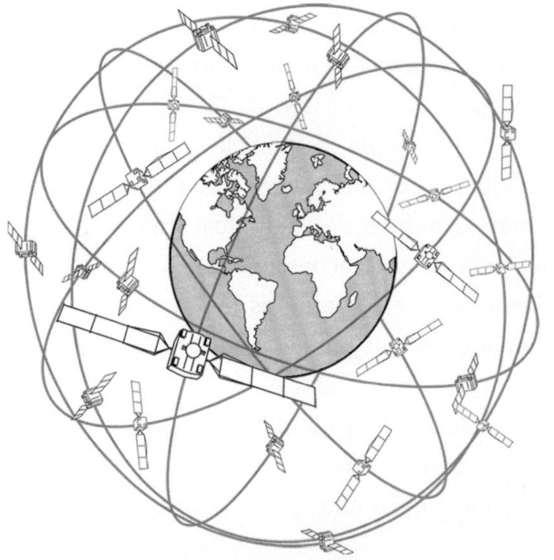

Cada satélite transmite continuamente sinais em duas ondas portadoras L, sendo a primeira, L1, com frequência de 1.575,42 MHz e comprimento de onda de 0,19 m, e a segunda, L2, com frequência de 1.227,60 MHz e comprimento de 0,24 m. Sobre essas ondas portadoras são modulados dois códigos, denominados pseudoaleatórios. Na banda L1, modula-se o código Clear Access ou Coarse Aquisition (C/A) e o código Precise (P), já a banda L2 é somente modulada pelo código P. Esses sinais correspondem respectivamente ao Standard Positioning Service (SPS) e ao Precise Positioning Service (PPS), sendo esse último prioritário para o serviço militar dos Estados Unidos (Monico, 2008).

Fig. 1.1 Constelação de satélites representando o segmento espacial do GPS

Com o anúncio, em 1998, da modernização do sistema GPS pelo DoD, entrará em funcionamento e será disponibilizado o código L2C, a ser modulado na portadora L2, assim que toda a constelação de satélites do sistema estiver renovada, o que está previsto para 2021. Isso basicamente permitirá a correção do efeito da ionosfera, garantindo maior exatidão de posicionamento.

O segmento de controle é constituído por cinco estações, sendo a principal localizada em Colorado Springs (CO), nos Estados Unidos, e as demais, de monitoramento, espalhadas ao redor do globo em posições estratégicas, a fim de melhor observarem os sinais transmitidos pelos satélites. A estação principal capta os dados vindos das estações de monitoramento e calcula a órbita exata e os parâmetros de relógio de cada satélite. Os resultados são passados aos satélites via antenas de retransmissão, corrigindo a órbita de cada um periodicamente.

O segmento do usuário é caracterizado pelos receptores GPS. Atualmente, o mercado oferece uma grande variedade de receptores, com as mais diversas configurações, podendo ser empregados em inúmeras aplicações.

O erro no posicionamento absoluto para usuários SPS tem sido, em média, de 9 m horizontal e 15 m vertical em 95% do tempo e, na pior situação, de 17 m horizontal e 37 m vertical. Até maio de 2000, esses valores eram de 100 m e 156 m, respectivamente. A razão para serem tão elevados estava na existência de um erro ou ruído proposital, gerado pelo DoD, denominado Selective Availability (S/A), ou disponibilidade seletiva, ou seja, uma degradação no sinal que causava erros maiores para usuários civis do SPS (DoD, 2008).

O serviço PPS tem acesso aos códigos C/A e P. O acesso ao serviço PPS é controlado pelo efeito de degradação Antispoofing (AS), que é um mecanismo de degradação intencional de desligar o código P ou invocar um código de encriptação que dificulte o acesso ao código P aos usuários não autorizados. Receptores de dupla frequência de uso civil utilizam técnicas de correlação cruzada para decriptar e utilizar o sinal P, porém não completamente, uma vez que esse sinal criptografado só pode ser plenamente acessado pelos militares norte-americanos.

1.3 RECEPTORES GNSS

O primeiro receptor GPS comercial introduzido no mercado foi o Macrometer V1000, desenvolvido com o suporte financeiro da National Aeronautics and Space Administration (Nasa), em 1982. Era um receptor de simples frequência, que rastreava até seis satélites a partir de seis canais paralelos. A National Imagery and Mapping Agency (Nima), em cooperação com o U.S. Geological Survey (USGS) e o National Geodetic Survey (NGS), desenvolveu especificações para um receptor portátil de dupla frequência. Isso resultou num receptor multiplex, denominado TI 4100, com capacidade de rastrear até quatro satélites, desenvolvido pela Texas Instruments e introduzido no mercado em 1984. Esse foi o primeiro receptor que proporcionava todas as observáveis de interesse dos geodesistas (geodéticos), agrimensores, cartógrafos e navegadores. Em 1985, uma nova versão do V1000, o Macrometer II, foi desenvolvida, trabalhando com dupla frequência (Monico, 2008). É importante destacar que nessa época os receptores eram de uso praticamente exclusivo para desenvolvimento tecnológico e em laboratórios dedicados.

Um fato importante da recente evolução dos sistemas de localização e navegação foi o domínio da mensuração do tempo com grande exatidão e o feito de maior destaque nesse sentido foi o surgimento dos relógios atômicos – sendo o primeiro deles anunciado em dezembro de 1946. Desde 1967 a definição internacional do tempo baseia-se num relógio atômico, que atrasa 1 segundo a cada 65 mil anos. Assim, o Sistema Internacional de Unidades (SI) equiparou um segundo a 9.192.631.770 ciclos de radiação, que correspondem à transição entre dois níveis de energia do átomo de césio 133.

O surgimento dos relógios atômicos permitiu a concepção de sistemas de posicionamento com satélites orbitais, uma vez que viabiliza a mensuração do tempo gasto entre a transmissão de ondas de rádio no espaço a partir da posição conhecida desses satélites até um receptor. Essa é a essência dos GNSS, ou seja, o princípio básico de navegação consiste na medida de tempo e, com base nela, na obtenção da distância entre o usuário e quatro satélites. Conhecendo as coordenadas dos satélites num sistema de referência apropriado, é possível calcular as coordenadas da antena do usuário (receptor) no mesmo sistema de referências dos satélites (Monico, 2008).

O receptor calcula sua posição com base na medida da distância entre ele e os satélites em vista. Cada satélite envia continuamente sinais de rádio contendo sua posição e uma medida (cálculo) de tempo, e cada canal do receptor sintoniza um desses sinais. O receptor mede o tempo para que o sinal percorra a distância entre o satélite e a sua antena (Fig. 1.2), logo esse tempo é utilizado para calcular a distância da antena a cada satélite.

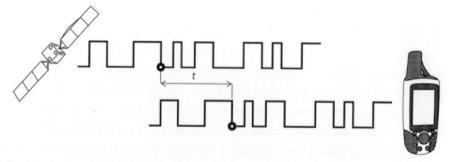

Fig. 1.2 Forma de mensuração do tempo (t) por meio da leitura de defasagem do código pseudoaleatório do transmissor do satélite e do receptor

Para esse cálculo é utilizada a constante da velocidade da luz c, que é de aproximadamente 299.792.458 m s⁻¹. O receptor mede o tempo t que o sinal levou para chegar até ele e calcula a distância d ao satélite com a equação da velocidade (Eq. 1.1), ou seja:

$$d = c\,t \qquad (1.1)$$

Portanto, o receptor faz a mensuração do tempo, já os demais parâmetros são obtidos do sistema, especialmente a posição instantânea dos satélites (efemérides). Dessa forma, o sistema processa esses parâmetros e dados para obter a posição. Os cálculos de posicionamento do receptor estão baseados nas distâncias entre o receptor e os satélites e ainda na posição de cada satélite no espaço cartesiano. Isso significa que o receptor determina a posição na terra calculando as distâncias para um grupo de satélites localizados no espaço. Os satélites atuam, na realidade, como pontos de referência ("marcos").

A mensuração do tempo é exata a bordo de cada satélite porque cada um contém um relógio atômico. O cálculo de uma distância (entre o receptor e o satélite) define uma esfera (Fig. 1.3); o cruzamento de duas dessas esferas define uma circunferência, e o cruzamento de três esferas (três satélites sintonizados) define dois pontos no espaço tridimensional (posições possíveis do receptor) pela confluência das três esferas com seus respectivos satélites ao centro de cada uma. Assim, um quarto satélite sintonizado definirá uma quarta esfera, que cruzará com apenas um dos dois pontos prováveis, definindo então a posição do receptor no espaço (latitude, longitude e altitude).

O funcionamento de um receptor segue uma sequência de tarefas: (i) seleção dos satélites e determinação da posição aproximada do satélite por meio do almanaque (conjunto de dados do sistema transmitido continuamente pelos rádios dos satélites); (ii) rastreamento e aquisição do sinal de cada satélite selecionado; (iii) medição do tempo e cálculo das distâncias; (iv) recepção dos dados de navegação de cada satélite; (v) fornecimento de informações de posição e velocidade; (vi) gravação e visualização dos resultados via painel do receptor (Segantine, 2005).

No receptor, o destaque deve ser dado à antena, que capta os sinais que sofrem interferências quando passam através de obstáculos. Algumas antenas de receptores são capazes de captar sinais debaixo de telhado de cerâmica, por exemplo; no entanto, sob folhagem densa, os sinais são atenuados, dificultando a sua recepção.

O canal de um receptor, ou processador de sinal, é a sua principal unidade eletrônica, e normalmente os receptores atuais, em especial aqueles utilizados no meio agrícola, são multicanais ou de canais paralelos (canais dedicados) e possuem oito ou mais canais (geralmente 12 canais). Nesses receptores, como visto anteriormente, no mínimo quatro canais, cada um sintonizado a um satélite, são necessários para se obter a posição.

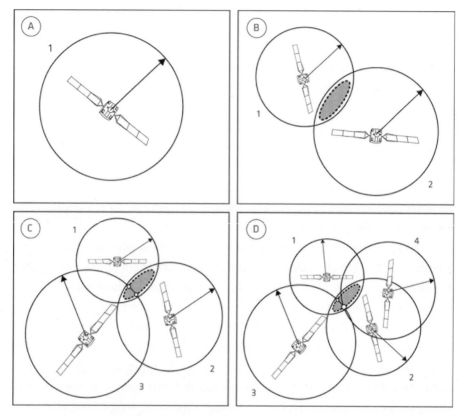

Fig. 1.3 (A) O cálculo da distância entre o receptor e um satélite define uma esfera; (B) o cruzamento de duas dessas esferas define uma circunferência; (C) o cruzamento de três esferas, de três satélites sintonizados, define dois pontos; (D) uma quarta esfera (quarto satélite) determina a posição do receptor no espaço

No caso dos receptores GPS, há várias formas de classificar e dividir os seus diferentes tipos. Uma delas, de acordo com a comunidade usuária, é a classificação em receptor de uso militar e receptor de uso civil. Eles podem ainda ser classificados de acordo com a aplicação, como receptor de navegação, receptor geodésico, receptor para Sistema de Informações Geográficas (SIG), receptor de aquisição de tempo etc. Outra classificação baseia-se no tipo de dados proporcionados pelo receptor, ou seja, código C/A, código C/A e portadora L1, código C/A e portadoras L1 e L2, códigos C/A e P e portadoras L1 e L2, códigos C/A, L2C, P e portadoras L1 e L2. Outras classificações ainda são possíveis, mas o importante para o usuário é ter clara a que aplicação se objetiva o receptor, a exatidão desejada, bem como outras características necessárias. Isso poderá auxiliá-lo na identificação do receptor adequado às suas necessidades, independentemente da classificação adotada (Monico, 2008).

No contexto de utilizações de receptores GNSS no meio agrícola (Fig. 1.4), há uma estratificação suficientemente estabelecida pelo mercado. Nesse caso, têm-se predominantemente os receptores de navegação ou autônomos, que, no caso do sinal GPS, utilizam apenas o código C/A (transmitido na frequência L1), os receptores que recebem a frequência L1 (com o código P) e os receptores que recebem sinais nas frequências L1 e L2, comumente associados à tecnologia Real Time Kinematic (RTK). Todos eles podem estar habilitados a receber também o sinal Glonass.

Os primeiros, chamados também de receptores de navegação, são rotineiramente utilizados em atividades desse tipo, pois apresentam características bastante apropriadas para tal, por exemplo, são alimentados por baterias comuns ou recarregáveis, possuem tela de visualização, memória e fácil interface com computadores, além de serem acessíveis em termos de custo de aquisição. Esses receptores se diferenciam dos demais por não oferecerem recursos de correção diferencial, ou seja, utilização de algum artifício externo para a redução das incertezas ou erros de posicionamento, que normalmente estão na ordem de 1 m a 5 m.

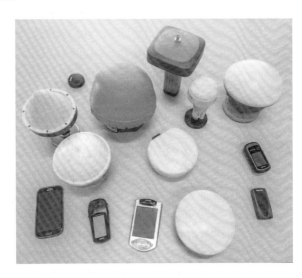

Fig. 1.4 Receptores GNSS comumente utilizados em AP

Os receptores que oferecem essa possibilidade (L1 com código P) são normalmente maiores e utilizados para fornecer sinal para algum equipamento. É o caso dos sistemas tipo barra de luzes e equivalentes, utilizados em aviões agrícolas, tratores e pulverizadores autopropelidos (Cap. 8). São receptores com preços da ordem de cinco a dez vezes maiores que os anteriores, não apresentando a mesma portabilidade para atividades de campo, pois normalmente não possuem tela de visualização, alimentação e tampouco memória interna. Para a utilização desses receptores em atividades de campo como a navegação, normalmente se utiliza computador de mão (ou PDA) com um programa dedicado e conectado à sua porta serial, e quando submetidos à correção diferencial os erros de posicionamento poderão variar da ordem de 0,1 a 1,0 m, dependendo do tipo e qualidade dessa correção.

Os receptores L1/L2, por sua vez, são destinados a aplicações mais nobres. Na agricultura, comumente associados à correção diferencial Real Time Kinematic (RTK), têm sido usados nos sistemas de direção automática, também conhecidos como sistemas de piloto automático, usados em veículos agrícolas em geral (Cap. 8). Nesse caso, o valor de aquisição de um receptor desses é da ordem de 20 a 40 vezes o valor de um receptor de navegação comum (C/A) e deve-se considerar a disponibilidade de um segundo receptor, próximo, com comunicação via rádio para a correção e redução de erros de posicionamento, oferecendo exatidão da ordem de 0,02 a 0,03 m.

Um fato que apenas recentemente adquiriu importância são os receptores GNSS propriamente ditos, que possuem capacidade para sintonizar e receber dados de mais do que uma constelação ao mesmo tempo. Já estão disponíveis no mercado diversos receptores desse tipo, normalmente associados a posicionamento de maior exatidão, mas também já são oferecidos receptores de navegação que trabalham com o código C/A do GPS e do Glonass, o que diminui o risco de perda de sinal, pois nesse caso o receptor passa a sintonizar satélites das duas constelações.

1.4 ERROS QUE ATUAM NO GNSS

Antes de comentar os erros do sistema, é preciso entender os conceitos de precisão e de exatidão. O termo precisão relaciona-se com a variação do valor medido repetidamente sob mesmas condições em torno do valor médio observado, enquanto exatidão refere-se ao quão próximo está o valor medido do valor real (Fig. 1.5). A precisão é afetada somente pelos erros aleatórios no processo de medição, enquanto a exatidão é afetada pela precisão, bem como pela existência de erros desconhecidos ou sistemáticos. As medidas podem ser precisas e não exatas, mas só podem ser exatas se forem precisas.

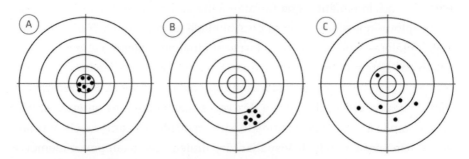

Fig. 1.5   Representação de uma condição de (A) alta exatidão e alta precisão; (B) baixa exatidão e alta precisão; (C) baixa precisão e baixa exatidão

As fontes de erros de posicionamento podem ser agrupadas pelas suas origens em erros dos relógios dos satélites e do relógio do receptor, pequenos desvios de órbita dos satélites, refração causada pela interferência da ionosfera e da troposfera, reflexão de sinal, disponibilidade seletiva (não mais ativa) e geometria da distribuição dos satélites.

Como mencionado anteriormente, todo o sistema baseia-se na medida de tempo que o sinal de rádio leva para sair do satélite e chegar ao receptor. Para essa medida de tempo são utilizados relógios atômicos de altíssima exatidão. Um erro de apenas 0,1 microssegundo no relógio do satélite representa um erro de cálculo de distância da ordem de 30 m. Apesar da extrema confiabilidade dos relógios, os satélites precisam ser constantemente monitorados e o são pelo DoD, que ajusta os relógios para minimizar pequenos desvios, reduzindo esses erros para cerca de 0,6 m em receptores que trabalham com o código C/A.

O erro causado pelas incertezas do relógio do receptor é o mais comum nas medidas de posição. Os relógios dos receptores não são tão exatos quanto os dos satélites e ruídos introduzidos nas medidas por interferência elétrica ou limitações matemáticas podem tornar esses erros muito grandes. Todos os erros do relógio do receptor em conjunto colaboram para uma incerteza da ordem de 1 m a 2 m em receptores que trabalham com o código C/A. Receptores GPS mais caros têm relógios mais exatos, com menor ruído interno e maior precisão matemática.

Os satélites orbitam tão alto, na ordem de 20.200 km, que a atmosfera da Terra não tem efeito sobre eles. Entretanto, fenômenos naturais, como forças gravitacionais originárias da Lua e do Sol e pressão da radiação solar, criam pequenos desvios nas órbitas, alterando posição, altitude e velocidade dos satélites. Com o passar do tempo, os erros se acumulam e se tornam significativos. A órbita dos satélites é rastreada e corrigida a cada 12 h pela estação principal de controle, o que não impede um erro médio da ordem de 0,6 m para receptores que trabalham com o código C/A.

A velocidade da luz é de 299.792.458 m s^{-1} no vácuo, porém atrasos ocorrem principalmente na ionosfera, uma camada de 80 km a 400 km de espessura sobre a Terra e carregada eletricamente, o que causa refração e também interferência e obstrução nos sinais. A troposfera, camada abaixo da ionosfera, também pode atrasar os sinais, pois nela flutuam partículas de água. As incertezas causadas pelos atrasos de sinal nessas duas camadas, sem dúvida, são as mais comprometedoras e causam os maiores erros de posicionamento.

A influência da ionosfera na transmissão de ondas de rádio tem sido estudada e monitorada ao redor do mundo e é função basicamente dos distúrbios causados por bolhas com maior densidade nela formadas. Essas irregularidades dependem da localização geográfica e são mais intensas nas proximidades do equador magnético. Elas seguem um período cíclico de 11 anos da atividade solar, e os últimos picos dessa atividade foram entre 2000 e 2001 e entre 2012 e 2013 (Fig. 1.6). O fenômeno causado, também conhecido como cintilação, afeta as comunicações via rádio que atravessam a ionosfera, chegando a interromper a disponibilidade de posicionamento, normalmente entre o final da tarde e as primeiras horas da manhã, nos períodos críticos, de maior atividade ionosférica.

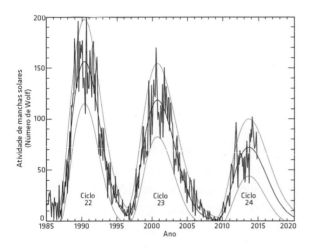

Fig. 1.6 Os ciclos de atividade solar são conhecidos desde o século XVIII e se repetem em períodos de aproximadamente 11 anos. Quanto maior o número de Wolf, maior a interferência nos sinais GNSS causada pela refração na ionosfera
Fonte: adaptado de <http://science.nasa.gov/science-news/science-at-nasa/2008/11jul_solarcycleupdate>.

Outra fonte de incertezas é causada pela reflexão do sinal que chega à antena do receptor. É um erro formado pela sobreposição de sinais, sendo um deles com atraso. O sinal que vem do satélite atinge a antena, mas outro sinal pode ser recebido após ter refletido em uma edificação ou barreira natural e reincidir na antena, colaborando com erros de até 2 m em receptores que trabalham com o código C/A.

Em aplicações agrícolas, essa fonte de erros é pouco expressiva, exceto próximo de lâminas de água e montanhas, que atuam como espelhos. No entanto, como muitos dos receptores de GNSS são embarcados em veículos, a própria posição de sua montagem pode gerar tal distorção, já que a carenagem do veículo pode atuar como espelho, especialmente quando a antena não está no seu ponto mais alto.

A exatidão do posicionamento dado pelo GNSS depende ainda da distribuição dos satélites visados pela antena do receptor (Fig. 1.7). Uma boa geometria é definida por um grupo de satélites igualmente distribuídos e bem espaçados na calota acima do receptor. Uma má geometria é encontrada quando os satélites estão muito próximos uns dos outros. Logo, quanto maior o número de satélites possíveis de serem captados no horizonte da antena receptora, maior será a exatidão das coordenadas do ponto medido, já que melhores geometrias são automaticamente selecionadas pelo receptor GNSS.

A qualidade da geometria dos satélites é quantificada pela diluição geométrica de precisão (GDOP), que é composta de:

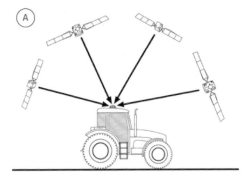 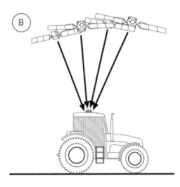

Fig. 1.7 A maior dispersão dos satélites em uso (A) garante melhor exatidão de posicionamento

i   diluição de precisão horizontal (HDOP), que interfere na latitude e na longitude;
ii diluição de precisão vertical (VDOP), que interfere na altitude;
iii diluição de precisão na posição (PDOP), nas três dimensões;
iv diluição de precisão no tempo (TDOP).

De modo geral, a PDOP é mais utilizada para monitoramento da geometria dos satélites. Quanto menor a PDOP, melhor a geometria, não sendo aconselhável trabalhar com PDOP acima de 5 ou 6 (Segantine, 2005), especialmente em atividades que requerem grande exatidão.

Seu valor é primariamente dependente da constelação de satélites acima do receptor. No entanto, obstruções, como árvores ou a própria localização da antena dentro de um veículo, podem diminuir a porção do céu que a antena é capaz de rastrear e, consequentemente, o número de satélites visados. Nessas condições, o valor de PDOP pode elevar-se significativamente, resultando em maior incerteza de posicionamento, ou seja, em maior erro. Portanto, em aplicações de navegação em campo, com veículos fechados (por exemplo, automóveis) e receptor de mão, é importante que este seja adequadamente posicionado para que a visada aos satélites não seja obstruída. Uma alternativa providencial é a utilização de antena móvel externa ao veículo e conectada ao receptor por cabo ou do próprio receptor externo e conectado ao coletor de dados (PDA ou computador portátil) por conexão sem fio.

Outra fonte importante de erro e que muitas vezes é desconsiderada é a resolução dos receptores GNSS em termos de número de casas decimais com que o aparelho determina as coordenadas. Esse número é geralmente fixo para alguns receptores; outros têm a opção de configuração do número de casas decimais. Receptores GPS mais simples e de menor preço armazenam dados de posição com um número limitado de casas decimais, dando a falsa impressão de terem dados mais consistentes (baixa variabilidade) devido ao posicionamento aproximado e agrupado.

A Fig. 1.8 apresenta o exemplo de conjuntos de pontos representados em coordenadas métricas com duas resoluções distintas. No caso dos dados com apenas uma casa decimal, os pontos parecem estar regularmente distribuídos, mas, na verdade, estão sobrepostos, formando um quadro regular delimitado pela resolução dos dados em função do receptor utilizado na sua geração.

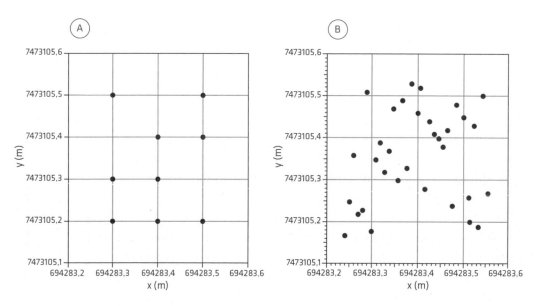

Fig. 1.8 Dados de pontos espacializados com duas resoluções distintas: (A) uma casa decimal; (B) duas casas decimais

1.5 REPRESENTAÇÃO CARTOGRÁFICA

A representação de uma posição pode ser realizada por diferentes métodos, sendo a mais usual por meio de coordenadas geodésicas (ou geográficas). Nesse sistema, a posição é identificada por coordenadas de latitude e longitude. A latitude tem valor zero sobre o equador, é positiva no hemisfério Norte e negativa no hemisfério Sul, já a longitude, a partir do meridiano de Greenwich, é positiva no sentido leste e negativa no sentido oeste. As coordenadas são medidas em graus, minutos e segundos.

Outra forma de representação de projeção da Terra e, por consequência, de coordenadas, também utilizada nos posicionamentos por GNSS, é o sistema de coordenadas planas UTM (Universal Transversa de Mercator), que divide a Terra em 60 fusos de 6°. O Brasil está contido entre as zonas 18 e 25 (Fig. 1.9). Cada fuso tem um meridiano central, que define a origem do sistema, no seu cruzamento com o equador, e a unidade de medida de latitude e de longitude, respectivamente eixos y e x, é o sistema métrico, geralmente metro ou quilômetro. O sistema é local em cada fuso e a longitude tem o valor de 500.000 m no meridiano central, cresce para leste e decresce para oeste a partir desse meridiano. A latitude Sul tem o valor de 10.000.000 m no equador e decresce para o sul, já a latitude Norte tem o valor 0 m no equador e cresce para o norte. Ponto importante ao utilizar esse sistema de coordenadas é que o usuário precisa saber em qual fuso UTM os dados estão contidos no momento da transferência para o computador ou para outro usuário, caso contrário, corre-se o risco de se definir uma localização completamente equivocada, já que poderá estar em fuso diferente do real.

No posicionamento altimétrico, o GNSS proporciona altitudes de natureza puramente geométrica, ao passo que na maioria das atividades práticas o que é de interesse são as altitudes vinculadas ao campo de gravidade da Terra, ou seja, as altitudes ortométricas, as quais possuem ligação com a realidade física. Para determinar altitudes ortométricas (H) a partir das geométricas (h), determinadas com GNSS (Fig. 1.10), é indispensável o conhecimento da ondulação geoidal (N).

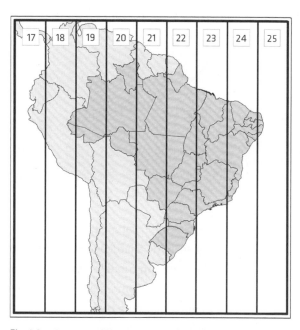

Fig. 1.9 As zonas UTM no território brasileiro, de 6° cada uma

Aqui é importante lembrar alguns termos comuns à Geodésia e que invariavelmente surgem aos usuários de GNSS, embora uma abordagem mais ampla deva ser buscada na literatura técnica daquela área. A superfície física terrestre é formada pelos seus acidentes geográficos (montanhas, vales, rios, oceanos etc.) e é totalmente disforme, o que não permite modelagem matemática, necessária nos processos do geoposicionamento. É na superfície física que são efetuadas as navegações e medições com os receptores GNSS. A elipsoide é a aproximação geométrica (matemática) mais utilizada para a representação da superfície física terrestre e possibilita os cálculos que seriam impossíveis para a superfície disforme do globo terrestre. O geoide é a representação mais próxima da realidade física expressa pelo campo gravitacional terrestre e coincide muito aproximadamente com a superfície dos oceanos em estado de equilíbrio. As altitudes determinadas com base nessa superfície, denominadas altitudes ortométricas (H), são utilizadas nas curvas de nível e nas altitudes em geral. Ondulação geoidal é o desnível da superfície do geoide acima ou abaixo da superfície de um determinado elipsoide. A altura geométrica ou elipsoidal (h) é obtida diretamente pelas medições com GNSS, enquanto a ondulação geoidal é função do modelo geoidal aplicado.

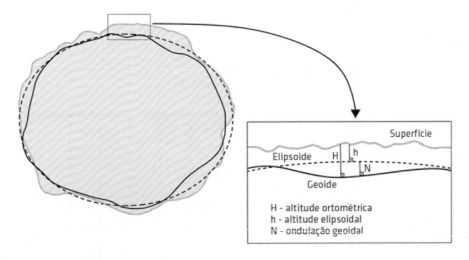

Fig. 1.10 A altitude ortométrica (H), elipsoidal ou geométrica (h) e a ondulação geoidal (N) entre o elipsoide e o geoide

Há ainda o *datum*, que é uma função do elipsoide utilizado, do geoide e de uma série de medições realizadas em estações terrestres e pode ser entendido como um modelo matemático que se aproxima da forma da terra e permite cálculos como posição e área a serem levantadas, de forma consistente e exata. O sistema brasileiro escolhido pelo IBGE era o South America Datum de 1969 (SAD69), mas, a partir de dezembro de 2004, passou-se a adotar gradativamente como *datum* padrão o Sistema de Referência Geocêntrico para a América do Sul (SIRGAS2000). De acordo com o IBGE, o SIRGAS2000 é a nova base para o Sistema Geodésico Brasileiro (SGB) e para o Sistema Cartográfico Nacional (SCN). Dentro do território brasileiro, o SIRGAS2000 se equipara ao WGS84, que é o *datum* oficial do GPS, e é adotado mundialmente. O Glonass utiliza o *datum* PZ90, fato para o qual se deve atentar ao se iniciar um trabalho de campo com um receptor GNSS. Em todas as atividades de coleta de dados georreferenciados e de navegação, o receptor deverá estar configurado para o mesmo *datum*. Caso contrário, haverá incoerência (deslocamentos) nas localizações, o que demandará conversões de um *datum* para outro.

1.6 MÉTODOS DE POSICIONAMENTO

Posicionar geograficamente um objeto consiste no ato ou efeito de localizá-lo sobre a superfície terrestre, determinando as coordenadas (latitude, longitude e altitude) sobre essa superfície, segundo um sistema de referência (*datum*). Há diversas formas de se descrever e classificar métodos para tal e uma delas é agrupá-los como posicionamento absoluto e diferencial.

O posicionamento absoluto ou autônomo caracteriza-se pela adoção de apenas um receptor para a determinação das coordenadas de um ponto. Por esse motivo, pode ser denominado como posicionamento por pontos, os quais podem ser gerados com o receptor GNSS na forma estática ou cinemática.

O posicionamento diferencial foi concebido inicialmente para contornar a degradação do sinal obtido com um posicionamento absoluto, causada principalmente quando a disponibilidade seletiva encontrava-se ativada. Para realizar uma coleta de dados com o sistema diferencial, são necessários pelo menos dois receptores, estando um numa estação de referência, na qual são geradas as correções diferenciais, e o outro receptor móvel, utilizado na navegação. O receptor na estação de referência tem suas coordenadas geográficas conhecidas e ao receber o posicionamento oriundo dos satélites é capaz de calcular um erro no seu posicionamento. A informação do erro é enviada para o receptor móvel, que está efetivamente com o usuário, e será utilizada para corrigir o posicionamento desse receptor.

Os dados coletados pelo receptor móvel podem ser pós-processados para correção ou corrigidos em tempo real por meio de um sistema de comunicação (rádio de transmissão, linha telefônica para internet ou satélites de comunicação). O pós-processamento não desperta interesse na área de AP justamente porque em atividades de campo, sejam elas de navegação para coleta de amostras, monitoramento com algum tipo de sensor, aplicação de insumos ou no direcionamento de algum veículo, o posicionamento deve ser o mais exato possível e em tempo real.

A correção diferencial reduz ou elimina erros de reflexão, erros dos relógios e erros de órbita dos satélites. A exatidão obtida por esse sistema pode ser influenciada por alguns fatores, como a distância entre a estação de referência e a estação móvel, a qualidade do sistema de comunicação, a taxa de atualização e transferência dos dados e o cálculo das correções diferenciais. Existem diferentes sistemas de correção diferencial, com inúmeras denominações. Os mais próximos da AP são exatamente aqueles que oferecem correção em tempo real, sendo os mais utilizados o Real Time Kinematic (RTK), o Local Area Augmentation System (LAAS) e o Satellite-Based Augmentation System (SBAS).

O sistema RTK, que é o mais difundido na AP, é composto de dois receptores (de dupla ou simples frequência) com as respectivas antenas e um *link* de rádio para transmitir e receber correções e/ou observações da estação de referência (Fig. 1.11). Uma das limitações dessa técnica é o *link* de rádio utilizado na transmissão dos dados, o qual deve ser realizado numa taxa de pelo menos

2.400 bps (*bits* por segundo), exigindo o uso de sistema de rádio VHF ou UHF, o que limita seu uso, na maioria dos casos, a distâncias da ordem de 5 km a 15 km, com visada direta. Esse *link* de rádio necessita de licença, a qual, no Brasil, é regulamentada pela Agência Nacional de Telecomunicações (Anatel).

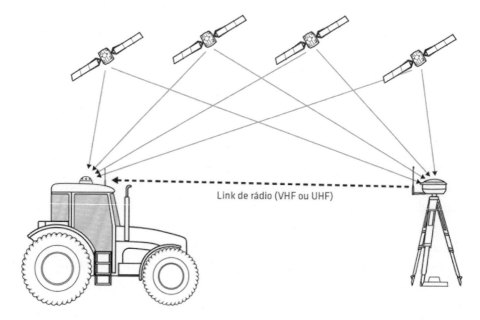

Fig. 1.11 Sistema de correção diferencial utilizando uma base fixa em coordenada conhecida e um *link* de rádio entre esta e o receptor móvel

Tal solução pode ser implementada na forma de redes de estações locais GNSS dispostas em uma região com *links* de rádio e acesso aos usuários de dentro da área de cobertura. Essas redes podem ser totalmente privadas, como é o caso de grandes áreas agrícolas, a exemplo de usinas produtoras de cana-de-açúcar e grandes fazendas produtoras de grãos. Também podem ser estabelecidas de forma cooperativa, por pequenos e médios produtores, racionalizando o uso de estações locais e permitindo o acesso apenas aos cooperados.

Uma tecnologia semelhante na sua configuração, por utilizar a comunicação via rádio, é o sistema Beacon, empregado pela guarda costeira de muitos países. Trata-se de potentes estações instaladas junto à costa e que transmitem sinais de correção diferencial via onda de rádio no formato Radio Technical Commission for Maritime Services (RTCM), destinado principalmente ao uso por embarcações, porém podendo ser captados também por usuários terrestres ou aviões, desde que ao alcance de tais estações (no máximo, em torno de 200 km). Na Argentina, esse sistema tem sido muito utilizado em áreas agrícolas, e sua exatidão, utilizando um bom receptor GPS, varia de 0,50 m a 1,00 m de erro. Essa transmissão se dá em frequências relativamente baixas, na faixa de 300 kHz, sendo suscetível a interferências se o receptor GPS estiver próximo a aparelhos eletrônicos que trabalhem na mesma frequência.

Outro sistema de correção diferencial já mencionado é o Local Area Augmentation System (LAAS). Por exemplo, nos Estados Unidos, por exigência da Federal Aviation Association (FAA), para garantir exatidão, confiabilidade e segurança à aviação, foram desenvolvidas soluções locais, nas proximidades das pistas de pouso. Nesse caso, para garantir a permanência da comunicação entre as antenas receptoras de referência e as antenas remotas, são implantadas redes de estações interligadas que aumentam a densidade da rede existente, gerando assim o sistema LAAS. Essas redes são apoiadas por pseudossatélites (transmissores terrestres que, em última análise, melhoram especialmente o VDOP) que emitem sinais semelhantes aos sinais GPS, garantindo assim a permanência da correlação de sinais recebidos pelas antenas de referência e remotas (Segantine, 2005).

O Satellite-Based Augmentation System (SBAS), ou Wide Area DGPS, opera com rede de estações de referência destinadas a cobrir regiões maiores, normalmente em escala continental (Fig. 1.12). São sistemas que empregam correções para cada satélite, derivadas de observações de uma rede normalmente continental de estações de referência. O sinal SBAS é distribuído via satélite de comunicação geoestacionário e as estações de referência são espalhadas com consideráveis distâncias entre si. Há sistemas privados provedores de sinais em diferentes partes do globo, e no Brasil já estão disponíveis vários tipos de sinal com diferentes especificações.

Os sinais públicos mais conhecidos do tipo SBAS são o Wide Area Augmentation System (WAAS), dos Estados Unidos, o European Geostationary Navigation Overlay Service (EGNOS), da União Europeia, o Japanese Multi-function Transportation Satellite Augmentation System (MSAS), do Japão, e o GPS Aided GEO Augmented Navegation (GAGAN), da Índia (Fig. 1.13).

O EGNOS foi criado como um sistema precursor ao Galileo e utiliza dados provenientes dos sistemas GPS e Glonass em conjunto com informação diferencial enviada por intermédio de estações terrestres, o que permite o fornecimento de serviços com maior rigor e integridade. O segmento terrestre é constituído pelas estações fixas ou Ranging and Integrity Monitoring Stations (RIMS), ligadas a um conjunto de centros de controle e processamento, os Mission Control Centre (MCC). No total, existem 34 RIMS e a maioria está localizada na Europa, e quatro MCC estão distribuídos pela Espanha, Alemanha, Reino Unido e Itália. Os MCC determinam a integridade, correções diferenciais para cada satélite monitorado, atrasos na ionosfera e geram as posições para os satélites geoestacionários de comunicação. A informação é enviada para uma base, a Navigation Land Earth Station (NLES), que posteriormente é transmitida para o satélite geoestacionário, que a retransmite na frequência L1 do sistema GPS com modulação e codificação semelhantes às do GPS.

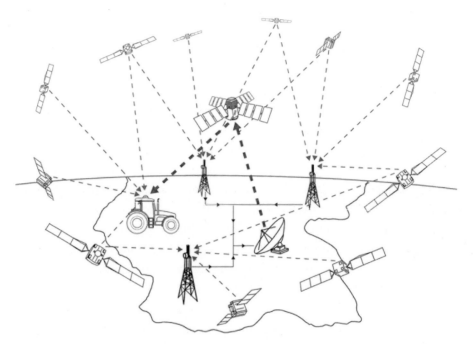

Fig. 1.12 Sistema de correção diferencial tipo SBAS ou via satélite, com estações fixas distribuídas pelo continente, uma central e um satélite de comunicação para distribuição do sinal

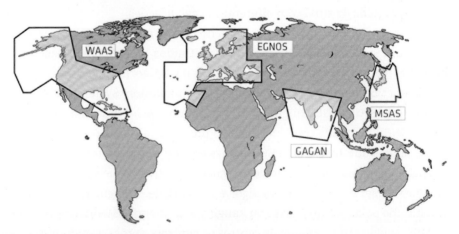

Fig. 1.13 Áreas de cobertura dos diferentes sistemas públicos SBAS de correção diferencial

O WAAS, de forma bastante semelhante ao EGNOS, é composto de 25 estações fixas de referência, com receptores que detectam sinais dos satélites, permitindo determinar o erro dos sinais do GPS. Essa informação é passada a uma estação mestra de controle e nela são calculadas as correções e avaliada a integridade do sistema. Os dados são enviados a uma estação de comunicação que retransmite o sinal para os satélites de comunicação geoestacionários e esses os enviam aos receptores, que obtêm sinal corrigido. Os satélites geoestacionários agem também como satélites adicionais de navegação, fornecendo sinais adicionais para determinação da posição.

Alguns dos satélites geoestacionários do WAAS e do EGNOS cobrem perfeitamente o território brasileiro, o que leva os usuários a crerem que tal sinal possa ser utilizado inadvertidamente em território sul-americano. Esse fato associado à desinformação entre usuários, especialmente em aplicações agrícolas, tem gerado distorções. Com efeito, os receptores habilitados, normalmente para receber sinal WAAS, sintonizam e recebem o sinal, mas sequer se sabe se esse sinal que estão recebendo é WAAS ou EGNOS, pois ambos operam na mesma frequência e normalmente o sinal mais forte no Brasil é aquele emitido pelos satélites geoestacionários desse último. Porém, ambos são gerados a partir de estações fixas localizadas em outros continentes (América do Norte, no caso do WAAS, e Europa, no caso do EGNOS), portanto sem validade para quem esteja tão distante dessas estações, como é o caso do Brasil.

As correções diferenciais pagas, também conhecidas como L Band Satellite, são consideradas SBAS, tendo atuação em escala continental. Existem várias empresas no mundo que exploram esse serviço, porém poucas se dedicam ao mercado agrícola. No Brasil e América do Sul, a disponibilização de sinal de uma dessas empresas teve início em 1997 e serviu para impulsionar o uso de sistemas de orientação em faixas paralelas para a aviação agrícola (barras de luzes), uma técnica que na época estava apenas surgindo. Também permitiu o início do uso de monitores de produtividade em colhedoras de grãos, visto que nessa época a disponibilidade seletiva estava ativada e os erros de posicionamento eram da ordem de dezenas de metros.

Esse tipo de sinal tem algumas características que podem se traduzir como vantagens ou desvantagens, dependendo do ponto de vista do usuário. A ativação do serviço se dá exclusivamente para um receptor, não sendo permitida a sua multiplicação ou transferência sem o envolvimento do provedor; há um custo pelo serviço, que normalmente é vinculado a uma taxa anual ou, em alguns casos, para períodos menores. Como a sua cobertura é geograficamente ampla, o seu uso independe do local. No entanto, é um sistema que está sempre sujeito às interferências decorrentes de mudanças na ionosfera por exigir comunicação a partir de satélites geoestacionários que transmitem os dados corrigidos para os receptores GNSS.

Recentemente, algumas soluções inovadoras de sinais SBAS pagos têm sido anunciadas, relacionadas a diferentes níveis de precisão e de exatidão. Algumas dessas soluções funcionam em receptores GPS de dupla frequência e Glonass, com capacidade de repetir posicionamento ao longo dos anos e com incerteza na exatidão abaixo de 0,1 m, o que tem atraído a atenção de usuários de sistemas-guia em tarefas que exigem repetição exata de percursos, como tráfego controlado na cultura da cana-de-açúcar e em semeadura direta de grãos.

Alguns receptores utilizam filtros chamados de Kalman, cujo princípio é usar conceitos estatísticos para comparar uma medida atual com uma medida que foi previamente estimada. Durante os cálculos é realizada uma comparação estatística entre os valores novos e os previamente estimados por meio da qual é possível eliminar dados discrepantes (Segantine, 2005). Há receptores com a opção de configuração de várias intensidades de filtragem: aumentando-se a intensidade, aumenta-se a precisão.

Essa solução foi apresentada aos usuários de sistemas-guia do tipo barra de luzes no início da década de 2000 no Brasil e foi intensamente adotada pelo mercado. Produziu um grande impacto comercial e praticamente monopolizou a solução em barras de luzes, inicialmente para aviões agrícolas e depois para veículos agrícolas em geral (Cap. 8).

Esse tipo de correção é normalmente referido por algoritmos internos, os quais têm como objetivo básico reduzir o erro de paralelismo entre passadas paralelas, e cada fabricante utiliza sua própria solução. O receptor, auxiliado por funções de seu *software* interno, atua como se fosse uma "estação de referência", calculando e projetando a redução de erros ao longo de um período de tempo que varia entre os fornecedores.

Por ser uma solução interna ao receptor, não tem o *status* de uma correção diferencial e deve ser vista com ressalvas, pois só atende às aplicações tipo barra de luzes e assemelhados. Nesse caso, as passadas são continuamente paralelas e equidistantes e o *software* filtra os desvios a esses percursos, resultando em paralelismo com elevada precisão. No entanto, não se pode esperar que esses receptores ofereçam grandes ganhos em exatidão.

Este, por sinal, é um bom exemplo da diferença entre exatidão e precisão. As passadas de um pulverizador guiado por barra de luzes são precisas, com erros de paralelismo médios entre passadas da ordem de 0,2 m a 0,3 m, quando em uma operação contínua. Porém, não é essa a precisão que se pode esperar desse mesmo receptor quando utilizado em qualquer outra aplicação, por exemplo, na navegação em campo para uma amostragem georreferenciada, já que o algoritmo foi desenvolvido para passadas paralelas. Também não se pode esperar que ele autonomamente indique a posição do pulverizador com essa ordem de exatidão, dentro da lavoura, depois de a operação ter sido interrompida por qualquer motivo. A razão está na continuidade do percurso e do "aprendizado" que o *software* interno desenvolve ao longo das passadas, que é dependente do tempo de uma possível interrupção, da ordem de 15 minutos; ou seja, passado esse tempo ele não segue mais essa lógica e reduz sua precisão. Dessa forma, não tem sentido tentar repetir esses percursos em outra operação, pois tal recurso não oferece repetibilidade.

1.7 DESEMPENHO DE RECEPTORES GNSS

A carência de informações técnicas sobre o desempenho de receptores GNSS em atividades agrícolas tem gerado dúvidas entre os usuários, especialmente sobre qual categoria de receptor utilizar para aplicações específicas. A International Organization for Standardization (ISO) dispõe de norma (ISO, 2007) que define procedimentos e padrões para a avaliação da precisão (repetibilidade) de receptores GNSS para mensurações a campo em modo RTK. Nesse caso, os maiores interessados são os engenheiros geodésicos e os agrimensores, que são internacionalmente organizados na Fédération Internationale des Géomètres (FIG) e na International Cartographic Association (ICA). Outra entidade que atua na área de normatização para desempenho de receptores GNSS é a International Association of Geodesy (IAG), e também existe uma nova entidade, formada em 2005, que une estas e tantas outras, incluindo os provedores de sinais GNSS, que é o International Committee on Global Navigation Satellite Systems (ICG), com sede em United Nations Office for Outer Space Affairs (Unoosa), em Viena, Áustria.

Na avaliação do desempenho de receptores GNSS, o princípio básico é a determinação das distâncias (leste-oeste e norte-sul) de um dado ponto obtido por um desses receptores em relação à posição supostamente correta desse mesmo ponto (Machado; Molin, 2011). No caso de uma avaliação sob condição estática e criteriosa, haverá um tempo de coleta, e, portanto, uma amostra de pontos e a média dos erros nas direções norte-sul e leste-oeste será:

$$EE = Xi - Xr$$
$$EN = Yi - Yr$$
(1.2)

$$EME = |\overline{EE}|$$
$$EMN = |\overline{EN}|$$
(1.3)

em que:
EE é o erro na coordenada leste (m);
EN é o erro na coordenada norte (m);
Xi são os valores das coordenadas leste (m);
Xr é a coordenada real leste (m);
Yi são os valores das coordenadas norte (m);
Yr é a coordenada real norte (m);

EME é o erro médio na coordenada leste (m);
$\overline{EE}$ é a média dos erros leste, em módulo (m);
EMN é o erro médio na coordenada norte (m);
$\overline{EN}$ é a média dos erros norte, em módulo (m).
Assim, o erro de posição (EP) é:

$$EP = \sqrt{EME^2 + EMN^2} \tag{1.4}$$

A diferença entre o erro de posição e a média do erro de posição ($\overline{EP}$) resulta na indicação de espalhamento médio das coordenadas obtidas ao longo do período de coleta. Assim, utilizando-se o desvio padrão (σ) como critério, 68% dos erros ocorrem dentro dos limites de ± 1σ, ou seja:

$$1\sigma = \sqrt{\frac{1}{n-1}\sum_{i=1}^{n}\left(EP - \overline{EP}\right)^2} \tag{1.5}$$

A raiz quadrada média do erro (RMS) indica a exatidão, pois resulta no erro absoluto em relação à referência, representando 68% de uma distribuição.

$$RMS = \sqrt{\frac{\sum_{i=1}^{n} EP^2}{n}} \tag{1.6}$$

Uma forma usual de expressar o erro de receptores a partir de dados coletados de forma estática é a expressão do erro circular provável (CEP), que indica um limite que contém 50% de todos os erros em uma distribuição circular.

$$CEP = 1,18\sqrt{\sigma E^2 + \sigma N^2} \tag{1.7}$$

em que:
σE é o desvio padrão na coordenada E;
σN é o desvio padrão na coordenada N.

Essa é a forma com que normalmente se caracteriza a qualidade de posicionamento de um receptor de forma estática. No entanto, tais abordagens estão longe de atenderem às situações geradas no ambiente agrícola e florestal. Para essas aplicações, os receptores GNSS são submetidos a condições um tanto peculiares. Os movimentos e a variação de velocidade de deslocamento causam incertezas no posicionamento que exigem uma abordagem específica.

Os fabricantes de receptores GNSS utilizados em aplicações agrícolas, quando muito, disponibilizam relatórios do desempenho de seus receptores como descrito anteriormente, no modo estático, porém os desempenhos obtidos em ensaios estáticos nem sempre são indicativo de desempenho em movimento. A mensuração de erro de posicionamento em modo cinemático é mais difícil do que em modo estático, pois as variáveis que afetam o desempenho cinemático dos receptores GNSS são de mais difícil controle.

Avaliações de desempenho de receptores GNSS têm sido obtidas com as antenas montadas sobre veículos, via de regra utilizando um receptor GNSS em modo RTK como referência para o cálculo dos erros (Ehsani et al., 2003; Molin; Carrera, 2006). Nesses casos, no entanto, a referência também apresenta seu erro intrínseco.

Recentemente surgiram iniciativas para estabelecer métodos e padronização na avaliação da qualidade dos resultados de posicionamento para receptores em aplicações cinemáticas, comuns na agricultura. A ISO já dispõe de normas nesse sentido. A norma ISO 12188-1 (ISO, 2010) trata de procedimento para avaliar e relatar a exatidão dos dados de navegação utilizando receptores GNSS. Essa norma foca o desempenho desses receptores quando estão sujeitos a movimentos típicos de operações de campo e especifica os parâmetros de desempenho comuns que podem ser utilizados para quantificar e comparar o desempenho dinâmico de diferentes receptores (ISO, 2010). Já a norma ISO 12188-2 (ISO, 2012) especifica o processo para avaliar e relatar o desempenho de percurso de veículos agrícolas equipados com sistemas automatizados de orientação utilizando receptor GNSS, quando operando em modo de direção automático (ISO, 2012).

Basicamente, o método de análise é o mesmo que no modo estático, porém é necessário dispor de um sistema de coleta de dados que permita conhecer a real posição do receptor a cada novo ponto coletado. No caso de receptores embarcados em veículo de percurso conhecido (veículo sobre trilho georreferenciado, por exemplo), só é possível definir o erro na direção perpendicular ao percurso (desalinhamento em relação ao trilho). Para se obter o erro de posicionamento também na direção do deslocamento, é necessário que se gerem dados (coordenadas de pontos) com pleno registro bidimensional do real percurso (latitude e longitude), no caso de avaliação de erros em duas dimensões. Para a avaliação de erros também de altitude, é necessário o registro tridimensional do real percurso.

A norma ISO 12188-1 (ISO, 2010) destaca a necessidade de se dispor de uma referência de posicionamento no mínimo dez vezes mais exata do que o receptor que está sendo avaliado e essa referência não está limitada a recursos de GNSS. Outro aspecto importante no posicionamento cinemático é o tempo decorrido entre passadas. Um dos parâmetros é a exatidão entre duas passadas, que se refere ao desvio ou erro transversal de posicionamento entre duas passadas retas consecutivas do receptor no mesmo local em um intervalo de tempo menor do que 15 minutos. Outro parâmetro avaliado se refere a esse mesmo erro, porém em intervalos de mais de 24 horas. Isso caracteriza dois cenários distintos, um de uma situação em que as constelações de satélites não se alteraram suficientemente (primeiro caso) e outro em que há duas condições distintas de arranjo de satélites que gerarão os posicionamentos (segundo caso).

2 Mapas de produtividade: monitoramento da variabilidade das lavouras

2.1 RECONHECIMENTO DA VARIABILIDADE

Como já foi afirmado, AP é uma forma de gestão de todo o processo agrícola que leva em consideração a variabilidade existente nas lavouras. Logo, é necessário avaliar, quantificar e mapear essa variabilidade, a fim de geri-la eficientemente. Muitos pesquisadores, e mesmo usuários, consideram que o ponto de partida para se começar a praticar AP demanda a identificação da variabilidade espacial existente nas lavouras. Nesse sentido, os mapas de produtividade são tidos como a informação mais completa e verdadeira para se visualizar a variabilidade nos cultivos. A nomenclatura do mapa obtido ao final da colheita carece de consenso. As principais formas de se denominar esse produto são: mapas de colheita, mapas de rendimento e mapas de produtividade. Todos parecem estar parcialmente corretos de acordo com os respectivos significados registrados nos dicionários da Língua Portuguesa: colheita pode ser entendida simplesmente como o ato de colher produtos agrícolas ou os produtos colhidos em uma safra; rendimento é definido como ação ou efeito de render, ligado ao lucro ou rendimento monetário; produtividade significa capacidade de produzir e, no âmbito agrícola, é entendida como a quantidade produzida de um produto cultivado por unidade de área. A expressão "mapa de colheita" é provavelmente a mais adotada pelos usuários no campo, porém é um pouco vaga, considerando que diversas informações poderiam ser extraídas da colheita além da própria produtividade. Já a expressão "mapas de rendimento" parece se reportar ao lucro da atividade agrícola, ou ainda pode ser confundida com o rendimento operacional da máquina. Dessa forma, a definição de produtividade é a que aparentemente mais expressa a informação contida no mapa e, portanto, será a nomenclatura adotada no presente texto. Com base nessa informação, que representa a resposta da cultura ao manejo, podem-se investigar as causas da variabilidade dentro de uma mesma lavoura, gerindo-a da forma mais conveniente possível. Um mapa de produtividade materializa o efeito da gestão de um determinado cultivo e, com isso, possibilita a busca dos causadores de tal variabilidade dentro de uma lavoura tida como homogênea.

A principal forma de obter dados de produtividade é por meio da mensuração ou estimação da quantidade de um determinado produto que está sendo colhido. Existem diferentes formas de se medir o fluxo de sólidos (produto agrícola) e a tecnologia já está consolidada em medições estáticas, como em armazéns ou indústrias. No entanto, essa mesma mensuração em campo e em condições dinâmicas (embarcado em colhedoras) é um desafio recente e que exige o controle de maior número de variáveis.

Desde a Antiguidade, quando da colheita manual de pequenas áreas agrícolas, os produtores tinham conhecimento da variabilidade existente em suas lavouras, podendo indicar com facilidade as regiões com produtividades contrastantes. Entretanto, após a Revolução Verde nos anos 1960 e 1970, extensas áreas passaram a ser cultivadas, o que impossibilitou esse detalhamento. Apenas no final dos anos 1980 é que surgiram as primeiras tentativas de se medir o fluxo de grãos em colhedoras de cereais para fins de estimativa de produtividade. Desde então, vários produtos têm sido disponibilizados no mercado mundial com o objetivo principal de gerar dados para a obtenção de mapas de produtividade.

É sabido que esses dados apresentam suas limitações e erros e é sempre necessário um tratamento preliminar antes de transformá-los em um mapa que vá servir para análise e tomada de decisão. Tais erros são intrínsecos ao processo de obtenção dos dados e às limitações dos sistemas, no entanto não devem ser motivo de descrédito, apenas uma preocupação a mais.

É importante ter em mente também que a produtividade tende a apresentar variabilidade temporal (produtividades distintas entre safras) e seu comportamento espacial pode não se repetir entre as diferentes culturas. Por esse motivo, o uso de outras ferramentas também é interessante, assim como a coleção de mapas de produtividade de várias safras e condições distintas de cultivo.

Outra questão é que a mensuração realizada na colheita representa uma amostragem destrutiva e, para algumas aplicações, tardia. É uma informação que não serve ao agricultor que queira diagnosticar algum problema durante o ciclo da cultura, a fim de tratá-lo ainda no mesmo ciclo. Dessa forma, várias outras ferramentas têm sido propostas, de forma alternativa, para se identificar a variabilidade existente nas lavouras, seja por falta de equipamento eficiente para o monitoramento da colheita, seja pela extensão da área e necessidade de grande número de colhedoras com monitores de produtividade instalados, ou, ainda, pela demanda de identificação das regiões com diferentes potenciais produtivos durante a safra, possibilitando intervenções ainda a tempo de se melhorar o retorno econômico ao final do ano-safra. Exemplos dessas ferramentas alternativas são as fotografias aéreas, as imagens de satélite e os sensores de dossel, os quais serão abordados em capítulo específico (Cap. 5), mas cada uma delas também apresenta suas limitações e vantagens.

Apesar das limitações indicadas, os mapas de produtividade contêm informações essenciais na diagnose da variabilidade da lavoura e, consequentemente, no eficiente uso das técnicas da AP.

2.2 MAPAS DE PRODUTIVIDADE E SUAS FUNÇÕES

Invariavelmente, o objetivo dos agricultores é a obtenção de altas produtividades com o menor custo possível, sempre focando um melhor retorno econômico da atividade agrícola. Nesse contexto, a estimativa da quantidade média que uma lavoura produz já não é suficiente quando se pensa em AP, uma vez que a ideia principal é a gestão localizada da produção. Logo, o mapeamento da produtividade passa a ser uma ferramenta essencial para essa finalidade (Fig. 2.1).

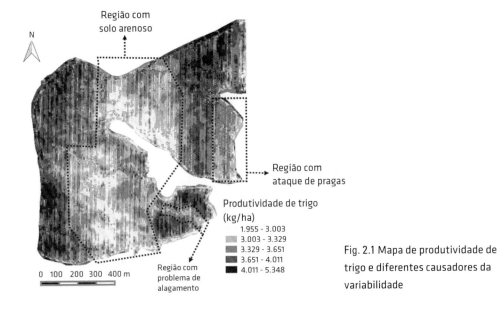

Fig. 2.1 Mapa de produtividade de trigo e diferentes causadores da variabilidade

Na prática, ainda há pouca adoção real dos mapas de produtividade tanto no Brasil quanto no exterior. Muito agricultores possuem os equipamentos, alguns até coletam dados, mas a grande maioria não utiliza as informações geradas, seja por falta de conhecimento e critério técnico para análise, seja por falta de qualidade na coleta dos dados no campo e no tratamento dos dados em escritório.

Primeiramente é preciso entender as funções de um mapeamento de produtividade, para só então conseguir o interesse e o empenho dos agricultores na obtenção de dados com qualidade. Como já mencionado, os mapas de produtividade mostram a resposta real da cultura ao manejo adotado, ou seja, a resposta às condições presentes na lavoura durante a safra, representadas pelos diversos fatores de produção. Dessa forma, o mapeamento da produtividade gera a informação mais adequada para a visualização da variabilidade espacial das lavouras, o que pode auxiliar na identificação de fatores limitantes à produção e seu tratamento de forma localizada, sendo esta a ideia principal da AP.

Três principais usos podem ser atribuídos aos mapas de produtividade, além da investigação da variabilidade nas lavouras. O primeiro é a compreensão das relações causa e efeito, ou seja, buscar entender por que a produtividade está sendo prejudicada ou favorecida em determinado ponto. O segundo é a reposição de nutrientes baseada na exportação pela colheita ou o refinamento das equações de recomendações de fertilizantes em taxas variáveis. O terceiro uso é o auxílio à delimitação de regiões com produtividades marcadamente contrastantes, as quais podem passar a ser conduzidas de forma diferenciada. Independentemente do uso pretendido, só é possível conhecer a variabilidade da área quando se tem um confiável conjunto de dados e, para isso, não basta o mapeamento de apenas uma safra. É necessário integrar informações de diferentes safras, suscetíveis a contrastantes variações climáticas e, se possível, variadas culturas. Essa necessidade de grande quantidade de dados pode ser listada como mais uma razão pela qual os agricultores não adotam tal prática, pois é um investimento em médio prazo que demanda bom controle da qualidade na coleta dos dados ao longo dos anos.

A principal forma de estabelecer as relações entre causas e efeitos é identificar regiões com baixa produtividade e buscar encontrar a causa desse problema e, sempre que possível, geri-la da melhor forma disponível, tentando elevar a produção nessa região.

Vários fatores podem estar associados às regiões de baixa produtividade: pode ser constatado que há problemas de fertilidade que precisam ser corrigidos; que há ataque localizado de determinada praga ou doença; problemas com plantas daninhas; má drenagem; compactação do solo; falhas de equipamentos ou operadores etc. Em todos esses casos, os mapas de produtividade podem direcionar o agricultor para os problemas pontuais, identificando as regiões com produtividade baixa. A partir daí, cabe ao agricultor investigar as causas da queda na produtividade nessas regiões, por meio de análise de solo ou planta, inspeção ou qualquer outra estratégia.

No entanto, muitas vezes as variações na produtividade dentro de um talhão são intrínsecas à área cultivada, causadas por fatores imutáveis, ou então à de difícil alteração pelos tratamentos agronômicos. É exemplo disso a existência de diferentes tipos de solo e relevo. Uma vez identificado que a causa da baixa produtividade são alguns desses fatores não passíveis de modificação pelo homem, o agricultor pode trabalhar com essa informação, gerenciando de forma diferenciada essas áreas, ou seja, basear as estratégias de gestão assumindo as desuniformidades existentes na lavoura. Dessa maneira, pode-se fazer uso de adubações e de preparo do solo diferenciados, utilização de diferentes cultivares, entre várias outras ações direcionadas conforme o potencial produtivo de cada região da lavoura. Esse tipo de gestão é conhecido como unidade de gestão diferenciada e será tratada em capítulo específico (Cap. 7).

Outro fim, um pouco mais simples, é a utilização das informações espacializadas da produção para basear as recomendações de fertilizantes. Uma forma de utilizar esse dado é por meio da reposição da quantidade de nutrientes exportados na colheita anterior. Essa aplicação é especialmente importante quando se pensa na recomendação de nitrogênio, uma vez que as análises de solo de rotina brasileiras não trazem informações confiáveis sobre a disponibilidade desse elemento no solo. Os mapas de produtividade também são úteis para refinar as recomendações de aplicação de fertilizantes, uma vez que a maioria dos procedimentos e métodos de recomendação leva em conta a produtividade esperada e a disponibilidade dos nutrientes no solo. Dessa forma, a produtividade esperada pode ser eficientemente estabelecida de acordo com a variabilidade na produção na safra anterior, possibilitando a estimativa de produtividade para cada porção da lavoura.

Outra vertente com objetivos semelhantes é não só o mapeamento da produtividade, mas também da qualidade do produto. Um exemplo clássico e que já vem sendo adotado especialmente na Europa é o pagamento do trigo ao produtor de acordo com o teor de proteína contido nos grãos. Logo, práticas agrícolas vêm sendo avaliadas para aumentar o teor de proteína nos grãos, e, paralelamente, equipamentos vêm sendo demandados para mensurar esse parâmetro de forma espacializada. Essa identificação possibilita a execução de intervenções localizadas, com o objetivo não só de aumentar a produtividade do trigo, mas também aumentar a qualidade e, consequentemente, o valor pago por quantidade do produto colhido. De forma semelhante, uvas viníferas já são colhidas de forma seletiva em algumas das regiões produtivas mais tecnificadas, por subdivisões dentro de um mesmo vinhedo, com base em indicadores que lhe atribuem qualidade e, portanto, valor diferenciado. Estudos nessa mesma linha vêm surgindo para diversas culturas, como cana-de-açúcar, milho, citros, café etc.

Com todos os usos já descritos, fica clara a importância do mapeamento da produtividade. Entretanto, para se obterem informações confiáveis, é preciso entender os mecanismos envolvidos nesse mapeamento, os equipamentos necessários, as fontes de erros e o tratamento de dados, os quais serão abordados nos próximos tópicos.

2.3 MONITOR DE PRODUTIVIDADE E SEUS COMPONENTES

Os equipamentos utilizados para mapear a produtividade das culturas, denominados monitores de produtividade, estão disponíveis no mercado para as culturas de grãos desde 1990. No início da década de 2000, alguns modelos de colhedoras brasileiras, principalmente de grãos, já eram comercializados com esses dispositivos instalados pelas próprias montadoras e a quantidade de modelos de máquinas com essa opção tem crescido. Mesmo assim, ainda existe o mercado de monitores genéricos, os quais podem ser instalados em qualquer marca e modelo de colhedora.

É importante lembrar que existem outros métodos menos sofisticados de se monitorar a produtividade. A simples pesagem e totalização da produção por talhão ou por alguma demarcação física, como a área entre dois terraços, é útil para quem quer fazer algum tipo de gerenciamento da variabilidade das lavouras, especialmente onde as lavouras não são muito extensas. Outra forma, mais detalhada que a anterior, é a pesagem por tanque graneleiro da colhedora. Com alguma forma de acompanhamento e estimativa da área colhida, é possível se obter alguma ideia da variabilidade da lavoura, ao menos entre as faixas colhidas, embora elas sejam sempre muito longas em relação à sua largura. No entanto, para esses casos, o detalhamento da informação passa a ser insuficiente para a adoção da maioria das práticas de AP.

Métodos que permitam a geração de mapas detalhados de produtividade exigem geralmente certa sofisticação para a obtenção dos dados essenciais. Um mapa de produtividade obtido por monitor é, em sua forma bruta, um mapa de pontos. Cada ponto representa a quantidade do produto agrícola colhido dentro de uma área com dimensões e localização conhecidas.

Para se conhecer a quantidade colhida de um produto, é necessário um sensor que faça essa mensuração ou algo que estime a sua quantidade. O local de instalação desse sensor varia conforme o produto colhido, a colhedora utilizada e o equipamento escolhido, mas no caso de colhedoras de grãos, em geral, esse sensor é posicionado na parte superior do elevador de grãos limpos (Fig. 2.2).

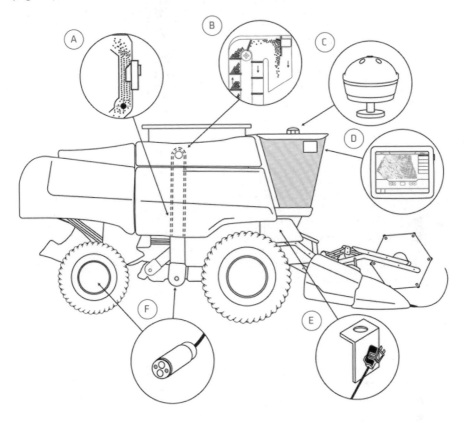

Fig. 2.2 Componentes básicos de um monitor de produtividade de grãos: (A) sensor de umidade de grãos; (B) sensor de fluxo de grãos; (C) receptor GNSS; (D) computador de bordo; (E) sensor de levante da plataforma; (F) sensor de velocidade

A posição de cada ponto de produtividade é obtida por meio de um receptor GNSS, o que permite identificar o posicionamento da máquina dentro da lavoura, fornecendo a sua latitude e longitude. Em seguida, a área que cada ponto representa é definida em função da velocidade de deslocamento da colhedora, do tempo de coleta de cada ponto (geralmente entre um e três segundos) e da largura da plataforma (Fig. 2.3). Ou seja, uma colhedora de grãos com plataforma de 10 m de largura e que se desloca a uma velocidade de 1,4 m s^{-1} (5 km h^{-1}) com frequência de coleta de um ponto a cada dois segundos proporcionará a coleta de um ponto de produtividade a cada 2,8 m, o que resulta em uma área de 28 m^2 por ponto. Para possibilitar um melhor entendimento da variabilidade na produtividade, a informação bruta obtida é convertida na forma como o produto é comercializado. Para isso, os monitores de grãos possuem um sensor de umidade de grãos, o que possibilita estimar a produtividade na forma de grãos secos.

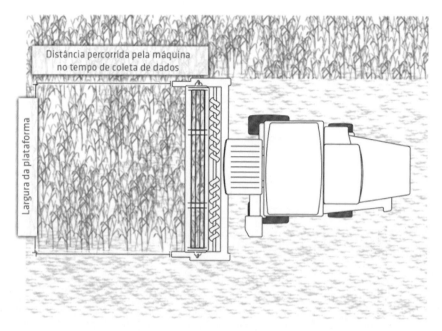

Fig. 2.3 Área colhida que representa um ponto do mapa de produtividade

Para a mensuração da velocidade de descolamento da colhedora, é utilizado um sensor de velocidade. Esse sensor adicional é exigido principalmente para os equipamentos de fabricantes independentes (genéricos) e para colhedoras que ainda não têm o sinal de velocidade integrado ao sistema. Existem diferentes métodos para se obter a velocidade nos monitores de produtividade: podem ser utilizados sensores de pulso magnético instalados em uma das semiárvores motrizes, antes da redução final do rodado dianteiro, ou mesmo numa das rodas traseiras, sendo esta última preferida já que está menos sujeita a patinar; outra opção é o uso de sistemas radares para mensurar a velocidade; porém, tem se tornado comum a obtenção da velocidade diretamente do sinal de GNSS.

Existe um dispositivo adicional, importante e bastante simples, que governa a aquisição de dados do sistema quando realmente está ocorrendo a colheita. Para isso, é instalado um sensor de contato na plataforma da colhedora de grãos que ativa a coleta de dados quando a plataforma for abaixada (em operação) e desliga sempre que o operador suspender a plataforma para manobras de cabeceira, desvios, deslocamentos sem corte etc.

Os modelos de colhedoras que dispõem de monitor de produtividade original de fábrica normalmente possuem algum sistema central com a função de computador de bordo e que serve para monitorar as funções da máquina e também para o processamento dos dados de colheita. Aqueles comercializados como genéricos dispõem de um computador dedicado à parte e que, quando instalado em outras máquinas, permite a gestão de outras atividades, como a aplicação de insumos em taxas variáveis, o uso de sistema-guia tipo barra de luzes e sistema de direção automática, o controle de pulverização e das seções do pulverizador, entre outras funções.

Longitude	Latitude	Elevação (m)	Velocidade (km h^{-1})	Largura da plataforma (m)	Umidade (%)	Colhido (kg ha^{-1})	Grãos secos (kg ha^{-1})	Operador	Fazenda	Lavoura
-50,1191	-24,3551	955,6	7,5	8,8	19,5	2.553,2	1.838,1	João	Serrana	T01
-50,1177	-24,3549	944,6	7,5	8,8	15,8	2.962,6	2.522,5	João	Serrana	T01
-50,1178	-24,3544	950,8	6,6	12,0	18,3	3.510,9	2.652,5	João	Serrana	T01
-50,1178	-24,3549	945,6	5,9	12,0	19,9	3.748,6	2.662,8	João	Serrana	T01
-50,1178	-24,3549	945,6	5,5	12,0	20,6	2.764,3	1.909,4	João	Serrana	T01
-50,1178	-24,3549	945,6	5,5	12,0	21,1	2.631,7	1.791,0	João	Serrana	T01
-50,1186	-24,3589	945,0	5,5	12,0	18,2	2.360,8	1.795,8	João	Serrana	T01
-50,1209	-24,3547	963,2	5,5	12,0	18,0	2.176,7	1.666,5	João	Serrana	T01
-50,1205	-24,3552	960,4	5,5	12,0	16,7	2.845,1	2.317,5	João	Serrana	T01
-50,1205	-24,3552	960,4	5,5	12,0	16,6	2.620,3	2.144,8	Mario	Serrana	T02
-50,1205	-24,3554	960,1	5,5	12,0	14,8	2.007,1	1.798,3	Mario	Serrana	T02
-50,1216	-24,3545	965,5	5,5	12,0	17,6	4.897,8	3.823,1	Mario	Serrana	T02
-50,1216	-24,3545	965,5	5,5	12,0	17,6	4.528,4	3.534,7	Mario	Serrana	T02
-50,1194	-24,3534	952,1	5,9	12,0	23,2	2.674,8	1.697,8	Mario	Serrana	T02
-50,1194	-24,3545	952,6	6,5	10,4	17,6	2.949,2	2.298,0	Mario	Serrana	T02
-50,1194	-24,3546	951,6	7,0	10,4	24,2	4.111,3	2.533,4	Mario	Serrana	T02
-50,1193	-24,3554	952,5	7,0	10,4	20,6	3.969,0	2.742,5	Mario	Serrana	T02
-50,1193	-24,3554	952,6	7,0	10,4	20,6	3.093,1	2.137,3	Mario	Serrana	T02
-50,1193	-24,3566	955,1	7,0	10,4	19,7	2.998,7	2.141,5	Mario	Serrana	T02
-50,1188	-24,3557	945,1	7,0	10,4	19,6	4.176,6	2.996,4	Mario	Serrana	T02
-50,1189	-24,3557	945,0	7,0	10,4	19,6	2.762,8	1.982,2	Mario	Serrana	T02
-50,1187	-24,3559	941,8	7,0	10,4	20,1	3.958,8	2.789,0	Mario	Serrana	T02
-50,1187	-24,3559	941,8	7,0	10,4	24,8	3.260,0	1.978,6	Mario	Serrana	T02
-50,1184	-24,3533	950,9	7,0	10,4	18,1	2.126,5	1.619,6	Mario	Serrana	T02
-50,1275	-24,3589	979,9	7,0	10,4	11,3	2.690,0	3.089,2	Mario	Serrana	T02
...	...	...	...	...	...	...	...	...	...	...

Fig. 2.4 Dados obtidos por um monitor de produtividade de grãos

Os dados coletados pelos diferentes sensores e componentes do monitor de produtividade e pelo receptor GNSS são processados para gerar o dado da produtividade em cada ponto e armazenados em algum dispositivo de memória, normalmente cartão SD ou *pen-drive*, disponível no computador de bordo, no qual também é possível a visualização das diferentes informações que estão sendo produzidas. Os dados coletados variam conforme o tipo de monitor de produtividade e cultura, mas basicamente fornecem informações de produtividade, coordenadas (latitude, longitude e altitude), tempo, velocidade da máquina, largura de trabalho etc. para cada ponto obtido (Fig. 2.4).

Todos os conjuntos comerciais oferecem também um *software* para interface com os dados coletados. Esse programa, que não pode ser confundido com um Sistema de Informação Geográfica (SIG) (Cap. 4), tem a capacidade de converter o arquivo vindo do monitor de produtividade, no formato específico definido pelo fabricante, em um formato de planilha de dados, a qual pode ser trabalhada da forma que o usuário preferir. Esses *softwares* geralmente também permitem a visualização preliminar de mapas, gerenciamento do banco de dados de colheita e exportação dos dados para outros programas e equipamentos. Alguns oferecem outras funções mais nobres, como recursos para a geração de mapas de aplicação de insumos. No que diz respeito ao mapa de produtividade, esses programas permitem algum tipo de tratamento dos dados para melhorar a qualidade da informação que será visualizada. Dessa forma, alguns desses *softwares* podem suprir a necessidade do usuário, mas, no caso da exigência de análises mais complexas, outros *softwares* podem ser demandados (Cap. 4).

2.4 MONITORES DE PRODUTIVIDADE EM GRÃOS

As culturas de grãos tiveram considerável esforço por parte da pesquisa e da indústria para o desenvolvimento de sensores de fluxo de grãos para utilização em monitores de produtividade e foram as pioneiras a terem esse equipamento disponível para o agricultor. O fato de ter havido maior desenvolvimento na área de monitoramento de grãos em detrimento de outras culturas é perfeitamente compreensível. As extensas áreas de grãos em todo o mundo e sua consequente importância econômica, além do fato de as máquinas envolvidas na colheita de cereais acompanharem certo padrão básico de conformação, de certa forma facilitaram a generalização de algumas soluções já disponíveis no mercado.

Como visto anteriormente, o conjunto responsável pela obtenção dos dados espacializados da produtividade compreende uma série de sensores e outros dispositivos trabalhando em conjunto. De maneira simplificada, os sensores de fluxo de grãos medem o fluxo de massa diretamente ou a concentração instantânea de sólidos que, juntamente com a velocidade do fluxo desses sólidos, possibilita a obtenção do fluxo de grãos de forma indireta. Para essa mensuração do fluxo de grãos, é fundamental a existência de um sensor ou conjunto de sensores em algum ponto da colhedora em que os grãos estejam passando.

O primeiro sistema para mensuração de produtividade foi disponibilizado no início da década de 1990 na Europa e constava de um sensor radiométrico, especificamente um sensor de raios gama, instalado na parte superior do elevador de grãos limpos. O sistema era composto de um emissor e de um receptor de radiação, sendo este instalado no lado oposto ao emissor. Durante a operação de colheita, o sistema emitia raios gama, os quais eram bloqueados pela massa de grãos que estivesse passando pelo elevador. A vazão de grãos era, então, estimada pela diferença entre a intensidade da radiação que foi emitida e da que foi recebida. Esse tipo de sensor sofreu limitações de legislações de alguns países que fiscalizam e até proíbem o uso de elementos radiativos em certas aplicações e ambientes, o que levou ao encerramento de sua produção.

Outros vários princípios de funcionamento dos sensores de fluxo de grãos vêm sendo estudados desde então, embora no mercado predominem dois deles, os sensores gravimétricos e os volumétricos, com algumas variações na forma de funcionamento e na mensuração do fluxo de grãos.

2.4.1 SENSORES GRAVIMÉTRICOS

Os sensores gravimétricos se caracterizam por mensurar diretamente a massa de grãos que está sendo colhida, e hoje essa medida é feita quase que exclusivamente pelo sistema denominado "placa de impacto" (Fig. 2.5).

Esse sistema é posicionado na parte superior do elevador de grãos limpos da colhedora, a exemplo do sistema por raios gama, e é hoje o sistema mais utilizado para a medição da quantidade de grãos colhidos e seu respectivo mapeamento. Nesse sistema, a força centrífuga provocada nos grãos pelo elevador de grãos gera um impacto proporcional à massa de

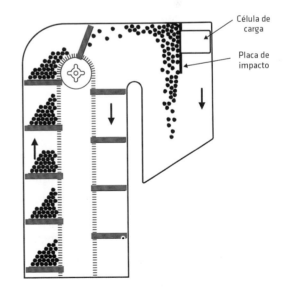

Fig. 2.5 Sistema de mensuração de fluxo de grãos por placa de impacto

grãos que está sendo colhida e que está passando pelo elevador. Para medir essa força, existem dois princípios comercialmente em uso: a célula de carga e o potenciômetro.

A célula de carga é um dispositivo que converte a força exercida sobre uma placa de impacto em um sinal elétrico proporcional a essa força, de forma semelhante às balanças de balcão. Dessa forma, é medida a força exercida diretamente sobre a placa de impacto, ou o torque a que a placa está submetida pelo impacto dos grãos que estão sendo colhidos, estimando assim o fluxo de massa.

O potenciômetro é um dispositivo elétrico no qual a resistência elétrica é alterada mecanicamente. Dessa forma, esse sensor mede o deslocamento da placa de impacto causado pela força exercida pelos grãos colhidos, e quanto maior o deslocamento, maior a massa de grãos passando pelo elevador.

Ambos os princípios medem a quantidade de grãos colhidos de forma similar. Logo, ambos são igualmente sensíveis à velocidade de deslocamento do elevador de grãos limpos, uma vez que quanto maior a velocidade, maior é a força com que os grãos são impulsionados. Dessa forma, os monitores de produtividade de grãos contam com um sensor auxiliar para monitorar a rotação de uma das rodas denteadas da corrente do elevador, estimando assim a velocidade do elevador e eliminando esse efeito durante a obtenção dos dados da quantidade de grãos colhidos.

Outro fator que prejudica as mensurações realizadas por meio de placa de impacto é o acúmulo de resíduos nela. O exemplo mais clássico desse problema é o acúmulo de óleo durante a colheita de soja, que ocasiona grande retenção de resíduos, como solo, poeira, resíduos de palha etc. Esse fator afeta a calibração do equipamento na medida em que o acúmulo de material aderido aumenta. Os fabricantes de monitores de produtividade têm trabalhado na obtenção de equipamentos que reduzam esse acúmulo de resíduos e algumas soluções estão disponíveis no mercado, como placas que proporcionam menor aderência de resíduos.

2.4.2 SENSORES VOLUMÉTRICOS

Esses sensores estimam a quantidade de grãos com base na medição do volume que está sendo colhido, assumindo uma densidade conhecida dos grãos, a qual é obtida mediante mensurações realizadas manualmente pelos usuários com certa frequência ao longo da colheita. Há basicamente dois tipos de sensores volumétricos: os sensores de facho de luz e os sensores de roda de pás.

O sistema que mede o volume de grãos nas taliscas do elevador da colhedora é aqui denominado sensor por facho de luz (Fig. 2.6). Para tanto, ele utiliza um emissor e um receptor de luz, cujo facho é cortado sempre que passarem as taliscas vazias ou as taliscas mais os grãos colhidos. As taliscas vazias representam o elevador sem grãos e correspondem à tara do sistema. Dessa forma, o volume de grãos sobre cada talisca é determinado pela mensuração do tempo de interrupção do facho de luz (proporcional à altura de grãos sobre a talisca), das suas demais dimensões (largura e profundidade das taliscas) e da velocidade de deslocamento das taliscas. Com a informação da densidade dos grãos fornecida pelas mensurações de densidade de grãos feitas pelo usuário, obtém-se a massa de grãos que está sendo colhida.

Como o sensor por facho de luz é bastante sensível à variação na densidade dos grãos, os fabricantes costumam fornecer um medidor para que o usuário monitore frequentemente a densidade dos grãos e atualize esse valor no sistema. Alguns trabalhos mostram que a densidade deve ser medida pelo menos cinco ou seis vezes por dia.

O facho de luz é posicionado transversalmente no elevador e a forma com que os grãos se acomodam sobre as taliscas depende da inclinação lateral da colhedora. Isso porque com o aumento no ângulo de inclinação da máquina há uma acomodação lateral dos grãos sobre as taliscas (tombamento), a qual gera um corte de luz maior e que precisa ser ajustado (Fig. 2.6). Dessa forma, o equipamento dispõe de um sensor de inclinação que mede o ângulo de inclinação da máquina e informa ao sistema que utiliza esse dado para corrigir a leitura do tempo de corte da luz.

Outro sensor de princípio volumétrico é o de roda de pás, embora se encontre em desuso. Nesse sistema, é instalada uma roda de pás na saída do elevador, a qual armazena grãos acima dela e, quando totalmente preenchida por grãos, promove uma rotação, com despejo dos grãos e início de preenchimento de outra pá. Essa identificação de quando a pá é totalmente preenchida é realizada por um sensor óptico. O sistema contabiliza a frequência da rotação das pás que, por possuírem volume conhecido, possibilita a estimativa da quantidade de grãos colhidos com base na correção com a densidade dos grãos, como no sistema anteriormente citado.

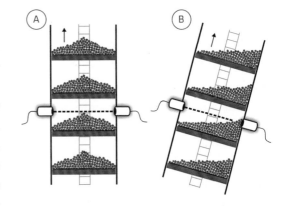

Fig. 2.6 Sistema de monitor de produtividade de grãos por facho de luz com a colhedora (A) transversalmente horizontal e (B) inclinada, exigindo a correção geométrica, que é obtida com o auxílio de um sensor de inclinação

2.4.3 SENSOR DE UMIDADE DOS GRÃOS

O sensor de umidade dos grãos é componente indispensável dos monitores de produtividade, uma vez que a produtividade é sempre referenciada com base em grãos secos, que é o padrão para sua comercialização. Dessa forma, é necessário transformar a massa de grãos colhidos a uma umidade qualquer e variável ao longo da lavoura em umidade padrão, para só então se conseguir verificar a real variabilidade na produtividade das lavouras.

Os sensores de umidade dos monitores de produtividade utilizam o princípio da capacitância, da mesma forma que muitos dos determinadores de umidade disponíveis para unidades recebedoras de grãos e laboratórios. No início da utilização de monitores de produtividade, os equipamentos usavam um sensor instalado após a saída do elevador, no caracol espalhador que fica dentro do tanque graneleiro da máquina, o que causava erros de leitura provocados por pequenas impurezas, normalmente mais úmidas, acumuladas sobre o sensor. Atualmente o sensor é instalado em algum ponto do elevador de grãos limpos. Os sensores que medem a umidade continuamente requerem a abertura de um desvio no elevador, para que uma pequena porção da massa de grãos passe pelo sensor, e um dispositivo que force o retorno dessa amostra para o elevador. Há também os sensores que medem a umidade dos grãos de forma intermitente, normalmente localizados no final do elevador, dentro do espaço do tanque graneleiro da máquina. Nesse caso, há um mecanismo que coleta uma amostra, aguarda a leitura da sua umidade e a ejeta, repetidamente.

Como os dados da umidade dos grãos também são registrados no arquivo de saída do monitor de produtividade, é possível mapear a umidade dos grãos na lavoura, identificando a variabilidade desse fator (Fig. 2.7). Em algumas situações, essa informação pode trazer fatos novos ao gestor, como as questões relacionadas à maturação desuniforme da cultura dentro de uma mesma lavoura, o que está normalmente associado a desuniformidades na capacidade de retenção de água no solo. Outro uso da informação de unidade é auxiliar o planejamento da colheita, direcionando a colheita precoce em regiões que frequentemente apresentam umidade ideal precocemente.

2.5 MONITORAMENTO DE PRODUTIVIDADE EM OUTRAS CULTURAS

A tecnologia da geração de mapas de produtividade para grãos já está bem consolidada, mas outras culturas ainda dependem de investimentos. Baseados em um ou mais princípios utilizados nos monitores de grãos, algumas empresas vêm mostrando avanços significativos em monitores de produtividade para outras culturas.

Uma técnica que tem aplicação ampla e pode ser adaptada a diversas culturas e situações é a da pesagem contínua. Uma carreta ou caçamba apoiada em células de carga permite o monitoramento da produtividade de diferentes culturas, dependendo apenas de algumas adequações e ajustes operacionais. Questões quanto à representatividade de cada ponto e cuidados para realizar medições com baixo nível de erro são essenciais e devem ser analisados para cada situação. Esse princípio de pesagem tem sido proposto em várias aplicações e possui algumas soluções comerciais disponíveis.

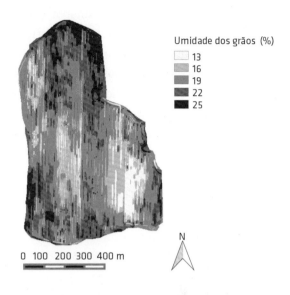

Fig. 2.7 Mapa de umidade dos grãos obtido por um sensor de leitura intermitente

Com base nesse mesmo princípio, por exemplo, mapas de produtividade de feno podem ser gerados mediante o uso de uma enfardadora de feno apoiada em células de carga. Na colheita mecanizada de batata, a instrumentação da esteira de limpeza e descarga de batatas com células de carga permite a pesagem dinâmica do fluxo de produto. De forma semelhante, a produtividade de beterraba açucareira vem sendo monitorada há anos por produtores dos Estados Unidos e Europa, assim como por produtores de tomate industrial e legumes.

Para a cultura do algodão já existem monitores de produtividade sendo comercializados, os quais adotam o princípio do facho de luz, com um receptor de luz instalado no lado oposto ao emissor no duto pneumático (Fig. 2.8). Quanto maior a barreira exercida pelas fibras de algodão para a luz transpassá-las e atingir o receptor, maior é a quantidade de fibras colhida. Esse mesmo sistema também está disponível para monitorar a produtividade de amendoim em colhedoras que usam transporte pneumático das vagens. Ainda para algodão, existe um sistema com princípio semelhante ao anterior, mas que utiliza um sensor de ultrassom, com emissor e receptor instalados no mesmo lado do duto pneumático, o qual estima a quantidade de fibras colhidas por meio da estimativa do volume de material que está impondo barreira ao sinal de ultrassom.

Na colheita mecanizada de café, há disponível um monitor de produtividade desenvolvido no Brasil (Fig. 2.9). O sistema mede o volume de grãos colhidos na esteira transportadora de grãos após a pré-limpeza e é uma adaptação do sistema volumétrico de medição por rodas de pás. O volume entre duas taliscas é fixo, portanto o sistema deve garantir que esse intervalo esteja cheio de grãos antes de se deslocar. Um sensor de ultrassom instalado sobre o reservatório temporário de alimentação das taliscas informa se este está preenchido por grãos e, assim, comanda o motor hidráulico acionador da esteira a se mover. A vazão de grãos é determinada pela contagem de taliscas por unidade de tempo. Como o sistema monitor mede volume, é necessária a da conversão dos valores de volume medido para peso de café beneficiado, ou seja, seco e descascado, o que normalmente é feito em pós-processamento, a partir de amostras de cada talhão, colhidas e processadas.

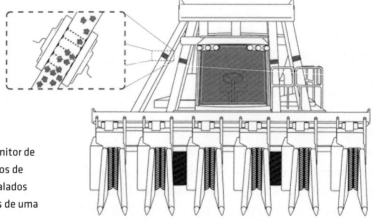

Fig. 2.8 Exemplo de monitor de produtividade por fachos de luz (em destaque) instalados nos dutos pneumáticos de uma colhedora de algodão

O setor sucroenergético, não só no Brasil, mas também no exterior, vem sofrendo há anos com a falta de um monitor de produtividade que forneça dados confiáveis para as diversas condições varietais e de cultivo da cana-de-açúcar. De acordo com Bramley (2009), os primeiros esforços de desenvolvimento de um sistema de monitoramento da variabilidade de cana foram feitos na Austrália, em 1996, quando os agricultores começaram a demandar um método de avaliação para as aplicações em taxas variáveis de corretivos e fertilizantes que começavam a ser estudadas. Dessa demanda foi desenvolvida uma plataforma de pesagem sobre células de carga na parte superior do elevador de colmos picados da colhedora.

Demanda semelhante surgia no Brasil na mesma época, mas o que prevalecia era a colheita de cana com corte manual com despalha a fogo. Dessa forma, foi desenvolvido um sistema de pesagem das leiras de cana inteira depositadas sobre o terreno após o corte. Uma carregadora de garras era usada para retirar essa cana e depositá-la nos caminhões de transporte.

Logo, uma célula de carga era instalada entre o braço da garra e a garra, sendo capaz de pesar cada uma das cargas ("garradas") executadas pela máquina. Com as informações do GNSS sobre a localização e distância entre as "garradas", era possível calcular a produtividade e criar mapas de produtividade. No entanto, esse sistema tinha o empecilho de exigir que a garra estivesse completamente imóvel para realizar as leituras de peso, o que retardava o processo de colheita. Assim, foi proposto um sistema que chegou a ser comercializado, com base em uma forma simplificada de estimativa de peso das cargas da carregadora utilizando a pesagem da cana contida no caminhão ao chegar à indústria dividida pelo número de cargas da carregadora, assumindo-as iguais. A variabilidade local vinha da distância entre as cargas, obtida pelas suas coordenadas.

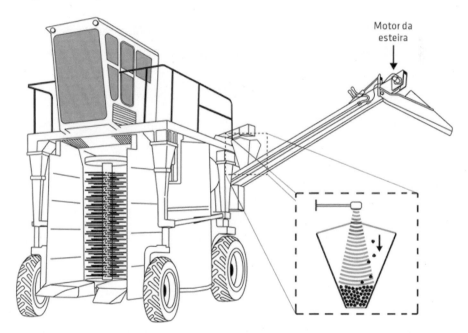

Fig. 2.9   Monitor de produtividade para café. Em destaque, o sensor de ultrassom que mede quando o reservatório está cheio de grãos e aciona o motor da esteira

Entretanto, com o crescente aumento das áreas colhidas sem queima, após legislação instituída no Brasil em 2004, começou a ocorrer intensa substituição da colheita com corte manual por colheita mecanizada da cana-de-açúcar. Com isso, esforços foram direcionados para o desenvolvimento de um monitor de produtividade embarcado na colhedora, e, logo, sistemas semelhantes ao desenvolvido na Austrália começaram a ser estudados.

Outro sistema de monitoramento da produtividade estima o volume de cana entrando na colhedora com base na mensuração da altura de cana que chega ao picador ou na variação de pressão hidráulica do seu acionamento.

Esse sistema já é comercializado na Austrália e começa a ser testado no Brasil. Paralelamente a esse último, um sistema com princípio similar ao de facho de luz usado para grãos e algodão foi desenvolvido nos Estados Unidos e utilizava fibras ópticas posicionadas sob as taliscas do elevador para quantificar a passagem de cana picada.

Já há alguns anos, está disponível no mercado brasileiro um monitor de produtividade que utiliza uma balança apoiada em células de carga, instalada na saída do elevador de colmos limpos picados (Fig. 2.10). Melhores resultados com esse mecanismo foram possíveis devido à instalação de sensores auxiliares (velocidade da colhedora e da esteira e inclinação do elevador), quando comparado às primeiras tentativas na Austrália e no Brasil. A sua utilização exige calibrações frequentes, o que tem dificultado a sua adoção. Além disso, é notório que soluções para a cultura da cana-de-açúcar apresentam dificuldade para oferecer a robustez demandada, que é absolutamente necessária considerando-se o ambiente e o ritmo em que a colhedora de cana opera.

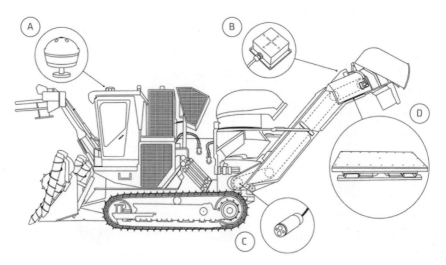

Fig. 2.10 Monitor de produtividade de cana-de-açúcar, com mensuração por meio de balança instalada no elevador de colmos e seus componentes básicos: (A) receptor GNSS; (B) sensor de inclinação do elevador de colmos picados; (C) sensor de velocidade da esteira transportadora de colmos picados; e (D) balança apoiada em células de carga

No mapeamento da produtividade dos citros, algumas soluções têm sido avaliadas para a colheita mecanizada, embora essa ainda não seja a forma prevalecente na colheita dos frutos. Alguns tipos de monitores de produtividade foram desenvolvidos para uma colhedora agitadora de copa comercializada na citricultura da Flórida, Estados Unidos. Um monitor com placa de impacto e células de carga foi desenvolvido e já é disponível comercialmente (Maja; Ehsani, 2010). O equipamento é instalado na extremidade do elevador de frutos que impactam a placa enquanto são descarregados em um transbordo lateral. De maneira similar ao monitor de grãos ou cana, já citados, quanto maior a quantidade de frutos, maior é a deformação das células de carga.

Outra maneira de se estimar o fluxo de frutos é por meio de imagens obtidas por uma câmera no mesmo ponto da colhedora. Algoritmos de processamento de imagens são capazes de calcular com exatidão o número de frutos em cada quadro de imagem. Variações do mesmo algoritmo foram testadas em imagens obtidas das árvores antes da colheita (Bansal; Lee; Satish, 2013). Essa técnica fornece não só o mapeamento da variabilidade, mas também uma informação valiosa para a gestão e planejamento da colheita, já que as leituras podem ser realizadas previamente, inclusive quando os frutos ainda não atingiram pleno estágio de maturação.

Ainda, adotando-se o mesmo princípio desenvolvido para pesagem da cana colhida manualmente, foi desenvolvida uma metodologia para mapeamento da produtividade de citros, especialmente aqueles destinados à indústria de suco (Molin; Mascarin, 2007). A colheita de citros é realizada manualmente e os frutos são depositados em sacolões (*big-bags*) distribuídos ao longo do pomar. Essa distribuição se baseia na previsão feita pelo coordenador da equipe de colheita. Como a área representada por cada sacolão é conhecida (calculada com base na distância entre os pontos e a largura da faixa de colheita), é possível estimar a produtividade calculando ou avaliando o peso de cada um deles. As tentativas de pesagem de cada sacolão no momento do carregamento para o caminhão de transporte têm apresentado a mesma limitação que surgiu nas carregadoras de cana, embora a instrumentação com sensores auxiliares esteja sendo avaliada. Dessa forma, a alternativa adotada até o momento é que a pessoa encarregada de fazer as anotações para efeito de pagamento aos colhedores faça essa estimativa de peso dos sacolões, os quais geralmente atingem bom nível de acerto.

Esse método parece adequado, e facilmente adaptável para outras culturas, especialmente na horticultura, em que o material colhido é brevemente armazenado em pontos ao longo do talhão para ser carregado em caminhões ou carretas. O georreferenciamento desses pontos pode ser feito previamente ou no carregamento, enquanto a massa colhida pode ser simplificadamente estimada com base no volume do recipiente utilizado no campo. A área do ponto e, finalmente, a produtividade são calculadas posteriormente durante o processamento dos dados.

2.6 CALIBRAÇÃO E OPERAÇÃO DO MONITOR

A obtenção de dados para a geração de mapas de produtividade não é trivial. Os operadores precisam ser treinados sobre o correto uso do equipamento e informados sobre a importância desses dados. A checagem do sensor de fluxo de grãos e a sua frequente limpeza são fundamentais, especialmente na colheita de soja, que gera aderência de impurezas na placa de impacto ou nas lentes protetoras do gerador de facho de luz. A correta preparação da colhedora, em especial, a configuração para início de coleta de dados (determinação da tara) é necessária. Nas colhedoras equipadas com monitor que utiliza placa de impacto, este deve detectar valor nulo de fluxo quando a colhedora encontra-se em condição de colheita (motor e elevador na rotação de trabalho). Já nas colhedoras equipadas com monitor que utiliza facho de luz, a tara do sistema equivale ao corte de luz causado pelas taliscas vazias, o que também equivale ao valor nulo de fluxo com a colhedora em condição de colheita.

Outro aspecto primordial é a correta calibração do sistema. Como a produtividade ou a quantidade colhida de um produto não é medida diretamente pelo monitor de produtividade (é medido volume ou massa de grãos), são necessárias calibrações bem conduzidas para assegurar uma boa qualidade dos dados obtidos. Logo, é essencial que todos os diferentes sensores e dispositivos integrantes do sistema estejam funcionando perfeitamente.

Em suma, o processo de calibração envolve a comparação entre o valor estimado pelo monitor e o que foi realmente colhido. Há diferentes procedimentos para a realização dessa calibração, mas sempre tomando como referência pesagens de quantidades colhidas, normalmente de um tanque graneleiro ou menos. Uma dificuldade presente nesse processo é ter disponível uma balança apropriada no campo para tais quantidades de grãos. Uma alternativa é coletar quantidades maiores (carga de um caminhão) e utilizar uma balança de plataforma, normalmente distante da lavoura, o que faz com que a quantidade de dados coletados para a calibração seja menor e mais lenta. Vale ressaltar que os fabricantes recomendam algumas pesagens para uma boa calibração. Com a informação do que foi realmente colhido em uma determinada área, o usuário deve informar essa medida ao monitor, que, por cálculos matemáticos, gera o respectivo fator de calibração entre produto colhido e sinal do sensor.

2.7 PROCESSAMENTO DE DADOS E FILTRAGENS

Um mapa de produtividade é um conjunto de pontos e cada ponto representa certa área, com cerca de alguns metros quadrados, determinada durante a configuração do monitor (Fig. 2.3). Por mapa de produtividade se entende a plotagem de cada um desses pontos num sistema cartesiano, no qual o eixo x é a longitude e o eixo y é a latitude. Eles são então classificados em diferentes escalas de cores ou tons de acordo com a produtividade para compor o mapa final (Fig. 2.1).

Além dos mapas de pontos, há outras formas de se visualizar os mapas, mas, principalmente, de se trabalhar as informações presentes neles. Apenas para visualização ou algumas análises específicas, os mapas de pontos podem ser convertidos em mapas de isolinhas, ou linhas de isoprodutividade. Essas isolinhas são linhas que representam regiões da lavoura com produtividade dentro de certo intervalo. Para se obter esse mapa, é necessária a manipulação de alguma função específica de *softwares* de geração de mapas ou SIG. Por trás de tudo isso, existe um método de interpolação entre os pontos e de atenuação das pequenas variações locais, mas isso é assunto para capítulo específico (Cap. 4).

Outra forma de visualização, mas que possibilita processamento e análise entre diferentes mapas, é a criação de superfícies *raster*, também conhecidas como superfície de *pixels* ou mapa de *pixels*, que é feita mediante diferentes processos de interpolação dos pontos de produtividade. Esse método de geração de mapas permite que cada *pixel*, representado por uma pequena área definida pelo usuário (geralmente entre 100 m^2 e 400 m^2), possua um valor de produtividade próprio. Com essa informação, mapas distintos podem ser gerados sobre a mesma base de *pixels*, possibilitando o que se chama de álgebra de mapas, em que se realizam cálculos entre os diferentes mapas (camadas) disponíveis (Cap. 4).

É importante lembrar que, independentemente da forma de visualização (pontos, isolinhas ou *pixels*), os mapas oriundos do mesmo conjunto de dados devem mostrar as mesmas tendências. As regiões de altas ou de baixas produtividades, se existirem, devem ficar evidentes. Dessa forma, deve-se ter em mente que, para uma boa visualização dos mapas de produtividade, alguns cuidados devem ser tomados quanto aos seus parâmetros de construção.

É costume afirmar que os mapas de produtividade mostram aquilo que se queira ver. Sendo assim, seus parâmetros de construção e visualização devem ser selecionados com cautela. Se intervalos de produtividades são selecionados sem muito critério, podem-se esconder informações importantes sobre manchas de produtividade na lavoura (Fig. 2.11).

Outra característica que merece bastante atenção é o número de intervalos. Uma quantidade muito grande de classes de produtividade, visando a um maior detalhamento, pode comprometer o objetivo principal, que é a caracterização das manchas. O número de intervalos não maior do que seis, entre três e cinco, parece ser uma boa medida. A escolha das cores, tons e contrastes também é importante, principalmente para a visualização das regiões de alta e baixa produtividade das lavouras (Fig. 2.11).

Todos os *softwares* de visualização de mapas permitem alguma forma de manipulação desses parâmetros, os quais devem ser selecionados da melhor

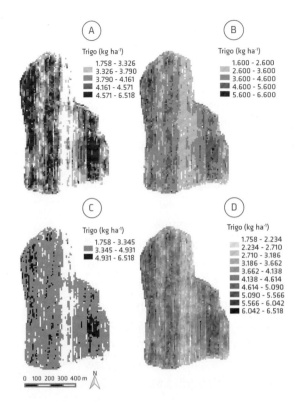

Fig. 2.11 Mapas de produtividade de trigo oriundos do mesmo conjunto de dados, mas utilizando classificações diferentes: (A) cinco classes de produtividade apresentando a mesma quantidade de *pixels* para cada classe; (B) cinco classes de produtividade entre intervalos de 1.000 kg ha^{-1}; (C) três classes de produtividade separadas por intervalos iguais de produtividade (1.587 kg ha^{-1}); (D) dez classes de produtividade separadas por intervalos iguais de produtividade (476 kg ha^{-1})

maneira possível, sempre permitindo a boa visualização pelo agricultor, a avaliação visual, a análise estatística, a álgebra de mapas etc.

Para obter mapas de boa qualidade não basta apenas pregar por uma boa visualização, é necessário que os dados obtidos sejam de boa qualidade, como já mencionado. Dessa forma, zelar pelo pleno funcionamento dos diferentes sensores e dispositivos integrantes do monitor de produtividade é essencial para assegurar dados confiáveis. No entanto, alguns erros podem ocorrer nos arquivos gerados, mesmo que aparentemente todos os sensores estejam funcionando perfeitamente. Logo, existe um considerável número de erros sistemáticos introduzidos nos dados de um mapa de produtividade. Dessa forma, é imprescindível realizar uma análise desses dados oriundos dos monitores, chamados aqui de dados brutos, eliminando aqueles que não representem a realidade e prejudiquem a qualidade final do mapa.

Alguns dos possíveis erros nos dados são eliminados pelo *software* interno de alguns dos monitores na fase de processamento e gravação, ou nos *softwares* de interface com os dados coletados, mas outros não o são, cabendo ao usuário analisar com certo cuidado os dados brutos. Esses erros podem ser listados como:

- posicionamento incorreto;
- falhas no sensor de produtividade;
- falhas nos sensores auxiliares;
- largura incorreta de plataforma;
- tempo de enchimento da colhedora;
- tempo de retardo incorreto;
- entre outros.

2.7.1 ERROS DE POSICIONAMENTO

Para possibilitar a localização de cada ponto de produtividade dentro de uma lavoura, o monitor é conectado a um receptor GNSS, que pode possuir diferentes níveis de exatidão, dependendo da necessidade do usuário (Cap. 1). Entretanto, mesmo sendo um sistema altamente confiável, frequentemente ocorrem pequenos problemas de localização, que vão desde a diminuição na qualidade do sinal até a perda temporária do sinal dos satélites. Quando isso acontece durante a colheita, ocorrem erros nos dados armazenados. Os erros de posicionamento podem ser classificados como erros grosseiros e erros mínimos (Fig. 2.12).

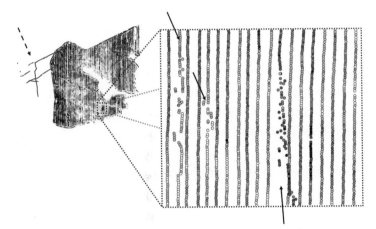

Fig. 2.12 Exemplos de erros de posicionamento: a seta tracejada indica erros grosseiros e as demais setas indicam erros mínimos de posicionamento em região específica do mapa de produtividade

Os erros grosseiros tendem a ocorrer quando, por algum motivo, o GNSS perde o sinal dos satélites. Assim, os dados de produtividade são registrados em locais completamente diferentes de onde realmente deveriam estar e, mesmo após a volta do sinal GNSS, demora algum tempo para que sua qualidade seja restabelecida. Esses erros podem ser identificados quando há pontos em regiões distantes da área colhida, além de pontos cruzando a lavoura ou tomando direções impossíveis de serem feitas pela colhedora.

Os erros mínimos de posicionamento ocorrem quando algum efeito externo prejudica a qualidade do sinal, como citado no Cap. 1. Isso provoca pequenos desvios no percurso registrado da colhedora e consequentemente sobreposições de passadas. Há também uma fonte de erro sistemático causado pela posição da antena na colhedora, que normalmente é localizada no teto da cabine e não sobre a barra de corte, mas que pode ser evitado com a devida configuração do sistema. Os erros mínimos são mais difíceis de serem identificados e eliminados dos dados, mas muitas vezes não tendem a gerar significativa perda da qualidade do mapa final.

Em ambos os tipos de erros de posicionamento, os problemas só serão identificados quando o usuário visualizar os dados brutos. Só então a exclusão desses pontos pode ser considerada.

2.7.2 ERROS DO SENSOR DE FLUXO DE GRÃOS E DOS SENSORES ADICIONAIS

Em dados brutos de produtividade, é comum observar valores que extrapolam em muito o que pode ser encontrado em campo, ou seja, é comum observar produtividades exorbitantes ou muito baixas em pontos isolados, dados que caracterizam erros no sistema de mensuração da produtividade e que devem ser removidos da análise. Essa exclusão se faz necessária, uma vez que pontos com valores extremos interferem nos resultados de toda uma região durante a etapa de interpolação.

Esses erros podem ter diversas fontes, desde falhas no *software* interno do monitor, na comunicação eletrônica, no sensor de fluxo de grãos, até problemas em dispositivos adicionais, como o sensor de umidade dos grãos, sensor de inclinação da máquina, sensor de velocidade da colhedora ou do elevador etc. Para identificar as informações problemáticas, é preciso analisar todo o seu conteúdo (dados dos diferentes sensores). Ao verificar que um dos sensores apresentou algum valor suspeito, exclui-se toda a linha de dados referente àquele ponto.

Outra configuração importante é quanto ao interruptor que liga a coleta de dados quando a plataforma está abaixada ou desliga quando esta é levantada. A correta regulagem desse sensor é importante, principalmente, para evitar coleta de dados durante manobras de cabeceira, para que a área que não pertence ao talhão não seja contabilizada na contagem total de área. A consequência desse erro são áreas com produtividade nula nas cabeceiras dos talhões, ocasionando redução na produtividade média da lavoura.

No entanto, quando nenhum sensor apresenta erro visível e ainda assim há produtividades duvidosas, o processo de filtragem precisa ser um pouco mais cauteloso. Nesse caso, a exclusão de dados passa a ser um processo mais subjetivo. Podem-se adotar limites estatísticos, como retirar os quartis superior e inferior, ou retirar pontos com dois ou três desvios padrão acima ou abaixo da média. A análise da distribuição dos valores por meio de histogramas também é uma forma utilizada, assim como avaliar a discrepância de um ponto em relação aos seus vizinhos (Cap. 4). Essas soluções estatísticas têm sua vantagem devido à praticidade, mas podem eliminar pontos de interesse. Por isso, é sempre aconselhável analisar a distribuição dos pontos tidos como "erros", para só então realizar a sua exclusão definitiva (Fig. 2.13).

Há também quem prefira fazer essa retirada toda de forma intuitiva, selecionando intervalos (extremos) de dados e visualizando sua distribuição na lavoura. Enquanto os valores extremos estão dispersos, podem ser considerados erros, mas quando os pontos estão agrupados, é indício de que podem configurar uma região de alta ou baixa produtividade, a qual merecerá especial atenção na posterior identificação das suas causas. Uma região com valores inesperadamente muito baixos pode estar associada a vários fatores, como ataque de pragas, doenças, acúmulo ou falta de água etc. Por outro lado, uma região com valores muito elevados de produtividade pode indicar potenciais produtivos além do esperado para tal lavoura e que merecem ser analisados para que possam ser estendidos a outras áreas, dentro do possível.

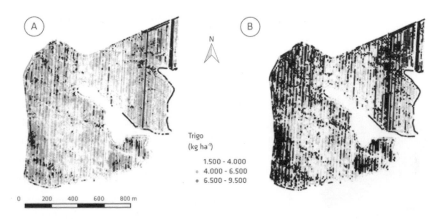

Fig. 2.13 Filtragem intuitiva de dados de produtividade de trigo: (A) pontos pretos indicam pontos com produtividade maior que 7.500 kg ha^{-1} e que se apresentam dispersos na área, os quais podem ser excluídos; (B) pontos pretos indicam pontos com produtividade maior que 6.500 kg ha^{-1}. Nesse caso, começa a ocorrer aglomeração dos pontos, portanto o limiar de corte precisa ser superior a esse valor

2.7.3 LARGURA INCORRETA DA PLATAFORMA

A largura incorreta da plataforma é um misto de deficiência do sistema e de limitações dos operadores. Os *softwares* presentes nos monitores registram a massa colhida em cada ponto. Essa quantidade é medida pelo sensor de fluxo de grãos e a área colhida é calculada com base na largura da plataforma, informada ao monitor no ato da configuração, multiplicada pela distância percorrida, que, por sua vez, é derivada da velocidade, medida pelo sensor de velocidade (Fig. 2.2). Em algumas situações a largura de colheita pode ser menor que a largura da plataforma, como em arremates do talhão, por exemplo. Nesses casos, alguns monitores de produtividade têm opções de fracionar a plataforma para que a área seja corretamente medida. Essas frações devem ser indicadas pelo operador da colhedora que, se utilizada indevidamente, ou mesmo não utilizada, resulta em uma importante fonte de erros.

Esse tipo de erro é caracterizado por faixas contínuas ao longo do talhão apresentando baixa produtividade, que ocorre quando o operador não fraciona a plataforma, ou alta produtividade, quando o operador fracionou a plataforma para fazer algum arremate e não retornou para a opção de plataforma cheia (Fig. 2.14). Para solucionar esse problema, alguns sistemas automatizados para a determinação da largura de corte efetiva vêm sendo desenvolvidos. Essas soluções incluem a medição da largura com relação à passada anterior pelo GNSS, que deve ter boa precisão e exatidão, e utilizam o conceito de controle de seções utilizado nos pulverizadores, assunto abordado no Cap. 8.

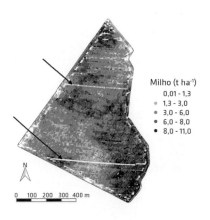

Fig. 2.14 Erros típicos de largura de plataforma (indicados pelas setas) nos locais em que o operador não indicou o fracionamento da plataforma em algumas passadas de arremate

2.7.4 TEMPO DE ENCHIMENTO DA COLHEDORA E TEMPO DE RETARDO

O tempo de enchimento da colhedora também é uma fonte de distorções nos mapas de produtividade, especialmente nas cabeceiras dos talhões. Após ter esvaziado seus sistemas de trilha, separação e limpeza enquanto descarregava o seu tanque graneleiro, a colhedora demora em torno de 15 a 20 segundos para atingir novamente o regime normal de trabalho com esses sistemas novamente cheios. Durante esse tempo, o sensor de fluxo de grãos estará medindo fluxos menores e crescentes à medida que a máquina avança para dentro da lavoura, o que gera dados incorretos de baixa produtividade nas cabeceiras do talhão ou onde a colhedora parar ou fizer manobras. Esse efeito é difícil de ser eliminado e, quando não avaliado corretamente, faz o usuário supor erroneamente que há algum tipo de problema nas cabeceiras das lavouras, como compactação ou ataque de pragas, quando de fato é uma falha na coleta dos dados do monitor de produtividade. Esse problema caracteriza-se por ocorrer apenas nas entradas na lavoura e não nas saídas da máquina (Fig. 2.15).

É importante salientar que esse tempo de enchimento é diferente daquele tempo de retardo que os sistemas comerciais já consideram. O tempo de retardo é o tempo gasto entre o início do corte pela plataforma e a chegada do produto colhido ao sensor de fluxo (Fig. 2.15). Esse erro faz com que pontos sejam registrados fora da lavoura (final da passada) e comecem a ser registrados muito para dentro (início da passada) da lavoura. Esse tempo é facilmente medido para uma dada colhedora e produto colhido, sendo então inserido no sistema no ato da sua configuração.

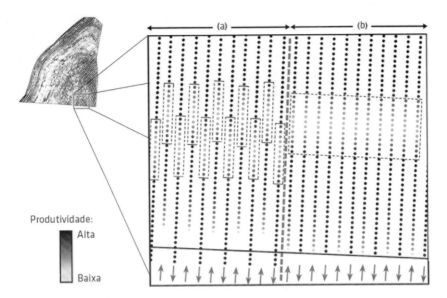

Fig. 2.15 (A) Erros por tempo de retardo e de enchimento e (B) região apresentando erros de enchimento, mas com o tempo de retardo corrigido. Os retângulos tracejados mostram região de baixa produtividade (B), a qual não pode ser identificada quando o tempo de retardo não é corrigido (A)

2.7.5 OUTROS ERROS

Outras falhas podem ocorrer durante a obtenção de dados pelo monitor de produtividade, como os erros ocasionados por deficiências na operação de colheita. Uma fonte de erro que existe, mas cada vez menos frequente, são problemas causados por suavização mal selecionada. Alguns monitores apresentam filtros internos que impedem que dados extremos sejam armazenados. Isso geralmente facilita o trabalho do usuário no processamento de dados, no entanto, quando esses limites são erroneamente definidos, importantes informações podem ser perdidas.

Ainda ocorrem outras pequenas fontes de erro, as quais podem prejudicar a estimativa da produtividade real da lavoura. Esses erros são oriundos da retrilha de grãos, o que contabiliza produto de fato colhido em outro local; das perdas de colheita, o que reduz a produtividade medida, mas que deve normalmente ser assumida como relativamente uniforme e proporcional à produtividade; das impurezas não removidas no processo de limpeza, o que prejudica a eficácia dos sensores de fluxo de grãos e de umidade.

Podem ainda ser considerados outros fatores que variam em função da qualidade da operação de colheita e do maquinário disponível, assim como da cultura e da situação da lavoura. Essas são limitações que começam a ser abordadas e devem ser motivo de preocupação numa próxima geração dos monitores de produtividade.

De qualquer maneira, os monitores disponíveis no mercado, principalmente para grãos, já atingiram um bom nível de confiabilidade e exatidão dos resultados obtidos. Em termos de totalização de produto colhido, quando comparada com o resultado do monitor de produtividade, os fabricantes atribuem valores de erros da ordem de 2%, contanto que a coleta de dados seja precedida por uma correta calibração.

3 / Amostragens georreferenciadas

3.1 CONCEITOS BÁSICOS DE AMOSTRAGEM

As ações de gestão na agricultura, sejam aplicações de insumos, sejam recomendações de tratos culturais, são normalmente precedidas de uma etapa de investigação sobre a lavoura. Nessa etapa, são levantadas informações que subsidiam as intervenções agronômicas, ou seja, traduzem a necessidade da cultura por insumos ou tratos culturais. Tais informações podem ser obtidas de diversas formas, por exemplo, por meio de observações do campo – um agricultor pode perceber a ocorrência de plantas daninhas ou doenças e decidir tomar alguma medida para o seu controle – ou por meio de amostragens, um método mais apropriado para áreas extensas, onde a percepção do agricultor sobre toda a área é dificultada.

Estatisticamente, a amostragem tem por objetivo representar um todo (população estatística) com base na avaliação de apenas uma porção dele (amostras). No caso agronômico, a amostragem representará um talhão baseado na observação em apenas alguns locais, seguindo uma metodologia específica para cada parâmetro avaliado ou cultura.

A amostragem pode ser aplicada na investigação dos mais diversos fatores de produção, por exemplo: amostragem de solo, para avaliação dos seus parâmetros químicos ou físicos; de tecido vegetal, para avaliação do estado nutricional das plantas; de ocorrência de pragas ou doenças, para avaliação do estado fitossanitário da lavoura, entre outros. Certamente, a amostragem de solo é um dos procedimentos mais adotados dentre os citados.

Na AP, as ferramentas de investigação, inclusive a amostragem, devem não só quantificar o *status* de um parâmetro agronômico, mas também caracterizar a sua variabilidade espacial na forma de mapas temáticos. Sendo assim, a amostragem dentro desse sistema de gestão passa a ser georreferenciada, ou seja, cada amostra tem a sua posição no espaço definida em um sistema de localização (*datum* e coordenadas), normalmente registrada por meio de um receptor GNSS. Além disso, o número de amostras necessárias para representar uma área de produção de forma especializada passa a ser significativamente maior do que na agricultura praticada até então. Nesta última, em cada unidade de manejo (talhões, glebas) é coletada normalmente apenas uma amostra composta de subamostras retiradas aleatoriamente ao longo do campo. Já no sistema de gestão com AP, para se representar a variabilidade espacial dos atributos avaliados, é necessária a coleta de diversas amostras compostas, georreferenciadas e distribuídas ao longo do campo. Essa característica de espacialização do atributo na amostragem é o que possibilita, posteriormente, a intervenção em taxas variáveis em contraste com a investigação pela média, que possibilita apenas um tratamento uniforme em toda a área avaliada.

Embora as estratégias de investigação em AP tenham focos distintos das empregadas no sistema convencional, os procedimentos de coleta das amostras (retirada de solo na linha ou entrelinha para amostragem de solo ou, então, a escolha da folha no estágio fenológico adequado para análise, por exemplo) continuam os mesmos utilizados na amostragem pela média, com apenas algumas adaptações.

É quando as coordenadas geográficas são adicionadas aos locais amostrados que os dados deixam de ser tratados com a estatística clássica, na qual as amostras são independentes entre si, e passa-se a utilizar a geoestatística (abordada em detalhes no Cap. 4). Nesse caso, cada amostra tem uma posição no espaço e o valor em um ponto é influenciado pelo valor dos seus vizinhos. Essa influência é maior quanto maior a proximidade entre os pontos. Utilizando essa lógica, é realizada a interpolação dos dados, ou seja, a estimativa de valores em locais não amostrados, gerando assim o mapa final do atributo (Fig. 3.1).

Vale lembrar que muitas ferramentas de investigação dentro da AP se baseiam na amostragem, já que mesmo com uma alta densidade amostral, dificilmente se consegue analisar todo o campo ou todos os indivíduos dentro dele. Por exemplo, os sensores de refletância do dossel ou de condutividade elétrica do solo (Cap. 5), muito utilizados na AP, também são ferramentas de investigação por amostragem, só que, nesse caso, a densidade amostral é muito maior, praticamente cobrindo todo o terreno, possibilitando assim maior confiabilidade nos mapas levantados.

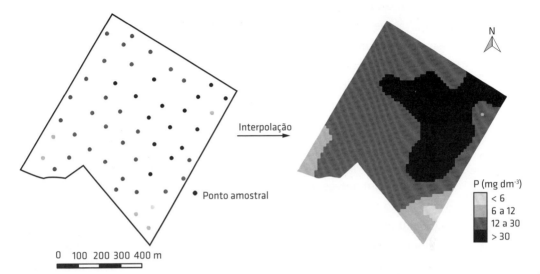

Fig. 3.1   Geração do mapa final a partir da interpolação dos dados obtidos nos pontos amostrais

Este capítulo trata da amostragem que utiliza procedimentos de coleta semelhantes aos empregados nas amostragens convencionais, porém é georreferenciada e segue uma estratégia de coleta própria para caracterizar a variabilidade espacial do fator investigado. Será focada, em especial, a amostragem georreferenciada de solo, a qual se tornou provavelmente uma das práticas do manejo localizado mais populares no Brasil e, muitas vezes, usada erroneamente como sinônimo da própria AP.

3.2 ESTRATÉGIAS DE AMOSTRAGEM

3.2.1   AMOSTRAGEM EM GRADE (POR PONTO OU POR CÉLULA)

O tipo mais comum de amostragem georreferenciada utilizada na AP é conhecida como amostragem em grade. O campo é dividido em células e dentro de cada uma delas é coletada uma amostra georreferenciada composta de subamostras. A "grade amostral", como é conhecida entre os usuários de AP, é gerada por meio de um SIG ou algum *software* dedicado (Cap. 4), no qual se dimensionam o tamanho das células (que define a densidade amostral) e a posição do ponto amostral dentro de cada célula. A grade ou apenas os pontos georreferenciados são transferidos para um receptor GNSS que será utilizado para a navegação até eles.

O primeiro passo para o planejamento da amostragem é determinar a densidade amostral ou a distância entre pontos, os quais representam o tamanho da grade. Essa é uma dúvida frequente para quem adota a amostragem em grade e certamente é uma questão que gera polêmica entre acadêmicos e práticos, já que nem sempre a densidade adequada é praticável econômica ou mesmo operacionalmente. Ao mesmo tempo, uma amostragem pouco densa também pode não representar com veracidade a variabilidade espacial da área.

O fator que limita o tamanho da grade ou a distância entre os pontos é justamente a interpolação. Se dois pontos estiverem muito distantes, não há relação entre eles (independência entre as amostras), o que dificulta a estimativa de valores no espaço entre os dois pontos. Dessa forma, a distância entre os pontos da grade não deve exceder um limite aceitável para a interpolação. Em outras palavras, para que a estimativa entre os pontos seja razoável, não podem estar muito distantes entre si.

Tal distância entre amostras é obtida por meio da análise geoestatística (detalhada no Cap. 4), que determina a distância a partir da qual as amostras não apresentam dependência espacial, ou seja, são espacialmente independentes entre si. Esse valor é um indicador para o tamanho da grade e, portanto, para a densidade amostral. Cada atributo de análise (teores de diferentes elementos químicos no solo, textura do solo, ocorrência de pragas etc.) pode exigir uma densidade amostral específica, de acordo com a sua dependência espacial. Portanto, se uma mesma grade amostral for utilizada para avaliação de diferentes parâmetros, comum na amostragem de solo em que são analisados vários elementos químicos a partir da mesma amostra, deve-se ajustar a densidade de pontos, na medida do possível, seguindo a demanda do atributo que exige maior densidade para a correta caracterização da sua variabilidade espacial.

A análise geoestatística para determinação da densidade amostral pode ser utilizada somente para o planejamento de grades futuras, ou seja, é preciso realizar uma primeira amostragem para se aplicar a análise e posteriormente decidir sobre aumentar ou diminuir a densidade. Dessa forma, é recomendado que a primeira amostragem seja realizada com alta densidade para caracterizar adequadamente a dependência espacial do atributo e, assim, a distância máxima entre amostras. Nos anos seguintes, pode-se diminuir a densidade o quanto for possível para se reduzir os custos da operação. Uma estratégia para a primeira amostragem é dispor, no campo, uma fileira transversal de pontos próximos entre si (Fig. 3.2). Essa técnica pode ser aplicada juntamente com a grade amostral, o que auxiliará a caracterização da dependência espacial do atributo, facilitando, portanto, a interpolação e a definição do tamanho da grade.

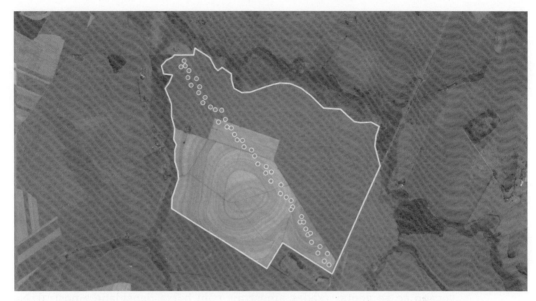

Fig. 3.2 Amostragem de solo em uma transversal da lavoura para auxílio na análise geoestatística e dimensionamento da densidade amostral de grades futuras

Considerando que a primeira investigação deve ser mais detalhada e, portanto, mais cara, pode ser empregada em apenas uma ou algumas áreas representativas da paisagem e nos tipos de solo predominantes na fazenda ou na região, para posteriormente extrapolar os resultados para as demais áreas. Nessa "área-piloto", pode-se planejar a amostragem e avaliar os seus resultados antes de sua adoção em toda a fazenda.

A escolha da densidade amostral adequada para o levantamento de algum parâmetro é determinante para a qualidade do mapa final e da sua capacidade de representar adequadamente a realidade. Especialmente na amostragem de solo em grade, muitas vezes não é utilizada nenhuma metodologia para a definição do número de amostras a serem coletadas. Essa decisão tem se baseado meramente em indicadores econômicos, em detrimento de fatores técnicos. É óbvio que a densidade amostral não pode ser inviável economicamente, porém deve ser capaz de representar adequadamente a variabilidade espacial da área, caso contrário não há motivo para se adotar essa estratégia de investigação.

A amostragem georreferenciada de solo adotada no Brasil é muitas vezes aplicada com grades em torno de 3 ha a 5 ha por amostra e, em alguns casos, até maiores. Essa densidade é criticada pela comunidade acadêmica que prega o dimensionamento de grades por meio da análise geoestatística, as quais normalmente estão entre 0,5 ha e, no máximo, 2 ha por amostra. Cherubin et al. (2015), por exemplo, indicaram grades amostrais não maiores do que 100 m entre pontos para caracterizar adequadamente a variabilidade espacial de fósforo e potássio em uma área de latossolo no Rio Grande do Sul.

A escolha de grades com baixa densidade é oriunda do alto custo da amostragem em áreas extensas, muitas vezes com milhares de hectares. Nos Estados Unidos e países da Europa, as grades são normalmente mais densas do que no Brasil e, muitas vezes, próximas ao recomendado pelos pesquisadores, já que as áreas são menores e o desenvolvimento da AP nessas regiões já estabeleceu um patamar mais avançado de investigação das lavouras.

Independentemente disso, a amostragem em grade, mesmo com baixa densidade de pontos, pode ser considerada um avanço em áreas nas quais se coletava apenas uma amostra em centenas de hectares. Muitas vezes, apenas a adoção frequente de amostragem de solo realizada em cada talhão ou, ainda melhor, em subdivisões dele, pode representar um avanço em áreas de baixa tecnificação, embora ainda não se possa afirmar que dessa forma o agricultor esteja praticando AP.

Alguns estudos evidenciaram o risco de se obter um produto final equivocado ao se adotar grades amostrais com baixa densidade amostral. Na Fig. 3.3, são representados os mapas finais obtidos a partir de amostragens de diferentes densidades de pontos. No campo, foram coletadas amostras de solo na densidade em torno de 6 pontos hectare, que foram enviadas para análise de parâmetros químicos de fertilidade. Previamente à elaboração do mapa final de atributos químicos do solo, foi realizado um raleamento dos pontos para simular a coleta em densidades cada vez menores, até a densidade de aproximadamente 4 ha por amostra. Os mapas de CTC (capacidade de troca de cátions) e V% (saturação por bases) gerados a partir da grade mais densa representam a condição mais próxima à realidade. À medida que o tamanho da grade aumenta (menor densidade amostral), nota-se que a diferença para o mapa "real" se eleva gradativamente até o ponto em que não há mais nenhuma relação visual entre os dois mapas.

Em grades pouco densas, é comum reconhecer grandes manchas no formato de um círculo ao redor do ponto amostral, coloquialmente chamadas de "olho de boi". Esse é um caso típico de interpolações tendenciosas, em que, dada a grande distância entre as amostras, elas não apresentam mais relação entre si e, portanto, a vizinhança em um ponto é influenciada apenas pelo valor daquela amostra. No caso da Fig. 3.3, os mapas de CTC e V% ainda serão utilizados para a geração de um terceiro mapa, o de recomendação das doses de calcário, que também apresentará os mesmos erros oriundos dos dois primeiros.

Vale ressaltar que, após a definição da grade e a realização da amostragem, não é mais possível a comparação do mapa obtido com um mapa "real" – como exercitado anteriormente – ou pelo menos com um mapa proveniente de uma densidade amostral maior, para verificação da qualidade da amostragem. Nesse caso, o usuário simplesmente confia na informação gerada para a tomada das próximas decisões gerenciais. Logo, o correto planejamento do esquema amostral é fundamental para o sucesso da técnica.

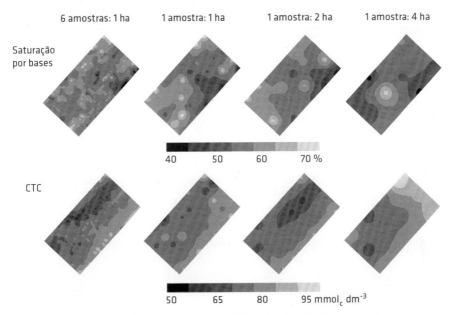

Fig. 3.3 Mapas de CTC e V% gerados a partir de diferentes densidades amostrais
Fonte: adaptado de Gimenez e Zancanaro (2012).

Definida a densidade amostral, o usuário pode optar pelo posicionamento do ponto dentro das células da grade. A escolha da grade amostral regular (quadrada ou retangular) com pontos equidistantes tem sido usual, pois facilita a navegação durante a coleta das amostras, porém não é regra. O arranjo entre os pontos e a posição deles dentro de cada célula pode apresentar as mais diversas variações. Uma delas é a alocação de pontos de forma aleatória dentro da célula (Fig. 3.4), o que elimina a equidistância entre eles. Embora esse arranjo dificulte a navegação aos pontos, apresenta vantagens na análise geoestatística e consequentemente na interpolação. Essa estratégia permite verificar a semelhança entre pontos bastante próximos e entre pontos distantes, ou seja, caracterizar o efeito da distância na semelhança entre pontos. A regra é que pontos mais próximos entre si sejam mais parecidos do que pontos distantes. Essa caracterização define a dependência espacial do parâmetro que pode ser utilizada posteriormente na interpolação dos dados.

O mesmo efeito pode ser atingido ao se acrescentarem pontos adicionais próximo a alguns pontos da grade regular (Fig. 3.4), o que também permite a melhor caracterização da dependência espacial na etapa da análise geoestatística. Um acréscimo de 30% no número de pontos parece ser uma quantidade interessante. Os dois artifícios (posicionamento randômico de pontos na célula e adição de pontos na grade) podem melhorar a qualidade da investigação, especialmente quando se empregam grades pouco densas na amostragem. Contudo, obviamente, devem ser utilizados com bom senso, nunca em detrimento da densidade amostral da grade, pois os seus benefícios podem variar caso a caso.

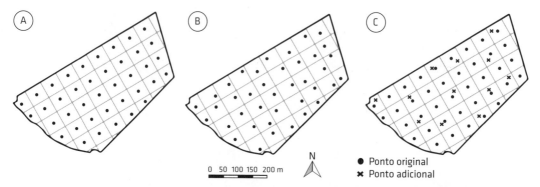

Fig. 3.4 (A) Grade regular; (B) alocação aleatória de pontos na célula; (C) adição de pontos próximo aos pontos originais

Determinada a grade amostral, a equipe de amostragem deve navegar até os pontos por meio de um receptor GNSS. O ponto encontrado no campo pode ser denominado ponto teórico, pois nunca se está exatamente sobre o ponto real. Sendo assim, serve apenas como uma referência para o local de coleta. Os erros inerentes ao GNSS e a própria navegação geram distorções na determinação do local exato de amostragem – receptores de navegação de código C/A, normalmente utilizados nessa tarefa, apresentam erros na ordem de 1 m a 5 m. Por isso, em alguns casos, os usuários optam por registrar novamente as coordenadas do ponto no campo, após a coleta daquela amostra. Isso é recomendado especialmente se o ponto teórico estiver em um local não adequado para amostragem, por exemplo, sobre um terraço ou muito próximo a um carreador (na avaliação de solo). O ponto então deve ser deslocado para um local adequado e sua nova coordenada, registrada no campo. Outro caso que exige uma nova marcação de coordenadas é quando há dificuldade de se chegar até o ponto teórico. Por exemplo, em culturas perenes, como café ou laranja, a densidade de vegetação nas fileiras de árvores pode impossibilitar a transposição de uma fileira, especialmente quando se utiliza um veículo para deslocamento. Nesse caso, as amostras podem ser coletadas em locais próximos aos pontos teóricos, porém as novas coordenadas devem ser registradas.

Em cada ponto da grade amostral, é obtida uma amostra composta de subamostras. Elas devem ser coletadas ao redor do ponto georreferenciado teórico, dentro de um raio predefinido (Fig. 3.5). Uma recomendação é que sejam retiradas dentro de um raio ao redor do ponto teórico da mesma magnitude do valor do erro do receptor GNSS (1 m a 5 m para receptores C/A), diluindo, assim, a incerteza no posicionamento da amostra.

O número de subamostras varia de acordo com o tipo de amostra, o volume de material necessário para análise, o erro amostral e o rendimento operacional almejado. Quanto menor o número de subamostras, maior o rendimento do trabalho, porém maior é o risco de contaminação da amostra ou o erro amostral. Na amostragem de solo, existe o risco de a subamostra ser coletada em pequenas manchas de alta concentração de elementos, por exemplo, no sulco de semeadura ou em locais nos quais houve um derramamento acidental de adubo. O maior número de subamostras diminui ou dilui esse risco. O erro também varia de acordo com o parâmetro avaliado, o que significa dizer que para cada parâmetro tem-se um número diferente de subamostras para se alcançar o mesmo nível de certeza na amostragem (Fig. 3.6). Por exemplo, uma boa avaliação do teor de fósforo normalmente demanda uma alta quantidade de subamostras, uma vez que o seu comportamento imóvel no solo e sua alta variação em curtas distâncias aumentam o risco de contaminação da amostra. Por outro lado, a avaliação da matéria orgânica que varia menos em curtas distâncias, ou de parâmetros físicos do solo que apresentam baixo risco de contaminação da amostra em função do local amostrado, necessita de uma menor quantidade de subamostras para atingir o mesmo nível de certeza na amostragem. Esse comportamento dificulta a escolha do número de subamostras, uma vez que todos esses parâmetros (diferentes elementos químicos e também parâmetros físicos do solo) muitas vezes são analisados a partir da mesma amostra composta.

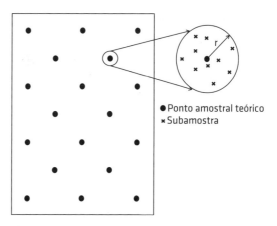

Fig. 3.5 Grade amostral de pontos e raio de coleta de subamostras

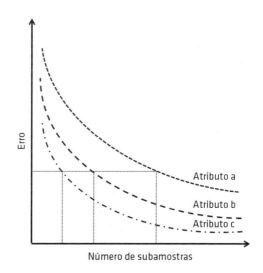

Fig. 3.6 Nível de erro na amostragem de diferentes parâmetros em relação ao número de subamostras coletadas

Na amostragem convencional de solo, normalmente se recomenda em torno de 20 subamostras para gerar uma amostra composta que represente uma área considerada homogênea, cerca de 20 ha. Já na amostragem em grade por ponto não há um número preestabelecido, mas tem sido usual em torno de dez subamostras por ponto. Vale lembrar que existe pouca metodologia de coleta baseada em resultados de pesquisa. Os métodos de subamostragem, especialmente a quantidade de subamostras, normalmente são trazidos e adaptados da amostragem convencional, que tem por objetivo representar grandes áreas. Quando se deseja representar apenas um ponto, certamente as curvas de erro amostral *versus* número de subamostras são diferentes. Entretanto, a literatura sobre esse assunto é escassa e pouco se pode inferir sobre o número de subamostras na amostragem em grade.

Após a coleta das amostras, elas são avaliadas para os parâmetros de interesse e os resultados obtidos são vinculados às respectivas coordenadas, uma etapa que exige cautela para que não haja troca de amostras e coordenadas. A única informação que pode vincular os resultados da análise com a sua respectiva posição geográfica é o número de identificação (ID) da amostra. Em sistemas de amostragem de solo mais sofisticados, a identificação da amostra pode ser realizada por meio de leitores óticos e sistemas de códigos de barra utilizados desde a coleta do material no campo até a análise no laboratório e a tabulação dos resultados.

Para a geração dos mapas finais, os dados são transferidos para um SIG no qual é realizada uma limpeza inicial dos dados, a interpolação – para estimar valores nos locais não amostrados, preenchendo assim toda a superfície de área –, e finalmente a edição final do mapa do atributo (detalhamento no Cap. 4).

Uma alternativa à amostragem por ponto é a amostragem por célula, recomendada quando o número de amostras demandado no método por ponto é muito alto e se torna uma opção inviável para o produtor. Dessa forma, a grade utilizada pode ser maior. Nessa estratégia, o objetivo não é mais representar o ponto, mas sim toda a área da célula da grade, por meio de um valor médio. A quantidade de células em cada talhão será equivalente ao número de amostras que se queira analisar e os formatos das células não precisam ser necessariamente quadrados ou retangulares, podendo ser utilizados como referência marcos físicos no campo, por exemplo, terraços.

As subamostras devem ser coletadas ao longo de toda a célula (e não mais ao redor de um ponto), da maneira mais representativa possível, para formar uma amostra composta de célula. Pode-se adotar um caminhamento em zigue-zague, diagonal, ou simplesmente aleatório, contanto que haja um número adequado de subamostras distribuídas ao longo de toda a área

(Fig. 3.7). De maneira geral, a quantidade de subamostras deve ser maior quanto maior o tamanho da célula.

Ao contrário da amostragem por ponto, nesse caso, não há interpolação para se gerar o mapa final. A interpolação não passa de uma ferramenta de estimativa de valores em locais não amostrados a partir de pontos conhecidos. Na amostragem por célula, não existe a entidade "pontos", tampouco lacunas no mapa a serem preenchidas pela interpolação. A coleta ocorre ao longo de toda a área, e não apenas ao redor de pontos georreferenciados. Portanto, toda a área da célula assume um único valor médio obtido por meio de uma amostra composta representativa.

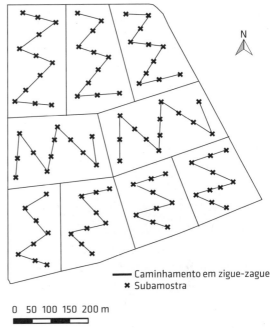

Fig. 3.7 Amostragem por célula e coleta de subamostras

Essa diferença fundamental entre a amostragem por ponto e por célula deve ser reforçada para evitar confusões. De forma recorrente, praticantes de AP erroneamente misturam as duas metodologias. Realizam a coleta de subamostras ao longo da célula e depois vinculam a amostra composta a um ponto para realizar a interpolação. Em resumo, o objeto representado na amostragem por ponto é um ponto, enquanto na amostragem por célula é uma área que não é passível de interpolação.

Cada método apresenta aspectos positivos e negativos. A resolução da informação no mapa final é maior na amostragem por ponto. O tamanho das quadrículas, definido pelo usuário na etapa da interpolação, é menor, geralmente entre 100 m^2 e 400 m^2, embora, caso a amostragem seja mal planejada e/ou conduzida, a maior resolução (tamanho dos *pixels*) não implica melhor qualidade. Já na amostragem por célula, a máxima resolução é o próprio tamanho da célula, que terá alguns hectares cada uma (Fig. 3.8).

Por outro lado, a amostragem por célula pode ser uma boa alternativa econômica para usuários com menor capacidade de investimento. Na amostragem por ponto, para que se tenha uma boa confiabilidade na interpolação, normalmente é necessária uma alta densidade amostral, em torno de 0,5 ha a, no máximo, 2 ha por amostra (determinada pela avaliação geoestatística). Isso encarece o processo, tanto na etapa da coleta quanto, principalmente, nas análises laboratoriais. Para grades maiores (menor densidade amostral), embora sejam mais atrativas economicamente, é provável que haja um erro grande nas estimativas durante a interpolação. Nesse caso, a alternativa seria então a amostragem por célula em que não se utiliza a interpolação, mesmo que essa escolha diminua a resolução do mapa.

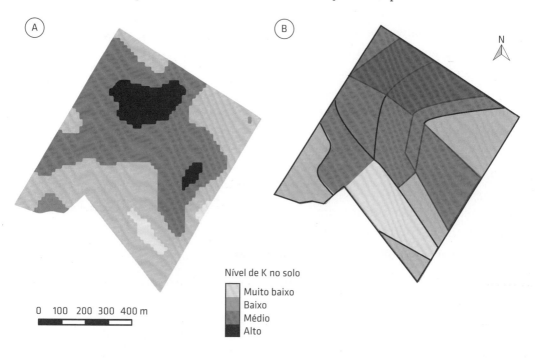

Fig. 3.8   Mapas temáticos gerados com base em amostragens (A) por ponto e (B) por célula

É importante lembrar que a escolha do método de amostragem afetará não somente a qualidade do mapa final de determinado atributo, mas também a própria intervenção em taxas variáveis. As recomendações geradas pela amostragem por ponto apresentam maior resolução da informação, portanto as doses variam em curtas distâncias, equivalentes ao tamanho da quadrícula (da interpolação). Já no que diz respeito àquelas geradas pela amostragem por célula, as doses variam apenas quando há transição entre as células. Independentemente do método de amostragem, o importante é que a informação e a consequente aplicação sejam as mais exatas possíveis.

3.2.2   AMOSTRAGEM DIRECIONADA E POR UNIDADES DE GESTÃO DIFERENCIADA

Além da amostragem em grade, ainda existem outras estratégias, como a amostragem direcionada e a amostragem por unidades de gestão diferenciada (UGD), tema abordado no Cap. 7 com mais propriedade. Nesses casos, o objetivo final não é gerar mapas temáticos, mas sim fornecer informações sobre locais específicos do campo que necessitam de investigação. Na amostragem direcionada, as subamostras são coletadas ao redor de um ponto georreferenciado com local predeterminado, guiado pela variabilidade de outro atributo. A escolha desses locais é baseada, geralmente, em mapas oriundos de uma informação coletada em alta densidade, como o mapa de condutividade elétrica do solo, mapa de produtividade ou imagem de satélite. Ainda, as amostras de solo podem ser guiadas pelo mapa de classificação de solo da área, se este tiver escala e detalhamento suficientes. O mapa de produtividade também é bastante útil no direcionamento de pontos amostrais, pois é aquele com maior potencial para evidenciar áreas problemáticas ou de elevada produtividade e que exigem investigação (Fig. 3.9). Podem-se alocar pontos amostrais dentro de manchas de baixa produtividade para investigação do nível de nutrientes no solo ou ocorrência de pragas e doenças, por exemplo. Ao mesmo tempo, nas regiões de alta produtividade, podem-se verificar os fatores que favoreceram o bom resultado em produção. A interpolação desses dados não é o foco dessa estratégia, mas pode ser considerada se houver pontos não muito distantes entre si e dependência espacial entre eles.

Na amostragem por UGD, a coleta é realizada dentro de áreas delimitadas e as subamostras são então distribuídas ao longo dessa área (Fig. 3.9), semelhantemente ao que é feito na amostragem por célula, ou mesmo na amostragem convencional. A delimitação da UGD segue metodologias elaboradas baseadas em histórico de dados georreferenciados (detalhamento no Cap. 7), dividindo a área em classes de potencial produtivo (alto, médio e baixo, por exemplo). Essas áreas são caracterizadas por apresentarem baixa variabilidade espacial dentro delas e também apresentam certa consistência de potencial produtivo ao longo do tempo. Dessa forma, necessitam apenas de uma ou poucas amostras compostas para a sua representação.

A utilização desses métodos de amostragem é recomendada para áreas que já apresentam um histórico de dados suficiente para o bom conhecimento da sua variabilidade. Ou seja, não há necessidade da aplicação de grades amostrais (muitas vezes chamadas de grades "cegas", por não terem nenhum direcionamento prévio) para mapear os fatores de interesse. A amostragem, nesse caso, serve apenas como ferramenta de monitoramento ou subsídio na compreensão de relações causas e efeito.

De maneira geral, para investigação de aspectos relacionados ao solo e à aplicação de fertilizantes e corretivos em taxas variáveis, pode-se recomendar que a amostragem em grade (por célula ou por ponto) seja aplicada para áreas em processo inicial de adoção da AP, em que há pouco ou nenhum conhecimento da variabilidade da área. Nessa etapa, as intervenções em taxas variáveis devem equilibrar minimamente a variabilidade espacial de fatores químicos de fertilidade. Na medida em que são acumulados dados georreferenciados (mapas de produtividade, textura e condutividade elétrica do solo, relevo, entre outros), pode-se mudar de estratégia, direcionando as amostras apenas para os locais de interesse ou por UGD. Essa última estratégia diminuirá os custos com coleta e análise de amostras e será utilizada para monitorar e manejar a variabilidade remanescente, aquela oriunda de fatores não antrópicos e imutáveis com que, invariavelmente, o agricultor terá que conviver durante os anos de produção.

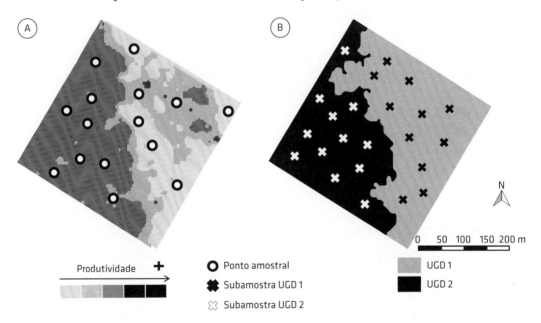

Fig. 3.9 Amostragem direcionada (A) por mapa de produtividade e (B) por unidade de gestão diferenciada

3.3 EQUIPAMENTOS PARA AMOSTRAGEM DE SOLO

A quantidade de amostras de solo demandada na AP, especialmente quando se utiliza a amostragem em grade, é alta se comparada à amostragem aplicada nos métodos convencionais. Dessa forma, embora os equipamentos convencionais de amostragem também possam ser empregados na AP (trado e sonda, por exemplo), é necessário aumentar o rendimento da operação por meio de sistemas mecanizados e automatizados de amostragem que são mais rápidos e eficientes. Uma diversidade de soluções tem surgido no mercado, tornando a coleta de solo operacionalmente viável, mesmo para grades de alta densidade amostral. O aumento no rendimento advém do uso de fontes de potência para acionamento dos amostradores, de veículos apropriados para o deslocamento no campo e até de sistemas totalmente automatizados para coleta, identificação e acondicionamento das amostras.

O aparato necessário na amostragem é composto de um equipamento amostrador, material para identificação (etiquetas, canetas etc.) e armazenamento das amostras (sacos plásticos ou caixas de papelão), um veículo para transportar equipamentos e operadores pelo campo (não é essencial, mas extremamente útil) e, obviamente, um receptor GNSS e um desenho do esquema amostral para navegação até os locais de coleta.

O equipamento amostrador é conceitualmente dividido em duas partes: uma fonte de potência para o seu acionamento, ausente nos tradicionais amostradores manuais, e o elemento sacador da amostra, que é inserido no solo para a retirada do material. Como fontes de potência, têm-se principalmente motores de combustão interna, que são autônomos, e os motores elétricos, hidráulicos e pneumáticos, os quais necessitam de uma fonte externa. Os amostradores acionados por motores elétricos são geralmente mais leves e práticos, porém menos potentes, o que pode ser um fator limitante em solos mais pesados ou compactados. A potência é maior para os equipamentos acionados por motor de combustão interna ou hidráulico, tornando viável a coleta em solos de difícil penetração. Por outro lado, podem ser mais pesados e mais difíceis de operar manualmente, em especial os hidráulicos, devido à fonte de potência externa.

Como elemento sacador, têm-se os trados de rosca, caneca ou holandês e caladores ou sondas. A escolha do tipo de sacador depende da sua compatibilidade com o sistema mecanizado utilizado e também do tipo de solo a ser amostrado. Os mais comuns em sistemas mecanizados de amostragem são os trados de rosca e caladores. O primeiro pode se ajustar às mais diversas texturas de solo e umidade por meio de roscas com diferentes configurações de passo, rotação e diâmetro, já o segundo é uma boa alternativa para coleta de amostras estratificadas em profundidade, porém mesmo com um alto suprimento de potência, a coleta pode ser dificultada em solos compactados.

Os veículos utilizados no transporte de equipamentos e carregamento de amostras também são variados. É comum a utilização de caminhonetes, veículos utilitários, tratores ou quadriciclos, com destaque para o último, que se popularizou entre as empresas prestadoras de serviços de amostragem georreferenciada. O equipamento amostrador pode estar acoplado ao veículo, em sistemas mais automatizados, ou ser simplesmente carregado e transportado por ele.

As combinações entre fontes de potência, sacadores e veículos são as mais diversas, apresentando diferentes níveis de sofisticação, de automação e, consequentemente, de custo (Fig. 3.10). Os sistemas podem ser operados manualmente, parcialmente automatizados ou totalmente automatizados. A automação pode ocorrer na etapa da coleta da amostra (acionamento automático do sistema sacador) e também na organização e identificação das amostras. Certamente, a escolha do equipamento de amostragem depende da capacidade de investimento, demanda de trabalho e rendimento operacional almejado.

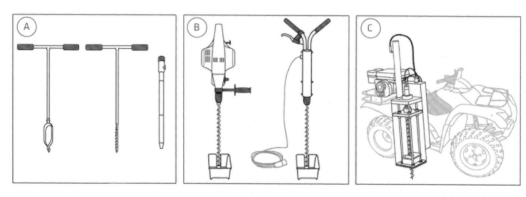

Fig. 3.10 (A) Trados de acionamento manual; (B) amostradores motorizados, de combustão interna (esquerda) e acionamento elétrico (direita); (C) amostrador hidráulico acoplado em quadriciclo

3.4 AMOSTRAGEM DE OUTROS FATORES DE PRODUÇÃO

Como apresentado anteriormente, a amostragem pode ser empregada na investigação de inúmeros parâmetros de interesse agronômico. O mesmo ocorre na amostragem georreferenciada utilizada na AP. Embora a amostragem de solo tenha se destacado no uso dessa técnica, alguns outros fatores também têm sido abordados, tanto na pesquisa quanto por usuários no campo.

Muitas pragas e doenças apresentam alta variação no campo, especialmente aquelas que ocorrem em reboleiras. Embora essa característica dificulte o mapeamento, os tratamentos fitossanitários aplicados em taxas variáveis podem oferecer ganhos econômicos e ambientais significativos, pois é possível evitar aplicá-los em locais que não apresentam esse tipo de problema. Assim, o manejo de pragas e doenças em uma lavoura pode ser extremamente beneficiado com o uso do georreferenciamento e mapeamento de sua variabilidade espacial. Esse tipo de amostragem vem sendo utilizado, por exemplo, na aplicação de acaricida em taxa variável para controle de ácaro da leprose em reboleiras na cultura dos citros e na aplicação de inseticida em taxa variável para controle de *Sphenophorus levis* em reboleiras na cultura da cana-de-açúcar. Embora a etapa de investigação possa ser extremamente laboriosa, o alto custo de alguns agroquímicos e seus potenciais impactos ambientais podem encorajar a adoção da amostragem georreferenciada e da tecnologia de aplicação em taxas variáveis.

O procedimento de coleta e levantamento da ocorrência de pragas e doenças deve seguir, sempre que possível, os mesmos métodos convencionais de amostragem desses flagelos. O georreferenciamento é feito por meio de um receptor GNSS convencional ou mesmo com um receptor embutido no próprio coletor de dados já utilizado pela equipe de amostragem. A estratégia de investigação pode seguir a amostragem em grade ou direcionada, por exemplo, ou então, quando o levantamento for realizado por meio de inspeção da lavoura, o georreferenciamento da informação será feito somente quando for observada a ocorrência da praga ou doença investigada.

Especialmente no mapeamento de pragas, o principal gargalo é a alta mobilidade de alguns insetos, que faz com que muitas vezes o mapa gerado pela amostragem não represente a ocorrência da praga no campo no momento da aplicação. Estudos do comportamento do inseto e sua distribuição espacial são essenciais para a definição da estratégia de amostragem e, consequentemente, determinam o sucesso da aplicação em taxa variável.

Outro fator que tem sido amplamente estudado no contexto da AP é a compactação do solo. O indicador indireto mais utilizado na sua investigação é a resistência do solo à penetração, obtida com sensores denominados penetrômetros, os quais medem o índice de cone, uma relação entre a força aplicada para a penetração e a área basal do cone. A amostragem georreferenciada em grade é uma alternativa para o mapeamento desse parâmetro, mas tem apresentado algumas dificuldades. É necessário realizar leituras em uma grande quantidade de subamostras em razão da dificuldade de se representar o ponto amostral a partir do índice de cone, cuja área de medição é extremamente pequena (área do cone e sua interface com o solo). Além disso, a alta variação desse parâmetro em curtas distâncias demanda uma densidade amostral alta, o que pode inviabilizar a operação (Fig. 3.11). Embora apresente restrições, a amostragem georreferenciada permanece uma ferramenta importante para a avaliação desse fator em aplicações de AP.

Especialmente no âmbito acadêmico, a amostragem georreferenciada também tem sido empregada no mapeamento da produtividade, para culturas em que não há colheita mecanizada nem monitores de produtividade, assim como na avaliação de parâmetros de qualidade do produto colhido.

A amostragem georreferenciada é um tipo de investigação bastante versátil, pois pode ser empregada para os mais diversos fatores agronômicos utilizando diferentes estratégias no levantamento de dados. Essa foi uma das primeiras formas de investigação utilizadas na AP desde o surgimento dos sistemas de localização. Após alguns anos de desenvolvimento, casos de sucesso e insucesso foram relatados na pesquisa, o que gerou um conhecimento sólido sobre suas vantagens e limitações. Atualmente, nota-se que a academia tem guiado o desenvolvimento de ferramentas de investigação para outro sentido. Sensores dos mais variados tipos são capazes de levantar uma quantidade de informações muito maior do que a amostragem georreferenciada (detalhamento no Cap. 5). Quando bem calibrados, fornecem mapas mais confiáveis e muitas vezes mais baratos. Nesse sentido, a tendência é que os sensores tenham um papel cada vez maior dentro da AP, substituindo gradativamente algumas ferramentas tradicionais de amostragem.

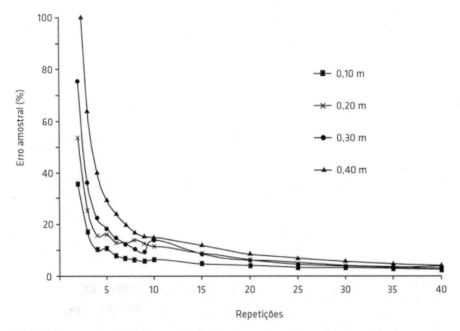

Fig. 3.11 Erro amostral em leituras de índice de cone *versus* número de subamostras por ponto
Fonte: adaptado de Molin, Dias e Carbonera (2012).

4 / Sistemas de informações geográficas e análise espacial de dados

4.1 SISTEMAS DE INFORMAÇÕES GEOGRÁFICAS E A AP

Grande quantidade de dados deve ser levantada de forma espacializada quando lavouras são conduzidas sob os preceitos da AP, ao contrário do que ocorre na gestão convencional. Esses dados podem ser coletados de forma densa, como no caso do mapeamento da produtividade, ou esparsos, como na amostragem de solo em grade. Independentemente da variável analisada e da densidade dos dados, o resultado final busca representar a variabilidade espacial de determinado fator. Porém, esses dados só se tornam informação útil se devidamente processados e analisados.

A informação espacializada, aquela com posição (coordenadas) conhecida no espaço, é a exigência básica em atividades relacionadas à AP. No entanto, esse tipo de informação é particularmente mais complexo do que as informações com as quais os agricultores estão acostumados, pois sempre se basearam na "média" de uma lavoura ou de uma fazenda. As informações espacializadas envolvem os conceitos de "o que" e "onde". Historicamente, essas questões têm sido tratadas com o desenvolvimento das técnicas de preparação de mapas. É importante destacar que o conceito de mapa, no contexto da AP, refere-se a uma representação visual, geralmente em duas dimensões, de uma informação relativa a uma lavoura ou região; mapas bem construídos devem conter título, legenda e indicações de escala e direção (rosa dos ventos).

Em AP, entretanto, apenas a obtenção de um mapa de um determinado fator não é informação suficiente para a gestão localizada, já que é necessário identificar por que certo fenômeno está ocorrendo. Somente assim o tratamento localizado será executado de forma eficiente.

Para que os dados obtidos se transformem em informações confiáveis e, na maioria das vezes, em mapas, é necessário bastante critério na análise dos dados e a utilização de métodos adequados para a preparação do produto final, como técnicas geoestatísticas e interpolações apropriadas para cada situação. Dessa forma, os usuários de AP enfrentam o desafio constante de analisar grande quantidade de dados e transformá-los em informação que possa representar algum tipo de ganho gerencial.

Para suprir essa demanda, existem os Sistemas de Informação Geográfica (SIGs), ou Geographic Information System (GIS), referindo-se a *softwares* com capacidade de organização e análise espacial dos dados, bem como a produção de mapas.

O termo SIG é genericamente usado para se referir a sistemas que realizam o tratamento computacional de dados georreferenciados e armazenam suas geometrias e atributos. Numa visão abrangente, os SIGs são compostos de uma interface com o usuário; entrada e edição de dados; funções de análise de dados, de processamento gráfico e de imagens; visualização e plotagem; armazenamento e recuperação de banco de dados georreferenciados, geralmente organizados em camadas de informação (Druck et al., 2004).

No entanto, é difícil encontrar uma definição única do que seja um SIG. Alguns autores defendem que apenas se qualifica como tal quando há recursos humanos envolvidos, caso contrário os *softwares* são apenas ferramentas de geoprocessamento (Figueirêdo, 2005). De acordo com esse conceito, Miranda (2005) aponta que um verdadeiro ambiente SIG tem componentes de informática, variados módulos de aplicação e recursos humanos, que devem estar em equilíbrio para o sistema funcionar satisfatoriamente, o que remonta à ideia mais ampla de que qualquer sistema de informação é complexo e composto de várias partes, não apenas de um *software*. Esse mesmo autor apresenta uma abrangente discussão sobre as diversas definições quanto ao que é um SIG, mas afirma que todas elas convergem para o fato de que SIG é um sistema que trabalha com informações geográficas. Independentemente disso, no âmbito da AP, o usuário precisa compreender o SIG como um sistema computacional que possibilita tratar as informações georreferenciadas obtidas em campo, permitindo análises espaciais e modelagens, gerando mapas, normalmente por meio de interpolações. Dessa forma, o SIG será tratado de forma simplificada como um *software* capaz de realizar essas funções.

Em AP, qualquer ponto amostral se inicia ao menos com os dados de latitude e longitude. Associada a esse, é comum a presença de um ou muitos atributos ou características locais. Um exemplo disso é o conjunto de dados oriundo do mapeamento de produtividade, os quais são formados pelos valores de produtividade, de umidade do grão, de largura de corte, entre vários outros. Ainda, muitas vezes é demandado associar a esse dado de produtividade um valor obtido em outros levantamentos, como o teor de cálcio, magnésio, fósforo, um valor altimétrico, um dado de refletância da vegetação, declividade, a presença ou grau de infestação de uma determinada planta daninha ou qualquer outro atributo que mereça ser investigado.

Desse modo, não só os dados, mas a forma de manipulação e análise dos dados oriundos de práticas de AP, em sua essência, não diferem daqueles advindos de outras aplicações. Trata-se sempre de pontos, linhas ou polígonos. As linhas representam rodovias, carreadores, terraços e outros; os polígonos são usados para delimitar o contorno dos talhões ou de parcelas de lavouras que representem um fato qualquer; os pontos, com suas coordenadas, invariavelmente carregam consigo outros dados, como fertilidade do solo, altitude, produtividade etc. Assim, o conjunto de pontos e os seus dados são representados por uma matriz, na qual cada ponto – no caso, o ponto 1 – é composto de seus valores x_1, y_1, z_{11}, z_{12}, z_{1n}, e z representa os valores que acompanham as coordenadas x e y, como os dados do mapeamento de produtividade.

Dessa forma, quaisquer SIGs podem ser utilizados na agricultura, já que permitem diferentes tipos de análise e operações entre camadas de informação. No entanto, o mercado de SIG tem se mostrado bastante responsivo, oferecendo soluções personalizadas para aplicações específicas.

4.1.1 SIGS DEDICADOS À AP

Com o surgimento de atividades de mercado associadas à AP no início da década de 1990, rapidamente surgiram SIGs dedicados a essa área. O que os diferencia dos SIGs genéricos são exatamente as opções de terminologias específicas da área e a facilidade com que algumas operações corriqueiras em AP são executadas, além da existência de interfaces para os sistemas que geram dados no meio agrícola. Por exemplo, um monitor de produtividade normalmente gera dados em um formato proprietário, que somente são acessíveis com um programa do fornecedor do monitor. Porém, os desenvolvedores de SIG para AP interagem com os grandes fornecedores do setor e oferecem em seus produtos as interfaces necessárias para converter os dados quando carregados ou importados. Especialmente os usuários que trabalham com extensas áreas e que já adotam monitores de produtividade encontram em um SIG dedicado a agilidade necessária não encontrada em sistemas genéricos. Da mesma forma, na fase final do processo de análise são geradas as prescrições na forma de mapas, os quais serão utilizados em equipamentos de campo. Muitos desses equipamentos responsáveis pelas intervenções localizadas também trabalham com formatos próprios de arquivos, sendo que um SIG dedicado pode ser capaz de gerar os arquivos em seu formato final. Na ausência destes, é necessário utilizar os programas de conversão oferecidos pelos fornecedores dos equipamentos, representando etapa adicional no processo.

A versatilidade e a facilidade dos SIGs dedicados a operar com dados proprietários são desejáveis também para prestadores de serviços, já que é demandada análise de grande quantidade de dados de diferentes propriedades ou regiões. Nesse caso, também é importante o aspecto operacional, relacionado à hierarquia de organização dos dados. Haverá uma grande quantidade de propriedades agrícolas, cada uma com as suas lavouras (talhões), e tudo deve ser organizado de forma ordenada no tempo (várias safras). Similarmente, todos esses dados precisam ser salvos em cópia de proteção, sem risco de perda das tarefas já executadas, como a edição de contornos de lavouras, limpeza inicial de dados, geração dos mapas de fertilidade, entre várias outras. A facilidade de gerar uma cópia de segurança, salvando também as tarefas já executadas, garante a continuidade do trabalho por outros executores, o que em muitos casos é providencial, especialmente em grupos de trabalho com várias pessoas envolvidas.

No mercado agrícola, também há *softwares* derivados de outras aplicações, especialmente da área de gestão de máquinas e de controle de custos de produção. Alguns desses programas evoluíram para aplicações de geração de grades amostrais e interpoladores para a geração de mapas. No entanto, não se caracterizam como SIG, principalmente devido à sua limitação quanto à disponibilidade de ferramentas de análise dos dados, não permitindo, por exemplo, operações entre camadas (álgebra de mapas).

Em suma, na seleção de um SIG para uso em aplicações agrícolas dedicadas à gestão da variabilidade espacial das lavouras, alguns aspectos são relevantes e merecem ser considerados pelo usuário. Nesse contexto, a disponibilidade e a praticidade de uso das ferramentas de tratamento e análise de dados são fundamentais. É interessante que o SIG apresente ferramentas para análises geoestatísticas, pois isso evita a necessidade de exportar os dados para programa de análise específico e depois retorná-los ao SIG para a preparação dos mapas. Ainda, para explorar as informações advindas de dados primários, como amostragens de solo ou planta, são requeridos recursos que permitam análises de correlações e regressões entre fatores, com a finalidade de explorar as relações entre causas e efeitos na busca de respostas à variabilidade espacial das lavouras.

Em alternativa aos SIGs convencionais, que possuem todo o banco de dados de um projeto vinculado ao computador no qual o SIG está instalado, restringindo ou dificultando seu uso a um grupo de pessoas ou usuário que se ausentar de seu escritório, vem surgindo os serviços via *web* para inúmeras aplicações. Na agricultura, esse tipo de serviço já é oferecido e consiste basicamente em acesso remoto a funções de processamento, análise de dados espacializados e geração de mapas, os quais podem ser acessados de qualquer computador conectado à internet. Nesse caso, a interatividade entre o usuário e o sistema é essencial para o bom proveito da técnica e é composto de menus, equações pré-definidas e configurações que poderão ser amplas ou restritas, dependendo do provedor.

A evolução, não somente dos recursos de SIG, mas também do universo de usuários, tem sido marcante. O Departamento de Trabalho dos Estados Unidos, como afirmado por Berry (2007), elegeu as tecnologias geoespaciais como um dos três grandes avanços tecnológicos na agricultura deste século, juntamente com a nanotecnologia e a biotecnologia. Logo, a previsão é de que os sistemas que hoje permitem trabalhar com três dimensões (X, Y e Z) num futuro próximo possibilitarão levar em consideração também a variável tempo (4D). Dessa forma, será possível modelar os ambientes evolutivamente, o que será um avanço para as aplicações em AP.

4.1.2 FORMAS DE REPRESENTAÇÃO DOS MAPAS

Historicamente, os mais variados tipos de mapas sempre foram bem representados por linhas. Porém, nas aplicações agrícolas, florestais, ambientais, entre outras, as linhas não são fiéis aos fatos, os quais não acontecem de forma estanque e rígida. A representação da transição entre dois tipos de solo, por exemplo, seria mais apropriadamente representada por uma transição tênue, e não por uma linha absoluta. A linha é artificial e apenas sintetiza uma probabilidade.

Nesse aspecto, a diferenciação entre modelo de dados vetorial e *raster* merece ser detalhada (Fig. 4.1). O mapa vetorial se aproxima dos antigos mapas desenhados manualmente, representando pontos e linhas como uma série de coordenadas X e Y. Já o mapa rasterizado estabelece uma grade imaginária e atribui valores para as informações em cada quadrícula ou *pixel*. No formato vetorial, as linhas são estanques, já no formato *raster* cada *pixel* contém um valor, simulando de forma mais natural as transições entre níveis de qualquer atributo que se queira representar.

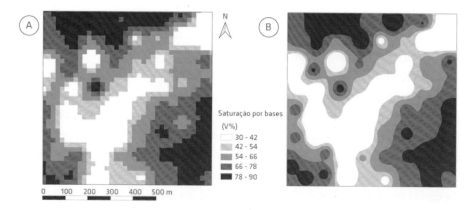

Fig. 4.1 Comparação entre mapas de saturação por bases (V%) no solo nos formatos (A) *raster* e (B) vetorial

No formato vetorial, segmentos de linhas definem polígonos, os quais, em operações de análise comparativa entre mapas, por exemplo, são testados para verificar se ocorrem cruzamentos. Quando um polígono de um mapa cruza com o de outro mapa, uma nova combinação poligonal é indicada e, para isso, a trigonometria é utilizada para computar as coordenadas X e Y das intersecções e operações matemáticas são realizadas entre os respectivos valores dos atributos envolvidos. No formato *raster*, isso acontece de forma mais fácil e clara, já que os *pixels* estão regularmente dispostos e apresentam a mesma localização em todos os mapas (desde que corretamente definidos pelo usuário), carregando o valor de cada atributo envolvido, na forma de uma matriz (Fig. 4.2). Nesse caso, as operações entre mapas são realizadas *pixel* a *pixel* e o resultado é uma nova coluna na matriz de dados, para um novo atributo derivado.

É importante lembrar que todo dado georreferenciado é coletado ou criado com base em um sistema de referência, o qual pode ser entendido pelo formato das coordenadas (geográficas, UTM etc.) e o modelo de elipsoide (*datum*), termos que são abordados no Cap. 1. Camadas de informação (mapas) criadas sob diferentes referências podem ser analisadas e operadas matematicamente entre si dentro de um SIG, já que a maioria deles realiza as conversões necessárias, desde que essa informação esteja contida no dado original ou que o usuário saiba indicá-la. Desse modo, para a importação, processamento e exportação de dados em SIG, é necessário conhecer quais as referências utilizadas na obtenção dos dados originais e em quais foram trabalhados. Quando esse cuidado na conversão ou na seleção das referências não é tomado, podem ocorrer erros na sobreposição e na geometria de mapas, além de falhas no processamento.

Destaca-se que frequentemente ocorrem pequenas alterações de posição entre os dados analisados, as quais são ocasionadas pela seleção incorreta das referências quando da importação/exportação desses em SIG. No entanto, o usuário desatento ou com pouco conhecimento pode associar incorretamente tais discrepâncias à inexatidão do GNSS utilizado na obtenção dos dados, prejudicando toda a análise.

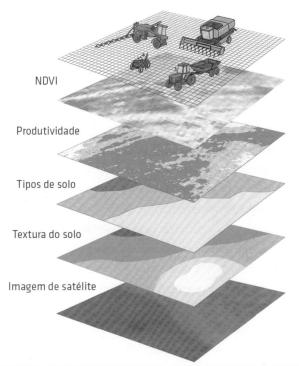

Pixel ID	Longitude	Latitude	NDVI	Produtividade (kg ha^{-1})	Tipo de solo	Teor de argila (g kg^{-1})	Estágio da vegetação
1	-48,76788	-21,53682	0,256	3.525	PVe	388	Inicial
7	-48,76957	-21,53790	0,236	3.985	PVe	382	Inicial
18	-48,80212	-21,54530	0,369	4.502	PVe	406	Intermediário
26	-48,82565	-21,54981	0,345	4.105	PVe	395	Intermediário
32	-48,78892	-21,55361	0,368	3.950	PVe	369	Intermediário
66	-48,77752	-21,55789	0,372	4.921	LVAd	264	Intermediário
105	-48,79289	-21,57411	0,252	3.211	LVAd	316	Inicial
115	-48,81532	-21,58369	0,569	5.690	LVAd	307	Final
129	-48,80145	-21,58991	0,695	6.100	LVAd	310	Final
167	-48,81798	-21,59311	0,495	5.230	LVAd	257	Intermediário
198	-48,77711	-21,59723	0,574	5.812	LVAd	254	Final
214	-48,79369	-21,60002	0,542	5.345	LVe	538	Final
253	-48,76969	-21,61525	0,563	5.625	LVe	594	Final
307	-48,78521	-21,61913	0,612	6.023	LVe	580	Final
...	...	...	...	...	...	...	...

Fig. 4.2 Matriz de dados (tabela com linhas e colunas com valores para cada *pixel*) e camadas de informação (mapas em formato *raster*) que permitem a gestão localizada da lavoura

4.2 ANÁLISE DOS DADOS

A análise de dados espacializados precisa ser efetuada de forma rigorosa para a correta transformação de um conjunto de dados em uma informação útil à gestão. Para exemplificar a forma clássica de utilização de SIG na análise de dados e obtenção de mapas de intervenções localizadas no âmbito da AP, toma-se o exemplo da amostragem de solo georreferenciada em grade. Nesse contexto, o SIG é necessário em várias etapas do processo: i) planejamento da grade amostral; ii) análise espacial exploratória dos dados; iii) modelagem do comportamento espacial de cada atributo; iv) obtenção das superfícies interpoladas; v) análise das superfícies obtidas; vi) recomendação da intervenção.

A geração da grade amostral de solo dentro dos limites da lavoura deve ser criteriosamente planejada e estabelecida para que todos os pontos tenham seu máximo aproveitamento, de forma que representem fielmente a área de estudo (Cap. 3). O mapa representando a localização dos pontos amostrais deve ser explorado para visualizar e, se necessário, deslocar pontos de suas posições originais para melhorar a representatividade da amostragem. Isso pode ser inteiramente realizado com o uso de um SIG, especialmente dentro daqueles dedicados à AP, já que fornecem ferramentas específicas para geração de grades amostrais, permitindo a definição da densidade amostral e o seu arranjo e posicionamento dentro do talhão. Após a coleta das amostras e respectiva análise laboratorial, esses dados devem ser unidos àqueles das coordenadas de cada ponto e então submetidos à análise descritiva e exploratória dos resultados obtidos pelo laboratório.

Normalmente, os valores de um determinado atributo em cada ponto são interpolados, gerando superfícies contínuas formadas por *pixels* com o tamanho definido pelo usuário, os quais permitem a avaliação da distribuição espacial de cada atributo na área em estudo. Assim, interpolação em AP é o procedimento pelo qual se estimam valores de uma variável em regiões não amostradas, com base em sua vizinhança amostral (ver item 4.2.3).

Depois de construída a superfície interpolada de cada atributo, são realizadas análises visuais ou numéricas, interpretações e, finalmente, estabelecidas as possíveis recomendações. Frequentemente, para a obtenção de um mapa de recomendação, é necessário integrar a informação contida em diferentes mapas de atributos por meio da álgebra de mapas. Com isso, novos mapas são gerados, mas nessa etapa já serão mapas de intervenções.

4.2.1 ANÁLISE EXPLORATÓRIA DOS DADOS

Antes de se realizar qualquer inferência sobre os dados obtidos, é necessário realizar a sua análise descritiva e exploratória, independentemente de eles terem sido coletados de forma esparsa, como a amostragem de solo em grade, ou em grande densidade, como os dados de produtividade. Essa etapa possui duas principais finalidades: identificar erros e valores discrepantes (valores anômalos, *outliers*) e obter um entendimento preliminar do comportamento dos dados.

A identificação de erros nos dados, ocasionados principalmente por falhas em equipamento, é essencial e foi descrita no Cap. 2, na seção 2.7, que trata de filtragem de dados de produtividade. Independentemente do equipamento usado, deve-se atentar para o funcionamento de todos os componentes do sistema e a sua correta configuração e calibração. Entretanto, nem sempre essa busca por erros oriundos de falhas no sistema permite a identificação de valores discrepantes, os quais tendem a influenciar muito as estimativas realizadas com base na vizinhança (interpolação). Para tanto, algumas formas de análise exploratória auxiliam sua identificação e eliminação.

Qualquer análise de dados deve iniciar observando-se a estatística descritiva dos dados. Com ela, algumas informações importantes sobre o conjunto de dados são obtidas, como média, mediana, desvio padrão, variância, coeficiente de variação, valores máximo e mínimo, número de pontos, curtose e assimetria da distribuição, entre outros. Apenas com essas informações simples já se pode ter ideia da amplitude dos dados e determinar se ela é aceitável, assim como realizar inferências sobre sua variação e distribuição.

Todos esses parâmetros fornecidos pela estatística descritiva podem ser inferidos por meio da análise visual de diferentes formas de gráficos. Para tal, os mais rotineiramente utilizados são os histogramas e os diagramas de caixa (*boxplot*). No diagrama de caixa, a distribuição do conjunto de dados é dividida em quartis, comparando-os com a média e mediana, e favorecem a identificação de valores anômalos, quando estes aparecem em pequena quantidade (Fig. 4.3A).

Quando se trabalha com dados densos, muitas vezes apenas as soluções anteriores não são suficientes para identificar todos os erros que ocorreram durante a coleta de dados. Para isso, a análise do histograma (ou diagrama das frequências) é fundamental. Ele permite, além da identificação de valores anômalos, avaliar a qualidade dos dados, ou seja, o ruído existente neles (Fig. 4.3B). Ainda, com base no seu comportamento, pode-se obter uma primeira ideia se a variável analisada é relativamente homogênea, com distribuição próxima da normal (uma única moda, Fig. 4.3C), ou com bastante heterogeneidade nos dados, ou mesmo ruídos, apresentando histogramas bi ou multimodal (Fig. 4.3D).

Com a ajuda do histograma, pode-se optar pela eliminação de limites extremos ou inconsistentes (Fig. 4.3C). Isso pode ser feito, por exemplo, retirando-se um (corte extremo), dois ou até três (corte conservador) desvios padrão acima e abaixo da média ou mediana. A vantagem dessa técnica é que os valores discrepantes são geralmente removidos, mas, ao mesmo tempo, podem-se retirar dados relevantes à análise, principalmente quando adotado um limite de corte mais extremo (um desvio padrão), o que acarreta perda de detalhamento e qualidade da informação final. Problema semelhante acontece quando há presença de histograma bi ou multimodal e, nesse caso, os cortes apenas de valores extremos não são recomendados.

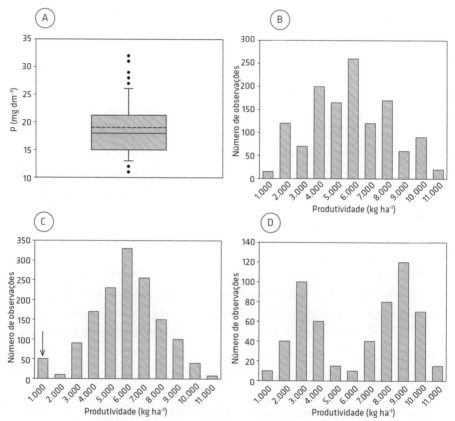

Fig. 4.3 Gráficos utilizados para a análise exploratória dos dados: diagrama de caixas (*boxplot*) do teor de fósforo (P) no solo. Em (A), a linha tracejada indica a média dos dados e os pontos indicam valores discrepantes; (B) apresenta o histograma com distribuição inconsistente, ou seja, muito ruído nas mensurações da produtividade; (C), o histograma com distribuição próxima à normal, mas com valores suspeitos na produtividade, abaixo de 1.000 kg ha^{-1}, indicado pela seta; (D), o histograma com distribuição bimodal da produtividade

Todas essas soluções estatísticas têm suas vantagens específicas, principalmente relacionadas à praticidade, mas podem eliminar pontos de interesse. Por isso, é sempre aconselhável analisar a distribuição espacial desses pontos tidos como anômalos e verificar se realmente é discrepante a sua vizinhança. Essa análise pode ser visual, por meio da verificação dos valores dos pontos em relação à sua vizinhança, tentando encontrar padrões de comportamento, ou então ser realizada por meio de análise da variação dos pontos em relação a seus vizinhos, geralmente a partir de ferramentas específicas de análise de dados. A primeira é mais efetiva na análise de dados ralos, como aqueles derivados de amostragem de solo em grade (Fig. 4.4), enquanto a segunda permite a análise de denso conjunto de dados de forma mais prática (Spekken et al., 2013).

4.2.2 ANÁLISE DAS INFORMAÇÕES OBTIDAS

Os programas de SIG trabalham associando uma posição geográfica com seus atributos. Assim, permitem lidar com vários atributos para um mesmo local ao mesmo tempo, podendo estes serem visualizados em camadas de informação, na forma de um mapa sobre o outro. Nesse caso, as operações primitivas, como adição, divisão etc., são realizadas entre essas camadas, de acordo com a finalidade. Para tanto, o mais usual é a utilização de mapas interpolados no formato *raster*, os quais

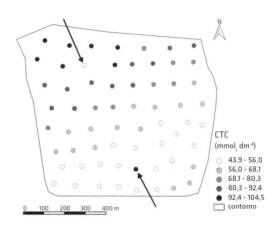

Fig. 4.4 Mapa de pontos de análise de solo (CTC) mostrando pontos com valores discrepantes identificados pela sua posição e vizinhança (indicados pelas setas)

permitem a implementação de equações integrando vários atributos para cada *pixel* do mapa (Fig. 4.5).

Existe uma grande quantidade de aplicações e de manipulações normalmente demandadas ao se trabalhar dados que visam ao gerenciamento localizado das lavouras. Em relação aos dados de produtividade, por exemplo, ao se colecionar mapas de várias colheitas sucessivas, surge a curiosidade ou a necessidade de se comparar as safras entre si. Se as culturas não são as mesmas, tem-se um desafio a mais, já que é difícil comparar culturas com diferentes potenciais produtivos (soja e milho, por exemplo). Assim, podem-se computar as produtividades relativas para cada safra, o que elimina a influência de fatores externos, como a diferença de produção entre culturas distintas e anos com produtividades variadas causadas, por exemplo, por condições climáticas atípicas. Para tanto, calcula-se a produtividade média da área e, com base nela, a porcentagem de cada *pixel* em relação a essa média, e alguns SIGs dedicados realizam essas operações de forma automática. Com os valores de produtividades relativas para cada safra, pode-se calcular a média e o desvio padrão dos valores relativos para cada quadrícula e, finalmente, o coeficiente de variação, o qual representa a variabilidade temporal na produtividade. Mais detalhes sobre esses procedimentos podem ser obtidos em Molin (2002). Com a mesma finalidade, pode-se trabalhar com diferentes formas de normalização dos dados, como a normalização pela média (autoescalonamento centrado pela média, Eq. 4.1), a qual permite não só tratar dados dentro da mesma unidade, mas também compara a distribuição destes conforme o grau de variabilidade existente na área.

$$\text{Prod}_{normalizada} = \left(\text{Prod}_{ponto} - \text{Prod}_{média}\right) / DP_{prod} \qquad (4.1)$$

em que:

$\text{Prod}_{normalizada}$ é o valor adimensional da produtividade normalizada pela média;

Prod_{ponto} é o valor de produtividade do ponto em questão;

$\text{Prod}_{média}$ é o valor da produtividade média da lavoura ou do conjunto de dados;

DP_{prod} é o desvio padrão existente entre os dados de produtividade da lavoura ou do conjunto de dados.

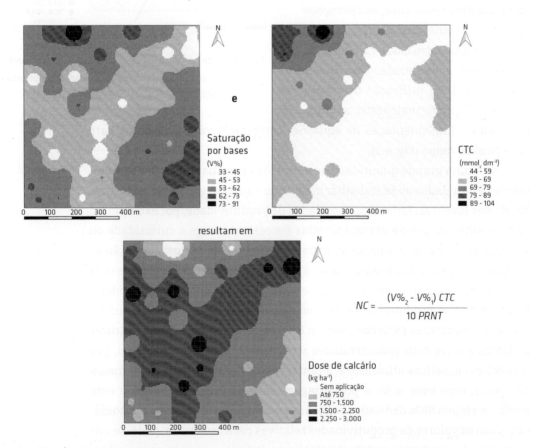

Fig. 4.5 Álgebra de mapas: mapas de CTC e saturação por bases (V%), seguindo o cálculo da recomendação de calagem (NC) pelo método da saturação por bases, tendo como meta a V% = 70%

Apesar das várias possibilidades de análise de dados em SIG, é possível afirmar que a demanda mais nobre em AP está na análise da relação entre causas e efeito. Sem o estabelecimento das reais causas da variabilidade de um atributo, é pouco provável que se atinja o grau de acerto desejado nas intervenções, conforme comentado no Cap. 2. Alguns SIGs personalizados para AP permitem a análise de correlação e regressão entre diferentes atributos. Para tanto, pode-se analisar mapas interpolados por meio da análise *pixel* a *pixel* ou então avaliar a relação de atributos obtidos em pontos amostrais. Essa segunda opção é frequentemente demandada durante a análise das relações entre causas e efeito de dados coletados em alta densidade e outros em baixa densidade. Um exemplo é a avaliação da interferência da fertilidade do solo (amostrado em grade) na produtividade das culturas. Nesse caso, a dificuldade é atribuir um valor de produtividade para cada ponto amostral.

Um estudo de caso envolvendo esses conceitos pode ser visto em Molin et al. (2001), estudo no qual foram analisados dados de uma lavoura de grãos, relacionando a produtividade com atributos de solo obtidos a partir de amostragem georreferenciada em grade. O conjunto de dados foi analisado de duas formas: i) relacionando pontos de produtividade a pontos de amostragem e ii) comparando os dois mapas interpolados, *pixel* a *pixel*. Para a geração dos dados de produtividade em torno dos pontos amostrais, foi utilizada uma ferramenta comum em SIG, conhecida como *buffer*, ou seja, agrupamento de dados em torno de pontos ou linhas (Fig. 4.6). Nesse caso, os dados de produtividade foram agrupados em torno dos pontos de amostragem de solo, exercitando-se diferentes raios de busca para esses agrupamentos. A análise foi realizada por meio de regressões, as quais apresentaram coeficiente de determinação (r^2) superior da análise por *buffers* em comparação à análise *pixel* a *pixel* dos mapas interpolados. Esse fato indica que quando se utilizam dados de *pixels* resultantes de interpolação, esta causa atenuações nos números que expressam os fenômenos que estão sendo estudados, prejudicando a identificação de boas correlações. As relações entre produtividade e fertilidade do solo aumentaram à medida que cresceu o raio de busca para a produtividade em torno do ponto, o que indica que

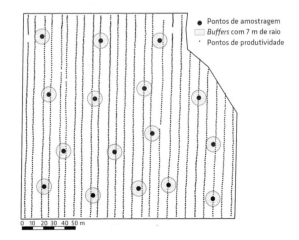

Fig. 4.6 Dados de produtividade e *buffers* com 7 m de raio ao redor dos pontos de amostragem

a variabilidade local é atenuada por raios de busca maiores. Porém, não existe uma definição do tamanho do raio de busca ideal, sendo este dependente da densidade dos dados, da sua variabilidade e das incertezas de localização oriunda das imprecisões do GNSS.

É importante mencionar que análises como essa frequentemente mostram baixa relação entre parâmetros de cultura e de fertilidade do solo. Isso indica que comumente a fertilidade do solo não é a principal responsável pela variabilidade na produção das culturas, como é muitas vezes assumido de forma errônea (Cap. 2). Muitas vezes, os parâmetros físicos do solo, normalmente associados à capacidade de armazenamento e suprimento de água à cultura, são os mais impactantes na produtividade da cultura.

4.2.3 INTERPOLAÇÕES

Como visto anteriormente, o processo de criação de mapas em AP está muitas vezes dependente de técnicas de interpolação. Miranda (2005) define interpolação como o processo de determinar valores desconhecidos (ou não amostrados) de um atributo contínuo usando valores conhecidos (ou amostrados). A interpolação de dados está baseada na premissa de que, em geral, valores de amostras próximas entre si são mais prováveis de serem semelhantes do que de amostras mais afastadas. Basicamente, esse processo é constituído de duas partes: i) definir um relacionamento de vizinhança, ou seja, saber quais são os pontos vizinhos apropriados para estimarem os pontos não amostrados; e ii) definir o modelo matemático que estimará os valores desconhecidos. A qualidade do resultado da interpolação depende de quão bem o modelo matemático representa o fenômeno analisado. Ainda, essa qualidade também é função da exatidão na medição do dado (no caso de amostragem de solo, é preciso boa qualidade na coleta do solo e nas análises laboratoriais), da densidade dos pontos amostrados e da distribuição espacial desses pontos.

A densidade de pontos amostrados deve ser tanto maior quanto maior a variabilidade dos fatores analisados. Por exemplo, uma lavoura em terreno acidentado, com diferentes tipos de solo ao longo da topossequência, demanda maior densidade de coleta de amostras do que outra lavoura localizada em região plana, com a presença de apenas um tipo de solo. Essa mesma lógica tende a ocorrer também em áreas com pouca interferência antrópica ou em atributos minimamente afetados por essa influência, como a textura do solo, os quais tendem a variar de forma mais suave no terreno. Logo, quanto maior a influência antrópica, mais abrupta pode ser a mudança do fenômeno ao longo da área em estudo e, consequentemente, maior deve ser a densidade amostral. Um exemplo disso é a compactação do solo, conforme será discutido no Cap. 5.

Da mesma forma que a densidade, a distribuição dos pontos amostrais também pode afetar a qualidade da interpolação e do mapa obtido. É comum que uma grade amostral regular (pontos equidistantes) seja preferida a uma amostragem aleatória, como apresentado no Cap. 3. Entretanto, não é necessária a equidistância entre pontos amostrais. Um problema prático desse tipo de amostragem é o deslocamento no campo, o qual pode se tornar muito dispendioso em tempo gasto e, consequentemente, em custo da operação, bem como em controle operacional. Além disso, na interpolação dos dados ocorrem espaços (áreas) significativos nos quais nenhum ponto foi amostrado. Nesse caso, as amostras vizinhas estão muito distantes, prejudicando a estimativa e aumentando os erros nessas regiões não amostradas (Fig. 4.7). Logo, é interessante que o usuário atue diretamente na preparação da grade amostral, não permitindo que ela fique completamente regular, mas também evitando que haja regiões sem amostras quando o processo é todo feito de forma aleatória.

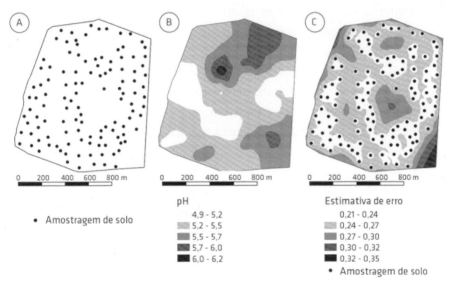

Fig. 4.7 (A) Amostragem aleatória de solo para (B) estimativa do teor de pH no solo e (C) sua influência na estimativa de erro da predição

A maioria dos SIGs disponibiliza vários métodos de interpolação, sendo a escolha do método uma etapa importante no processo de geração de mapas. Os métodos apresentam características distintas na forma como tratam os dados e atribuem pesos (importância) aos pontos vizinhos, sendo esse peso normalmente inversamente proporcional à distância entre os pontos, ou seja, quanto mais próximo, mais importante. Alguns métodos mantêm os valores obtidos nos pontos amostrais, enquanto outros suavizam as superfícies geradas, ocasionando pequenas variações dos valores estimados nos locais amostrados, dependendo da sua vizinhança. É preciso ter em mente que um mesmo conjunto de dados resultará em superfícies distintas quando utilizados diferentes interpoladores. Se essa diferença será significativa ou não, dependerá da função matemática adotada para predizer tal fenômeno, e tende a ser maior quanto menor for a densidade amostral, devido a maiores incertezas nas estimativas.

Os métodos de interpolação frequentemente disponíveis nos SIGs dedicados para AP são: triangulação, vizinho mais próximo, mínima curvatura, inverso das distâncias e krigagem.

A interpolação por triangulação é muito utilizada para modelagem de superfície de terreno em topografia, pois acomoda com facilidade descontinuidades, como rios e penhascos. Esse método honra os dados originais, mas tem sua efetividade muito prejudicada quando os dados são coletados em baixa densidade. Isso porque todos os pontos amostrados são ligados conforme a triangulação de Delauney, sendo os valores estimados estabelecidos conforme a distância entre as amostras por meio de interpolação linear. Para mais informações, consultar Burrough e McDonnell (1998).

O método do vizinho mais próximo atribui o valor do ponto amostrado mais próximo ao centro do *pixel* da superfície interpolada ao valor de tal *pixel*. Assim, se vários pontos amostrais estiverem dentro de um *pixel*, a este será atribuído o valor que se encontra mais próximo ao seu centro. Isso faz com que, no caso de amostragem densa, como no caso de dados de produtividade, a maioria dos dados possa não ser considerada para o cálculo da superfície interpolada. Por outro lado, numa amostragem esparsa, vários *pixels* podem apresentar o mesmo valor, já que um ponto amostral pode ser o vizinho mais próximo de vários *pixels* ao mesmo tempo. Assim, por ser um interpolador totalmente fiel aos dados originais, pode ser utilizado para converter dados regularmente espaçados para arquivos *raster* de mesmo espaçamento, ou seja, converter mapa de pontos espaçados em 50 m para arquivo *raster* com *pixels* de 50 m, por exemplo.

A técnica de interpolação pela mínima curvatura, também conhecida como *spline*, tem como característica principal a geração de superfícies suavizadas por meio de "janelas móveis". A janela móvel é um polígono com dimensões definidas pelo usuário que se desloca virtualmente por todo o conjunto de dados. Calcula-se o valor de cada *pixel* por meio da média dos valores (pontos amostrais) que se encontram dentro da área da janela. Por esse método, os valores dos *pixels* são calculados mais de uma vez, o que se denomina iterações, havendo sucessivas mudanças de seus valores até que estes sejam menores que um valor máximo residual, de forma a atingirem estabilidade dos valores obtidos, ou, então, até que um número de iterações seja satisfeito. Esse interpolador é frequentemente utilizado na obtenção de mapas em formato vetorial devido à sua característica de destacar variações de grande escala (grandes manchas nas lavouras), descartando os detalhes.

O interpolador do inverso das distâncias (Inverse Distance Weighting) é um dos mais utilizados em AP devido à sua praticidade e resultado satisfatório na maioria das situações. No entanto, esse método, que calcula os valores em um ponto não amostrado atribuindo maior importância (peso) a pontos mais próximos ao centro do *pixel* que se quer estimar (ponderação pela distância), é tão mais eficiente quanto mais denso o conjunto de dados. A equação para a estimativa de valores por esse método é elevada a alguma potência, chamada de ponderador, o que confere pesos distintos para pontos vizinhos (Eq. 4.2). Utilizando ponderadores maiores, atribui-se maior peso aos pontos que se encontram mais próximos ao centro dos *pixels*; por outro lado, ponderadores menores atribuem pesos menores aos pontos mais próximos, ou seja, pontos mais distantes têm maior interferência no resultado, gerando superfícies mais suavizadas. Nos SIGs para AP, há predominância de uso do ponderador dois, que parece um valor razoável para a maioria das situações, passando a ser chamado de *inverso da distância ao quadrado*.

$$z = \frac{\sum_{i=1}^{n} \frac{1}{d_i^p Z_i}}{\sum_{i=1}^{n} \frac{1}{d_i^p}} \qquad (4.2)$$

em que:
Z é valor estimado para um dado ponto;
n é o número de pontos amostrais na vizinhança utilizados na estimativa;
Z_i é o valor observado no ponto amostral;
d_i é a distância entre o ponto amostral e o ponto estimado (Z_i e Z);
p é o ponderador (potência).

O método do inverso da distância apresenta como característica marcante a formação de contornos concêntricos ao redor dos pontos amostrais, chamados de olhos de boi ou *bull's eyes*, principalmente quando as amostras estão em baixa densidade. No entanto, julga-se que a presença dos olhos de boi dificilmente representa a realidade e, portanto, a obtenção de mapas com esse comportamento deve ser cuidadosamente interpretada.

A *krigagem* é um dos métodos mais flexíveis e úteis para a interpolação de diferentes conjuntos de dados. Ela se diferencia dos demais por buscar minimizar a variância dos erros e, em vez de tornar os pesos uma simples função da distância, incorpora a influência da dependência espacial dos dados amostrados. Para isso, é necessária a utilização de técnicas geoestatísticas, entre elas, a modelagem de semivariogramas.

4.3 GEOESTATÍSTICA

Para contextualizar a krigagem dentro do conceito de geoestatística, deve-se considerar que a geoestatística é algo mais complexo do que apenas a interpolação, ou seja, é um conjunto de técnicas que incluem análise exploratória, análise estrutural de correlação espacial (modelagem de semivariogramas) e validação do modelo e interpolação estatística da superfície, essa última caracterizada pela krigagem (Druck et al., 2004; Miranda, 2005). Sendo assim, krigagem é uma técnica de interpolação dentro da geoestatística.

Muitos princípios geoestatísticos vêm sendo usados desde o início do século XIX em diversas áreas do conhecimento, mas apenas após a consolidação proposta pelo engenheiro francês Georges Matheron em 1963 é que a Geoestatística passou a ser assim chamada e reconhecida como ciência. Ele incorporou os conceitos de estatística clássica ao conceito de variáveis regionalizadas que presumem a existência de correlações espaciais, proposta inicialmente por Daniel G. Krige em 1950.

A teoria das variáveis regionalizadas tem como premissa que a variação espacial de um atributo é composta de um efeito aleatório e um regional. É aleatório no sentido de que os valores das medições podem variar consideravelmente entre si; e é regionalizada por ter sua variabilidade relacionada à sua distribuição no espaço, ou seja, as amostras não são completamente independentes de sua localização geográfica e, portanto, não podem ser tratadas como tal. A variação aleatória pode ocorrer tanto por limitação do método utilizado quanto por erros de medição, assim como discutido mais adiante. Assim, tal teoria assume que uma dada variável deve apresentar maior semelhança entre pontos mais próximos do que entre pontos mais distantes.

Segundo Oliver (2013), o primeiro estudo publicado com a utilização de geoestatística em AP tratava do mapeamento da disponibilidade de fósforo e potássio no solo com a finalidade de analisar sua variação espacial e a quantidade de pontos amostrais para representar esse fenômeno (Mulla; Hammond, 1988). Desde então, muito foi feito, mas, devido à sua complexidade, a geoestatística ainda vem sendo deixada de lado por grande parte dos usuários.

Entre as diversas finalidades da geoestatística, algumas técnicas apresentam pleno interesse em AP. Elas podem ser utilizadas para: i) descrever e modelar padrões espaciais por meio da modelagem de semivariogramas; ii) predizer valores em locais não amostrados por meio da krigagem; iii) obter a incerteza associada a um valor estimado pela variância da krigagem; e iv) otimizar grades amostrais, tendo essa última aplicação interesse especial em AP. Para essas e outras utilidades da geoestatística, consultar Oliver (2010).

4.3.1 SEMIVARIOGRAMAS

O semivariograma é a ferramenta usual de suporte às técnicas de krigagem, pois permite representar quantitativamente a variação de um fenômeno regionalizado no espaço (Druck et al., 2004), ou seja, reflete a estrutura do fenômeno estudado. Oliver (2013) afirma que o semivariograma é a ferramenta central da geoestatística, já que indica a forma como uma propriedade varia de um lugar para outro. O semivariograma expressa o comportamento espacial de uma variável em determinada região, ou seja, indica quão díspares se tornam os pontos quando a distância entre eles aumenta. Essa técnica permite determinar a variância do erro que se comete ao estimar um valor desconhecido em determinado local.

Para mensurar a variabilidade de determinado atributo de uma lavoura com base em um semivariograma, é calculada a semivariância (Eq. 4.3) para cada combinação de pares de pontos do conjunto de dados (amostras coletadas).

$$SV = \frac{(p_1 - p_2)^2}{2} \qquad (4.3)$$

em que SV é a semivariância de um atributo calculada entre os pontos p_1 e p_2, espaçados por determinada distância.

As semivariâncias para cada par de pontos, em função da distância entre eles, podem ser visualizadas em um gráfico denominado semivariograma de nuvem (Fig. 4.8A). Realizando-se a média ponderada dos valores de semivariância para cada intervalo de distância específica (chamada de passo, do inglês *lag*), obtém-se o semivariograma experimental (Fig. 4.8B).

O gráfico do semivariograma experimental é formado por uma série de valores sobre os quais se ajusta uma função ou modelo matemático. Em AP, tem sido relatado que os modelos mais utilizados são o esférico, o exponencial e, em alguns casos, o gaussiano (Fig. 4.9). É impor-

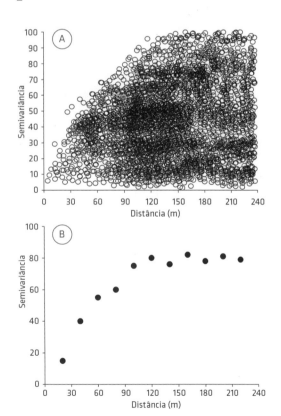

Fig. 4.8 Semivariogramas: (A) de nuvem e (B) experimental, obtido pelo cálculo da média ponderada das semivariâncias do semivariograma de nuvem

tante que o modelo ajustado, chamado de semivariograma teórico, represente fielmente a tendência da variação de um atributo em função da distância. Desse modo, as estimativas da krigagem serão mais exatas e confiáveis.

4.3.2 COMPONENTES DOS SEMIVARIOGRAMAS

O semivariograma expressa a dependência espacial de determinada variável, mostrando quanto da variação encontrada entre as amostras é atribuída às diferenças de distâncias entre pontos e quanto é efeito aleatório. Com o ajuste do semivariograma teórico, basicamente três componentes (variáveis) são definidos e serão utilizados nos cálculos para a realização da krigagem: efeito pepita, patamar e alcance (Fig. 4.10). A correta determinação desses parâmetros é indispensável para que a interpolação por krigagem seja eficiente e represente da melhor forma possível a variável estudada.

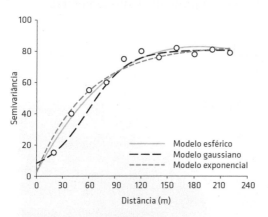

Fig. 4.9 Semivariograma experimental e ajuste dos modelos esférico, gaussiano e exponencial

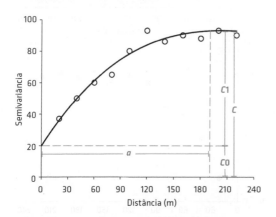

Fig. 4.10 Semivariograma teórico (modelado) mostrando as seguintes componentes: efeito pepita (C_0), semivariância estrutural (C_1), patamar ($C = C_0 + C_1$) e alcance (a)

Efeito pepita (do inglês *nugget effect*, ou C_0) é o valor teórico de semivariância obtido na distância zero entre amostras. Ele é definido como a porção da variância não explicada pela distância entre pontos. Na teoria, amostras coletadas no mesmo local deveriam apresentar o mesmo valor, porém isso frequentemente não ocorre por conta da impossibilidade prática de analisar pontos exatamente no mesmo local. Parte dessa descontinuidade pode ocorrer também em virtude de erros de medição, provenientes principalmente das imprecisões dos métodos de análise. Entretanto, é impossível quantificar se a maior contribuição provém desses erros de medição ou da variabilidade de pequena escala não captada pela amostragem.

Situações com efeito pepita elevado originam mapas interpolados mais suavizados e mais suscetíveis a erros de estimativa. Inclusive, é comum semivariogramas que mostram "efeito pepita puro", ou seja, não apresentam dependência espacial (Fig. 4.11). Isso implica que pontos que apresentem valores altos e baixos podem estar próximos, ou seja, a magnitude de seus valores não é razão da distância entre eles e, portanto, são completamente independentes.

Entre as principais causas da presença de efeito pepita puro estão os erros de coleta de amostras, os de medição e a escala de trabalho. A primeira fonte de erro diz respeito ao erro no posicionamento das amostras, principalmente em função da exatidão do GNSS; enquanto a segunda é relacionada aos erros de exatidão de equipamentos e laboratórios; já o terceiro erro, relacionado à escala de trabalho, é especialmente importante em AP, principalmente no que diz respeito às amostragens em grade regular. Nesse esquema amostral, a distância mínima entre amostras tende a ser fixa e dependente da densidade amostral. Dependendo da variável, essa distância mínima pode não ser suficiente para identificar sua variação a curtas distâncias (semivariância estrutural, C_1), resultando em um semivariograma com efeito pepita puro. Uma forma de evitar esse problema é adotar grade amostral irregular ou adicionar pontos aleatórios, conforme descrito no Cap. 3, de forma que haja diferentes distâncias entre os pontos amostrais. Um valor razoável para essa estratégia é alocar cerca de 30% dos pontos de forma aleatória. Entretanto, essa recomendação implica diretamente custos adicionais com coleta e análise de mais amostras.

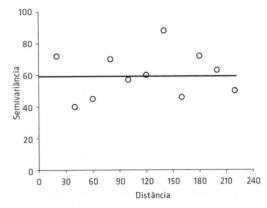

Fig. 4.11 Semivariograma mostrando efeito pepita puro

O alcance de um semivariograma (do inglês *range*, ou *a*) é a distância a partir da qual as amostras passam a ser independentes, ou seja, na qual a variação média entre dois pontos não é mais função da distância entre eles. Logo, pontos com distâncias menores que o alcance são espacialmente dependentes entre si e influenciarão o resultado da krigagem.

O alcance reflete o grau de homogeneização de determinada variável na lavoura em estudo. Assim, quanto menor o alcance, maior é a variabilidade do parâmetro na lavoura a curtas distâncias e maior deve ser a densidade e a proximidade entre as amostras. A análise do alcance pode indicar qual é a distância mínima exigida entre amostras para que a variabilidade de um determinado atributo seja fielmente modelada e estimada pela krigagem. Dessa forma, estudos prévios da variável de interesse podem ser conduzidos para verificar sua dependência espacial e só então estabelecer a densidade amostral ou o espaçamento mínimo entre amostras. Pesquisadores têm recomendado que a distância mínima entre amostras deve ser igual ou inferior à metade do alcance.

Tendo como exemplo a análise de solo para fins de levantamento da fertilidade, semivariogramas para os diversos parâmetros poderiam ser levantados mediante amostragem prévia de solo. Com base na variável que apresentar menor alcance, poderia ser estabelecida a densidade amostral a ser adotada. Esse estudo pode ser conduzido de diversas formas. Uma delas é realizar a coleta de amostras distintamente espaçadas ao longo de uma transversal da lavoura (Cap. 3), com posterior análise do semivariograma, para só então estabelecer o esquema de amostragem que será adotado.

Outra opção é utilizar variáveis auxiliares. Essa ideia parte do princípio de que variáveis que são correlacionadas apresentam dependência espacial similar. Dessa forma, a modelagem do comportamento espacial da condutividade elétrica do solo, por exemplo, poderia servir de base para a determinação da densidade amostral mínima para o levantamento da textura do solo, já que normalmente é verificada boa correlação entre essas variáveis (Cap. 5).

A partir de dada distância, determinada pelo alcance, a semivariância não mais aumenta com o distanciamento entre pontos e se estabiliza num valor igual à variância média do conjunto de dados, ou seja, a variação entre pontos passa a ser aleatória. Essa semivariância máxima recebe o nome de patamar (do inglês *sill*, ou C) e é composta do efeito pepita acrescido da variância estrutural (C_1) (Fig. 4.10).

Uma forma de quantificar quão dependentes da localização os valores de uma dada variável são, ou seja, quão agrupada é a sua distribuição espacial, é calcular o grau de dependência espacial (GDE), o qual é uma razão entre o efeito pepita e o patamar (GDE = (C0/C). Cambardella et al. (1994) classificam como dependência espacial forte quando o efeito pepita representa menos que 25% do patamar, moderada quando está entre 25% e 75% e fraca quando representar mais que 75% do patamar (Fig. 4.12).

4.3.3 EXIGÊNCIAS PARA A CORRETA ESTIMATIVA DA DEPENDÊNCIA ESPACIAL E EFICIÊNCIA DA KRIGAGEM

Geoestatísticos e matemáticos defendem que o número mínimo de amostras que possibilitam boa eficiência da operação de krigagem deve ser superior a 50 (Oliver, 2010). Isso porque, para a construção de semivariogramas confiáveis, é necessário grande número de pares de pontos. Isso implica, por exemplo, que situações em que poucas amostras de solo foram coletadas para o levantamento da fertilidade de uma lavoura não o permitirão o máximo desempenho da krigagem.

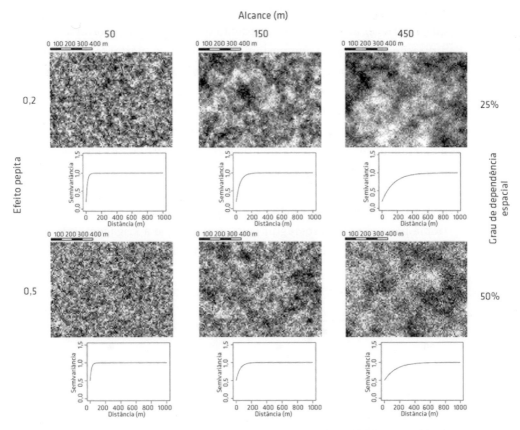

Fig. 4.12 Resultados de mapas de atributos com diferentes graus de dependência espacial e valores de alcance e efeito pepita

Ainda, é fundamental analisar o conjunto de dados em busca de valores anômalos, tanto por estatística descritiva como por verificação de sua distribuição espacial (Fig. 4.4), para que a modelagem da dependência espacial seja efetiva. Esse procedimento deve ser rotina, não só para modelagem em geoestatística, mas para qualquer análise de dados em AP.

Na construção dos semivariogramas, é preciso ter em mente que: i) o número mínimo de pares de pontos em cada passo não deve ser inferior a 30; ii) quanto maior o passo (*lag*) utilizado, menor é a confiabilidade do semivariograma, em razão da suavização das semivariâncias em diferentes distâncias (Fig. 4.13); e iii) o semivariograma teórico (semivariograma ajustado por uma função) nem sempre se ajustará a todos os pontos do semivariograma experimental (Fig. 4.10), uma vez que as amostras invariavelmente apresentam exatidões distintas.

Também é importante mencionar que, para uma correta modelagem do semivariograma, os dados devem apresentar isotropia, ou seja, os valores de uma variável e sua dependência espacial não devem depender da direção de análise dos dados. Quando o semivariograma experimental apresenta comportamento inconstante (Fig. 4.14A), pode ser um indicativo de que a variável analisada não apresenta comportamento isotrópico, ou seja, a direção interfere no comportamento espacial e, portanto, o conjunto de dados é anisotrópico. Isso pode ocorrer, por exemplo, na análise de algum componente da fertilidade relacionado à aplicação de fertilizantes ou corretivos, em que o sentido da passagem da máquina aplicadora pode interferir no comportamento espacial da variável analisada. Para verificar esse efeito, é recomendável construir semivariogramas experimentais para pelo menos quatro direções separadas entre si por ângulos de 45°. Quando os semivariogramas direcionais apresentam diferenças marcantes em seus componentes (Fig. 4.14B), é sinal de anisotropia. Nesse caso, é preciso modelar essa anisotropia para só então prosseguir com as análises e a krigagem. Informações detalhadas sobre a modelagem da anisotropia podem ser encontradas em Druck et al. (2004).

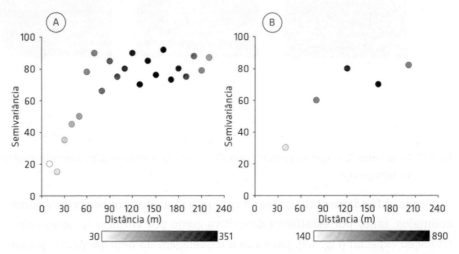

Fig. 4.13 Semivariogramas experimentais mostrando (A) passo (*lag*) curto e (B) passo longo

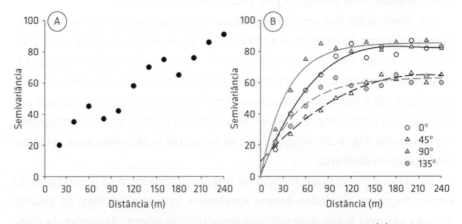

Fig. 4.14 Semivariograma omnidirecional com efeito inconstante que pode ser (A) sinal de anisotropia e (B) sua análise por meio de semivariogramas direcionais

Ademais, a análise da dependência espacial de um conjunto de dados, assim como o processo de krigagem, pressupõe que haja estacionariedade nos dados. A estacionariedade assume que exista um único semivariograma que descreva a dependência espacial de uma variável em toda a lavoura em questão. Nos casos em que o processo não é estacionário, diz-se que há tendência nos dados, a qual deve ser levada em consideração na modelagem do semivariograma e na krigagem, conforme apresentado na próxima seção.

Alguns *softwares* apresentam uma alternativa para essa necessidade de se analisar a tendência dos dados ao criar semivariogramas locais, ou seja, semivariogramas para cada porção da lavoura, os quais são utilizados separadamente na interpolação. No entanto, esse é um processo que exige conjunto denso de dados e é realizado automaticamente, sendo que, em razão dessa automatização, é criticado por muitos especialistas.

4.3.4 TRATAMENTO DA TENDÊNCIA NOS DADOS

A presença de tendência nos dados é verificada quando o semivariograma não atinge um patamar (Fig. 4.15), ou o atinge em semivariância muito maior à observada para a média dos dados disponíveis. Na prática, é caracterizada pela sobreposição da variabilidade regional em relação à variabilidade local, dificultando a observação de pequenas manchas na lavoura. Quando esse efeito ocorre, é necessário remover a tendência dos dados para que seja possível modelar corretamente o comportamento espacial de determinado atributo por meio do semivariograma.

Fundamentalmente, busca-se o ajuste dos dados por meio de uma função polinomial balizada pelo método dos mínimos quadrados. Tal método é uma técnica de otimização matemática que procura encontrar o melhor ajuste para um conjunto de dados tentando minimizar a soma dos quadrados das diferenças entre o valor estimado e os dados observados. Para tanto, os dados são separados em duas componentes, uma de natureza regional e outra representando as flutuações locais. A remoção da tendência regional isola e enfatiza as componentes locais, que são representadas pelos resíduos. Assim, a análise de superfície de tendência pode ser vista como

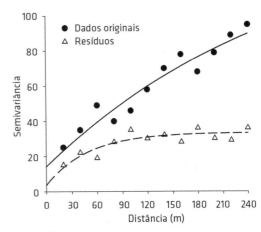

Fig. 4.15 Semivariograma mostrando a presença de tendência ao analisar os dados originais, e semivariograma dos resíduos indicando que a variabilidade pode ser modelada

um filtro aplicado sobre os valores originais com a finalidade de remover as variações de grande porte, mantendo e realçando os detalhes presentes nos dados (Andriotti, 2004).

Para tanto, é necessário o ajuste de uma função polinomial aos dados, a qual representa fielmente o comportamento da tendência. A função polinomial ajustada determina o comportamento regional da variável em questão, calculando-se as diferenças entre os valores estimados pela função (superfície polinomial) e os valores reais observados nos pontos amostrais. A essas diferenças se dá o nome de resíduos.

O resultado da eliminação da tendência será satisfatório quando o semivariograma dos resíduos apresentar um patamar próximo ao valor de semivariância média do conjunto de dados (Fig. 4.15). Esses resíduos passam então pelo processo de krigagem propriamente dita. A etapa final consiste em adicionar os valores obtidos pela superfície de tendência ao mapa de resíduos, gerando uma superfície interpolada com os valores absolutos da variável em estudo.

Dessa forma, a remoção da tendência é necessária para eliminar o efeito regional que pode mascarar a visualização de manchas nas lavouras. Com isso, pequenas diferenças recebem destaque, o que culmina em uma análise espacial mais bem efetuada devido à menor probabilidade de erros de estimação. Esse procedimento é rotineiramente feito em alguns SIGs e também *softwares* de análises geoestatísticas, enquanto outros são carentes dessa função de retirada de tendência, o que limita a análise de dados com esse comportamento.

Contudo, é interessante comentar que em casos nos quais haja tendência nos dados, mas que seja necessariamente possível modelar o semivariograma, o produto final (mapa de valor absoluto) será muito semelhante ao mapa em que a tendência foi levada em consideração (retirada) (Landim; Sturaro; Monteiro, 2002). As pequenas diferenças em exatidão das estimativas e aumento dos erros, na maioria das vezes, tendem a ser irrisórias para a maioria das aplicações práticas dentro da AP.

4.3.5 KRIGAGEM E SUAS FORMAS

O procedimento de interpolação geoestatístico, também chamado de krigagem, foi desenvolvido por Georges Matheron, que propôs esse nome em homenagem a Daniel G. Krige, o primeiro a introduzir o uso de médias móveis para evitar a superestimação sistemática de reservas em mineração (Druck et al., 2004). A krigagem compreende um conjunto de técnicas de estimação e predição de superfícies baseada na modelagem da estrutura de correlação espacial (dependência espacial) por meio dos semivariogramas.

A krigagem é frequentemente apontada como o melhor interpolador linear não enviesado, o qual apresenta a menor variância nas estimativas (Oliver, 2010). Além de ser apontado como o método mais completo e confiável de interpolação, a krigagem apresenta a vantagem de reduzir a variação existente entre uma variável intensamente amostrada, como dados oriundos de mapeamento de produtividade ou sensoriamento remoto, favorecendo a identificação da variabilidade em larga escala nas lavouras. Há diversas variações nos procedimentos de krigagem, mas apenas alguns serão abordados no presente texto devido ao seu uso mais difundido em AP. Para mais informações, consultar os trabalhos de Li e Heap (2008) e Oliver (2010).

A krigagem ordinária é a forma mais utilizada devido à sua flexibilidade de uso. Esse método de interpolação prioriza a estimativa da estrutura de dependência espacial e requer que a hipótese de estacionariedade dos dados seja satisfeita. Tal hipótese assume que não há tendência nos dados e, portanto, a análise e tratamento desse efeito é indispensável.

Esse tipo de krigagem pode ser executado de duas formas: krigagem pontual ou em blocos. A primeira é classificada como um estimador exato, pois mantém os valores dos pontos amostrados. Já a segunda gera superfícies mais suavizadas, uma vez que analisa a variância dentro de uma área estabelecida pelo usuário, semelhante a uma "janela móvel". Tal opção apresenta utilidade específica quando dados densos são utilizados, como a criação de um mapa de intervenção a partir de um mapa de produtividade, já que a maioria das máquinas não tem a capacidade de realizar tratamentos em tão alta resolução. Por meio da krigagem em blocos, é possível suavizar a superfície, minimizando a interferência em pequena escala que dados densos costumam apresentar (Fig. 4.16). É comum mencionar que o tamanho do bloco seja equivalente à largura de trabalho da máquina aplicadora que será utilizada, possibilitando a visualização de grandes manchas contrastantes que podem ser tratadas pela resolução da máquina disponível. Entretanto, essa sugestão é questionável, já que geralmente os *pixels* são orientados para o norte e, na maioria das vezes, a máquina não segue exatamente esse trajeto.

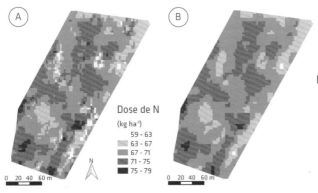

Fig. 4.16 Mapas de recomendação de fertilização com nitrogênio a partir de dados coletados com um sensor de dossel e interpolados por (A) krigagem pontual e (B) krigagem em blocos

A krigagem indicatriz difere da krigagem ordinária por não trabalhar com variáveis contínuas, e sim variáveis indicadoras binárias, geralmente os valores zero e um. Os mapas obtidos podem ser entendidos como a probabilidade de ocorrência de determinado fenômeno. Um exemplo é um mapa de estimativa da probabilidade de ocorrência de certa praga em determinada região da lavoura, estimado por meio de amostragens em campo que verificam a presença (valor um) ou a ausência (valor zero) dessa praga.

Há também diferentes formas de krigagem que levam em conta uma segunda informação ou várias informações para melhorar a predição da variável de interesse (principal). São exemplos a cokrigagem e a krigagem colocalizada, métodos que visam melhorar a estimativa da variável principal, que é geralmente mais esparsamente amostrada, por meio de variáveis auxiliares (covariáveis) que são mais densamente amostradas e, geralmente, mais fáceis de serem obtidas. Para executar essa técnica, é necessário que a variável principal e as auxiliares sejam espacialmente correlacionadas. No entanto, seu uso ainda é pouco difundido dentro da AP, embora apresente grande potencial ao melhorar as predições e reduzir a necessidade de amostragens, por exemplo, de solo.

4.3.6 VALIDAÇÃO CRUZADA

A validação cruzada, do inglês *cross-validation*, tem basicamente duas finalidades: i) avaliar o melhor modelo de semivariograma e vizinhança para ser utilizado na krigagem, e ii) estimar a eficácia da krigagem. No caso da primeira finalidade, essa técnica é especialmente útil para confrontar os resultados obtidos com as diferentes funções de ajuste de semivariograma (modelos esférico, exponencial e gaussiano) e de seus parâmetros (diferentes valores de efeito pepita, alcance e patamar). Nesse caso, a validação cruzada é executada para cada uma das diferentes modelagens, sendo que a opção com melhores resultados (menores erros) é selecionada para efetivamente executar a krigagem.

A forma de validação cruzada geralmente utilizada, tanto para a escolha do modelo como para validar a krigagem, é a *leave-one-out*. Por esse método, elimina-se uma amostra do conjunto de dados, sendo seu valor estimado por krigagem com os dados restantes; após essa estimação, o valor real dessa amostra é reintroduzido no conjunto de dados e se repete o processo até que todas as amostras tenham sido excluídas e reintroduzidas, uma a uma. Após esse procedimento, comparam-se os valores estimados com os valores reais.

Vários parâmetros da validação cruzada podem ser analisados para identificar a eficácia do procedimento de krigagem e para avaliar os diferentes modelos de semivariograma. O mais comum e simples é plotar um gráfico dos valores preditos contra os valores reais, verificando sua correlação (valor *r*), inclinação da curva e intercepto (Fig. 4.17).

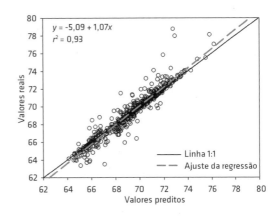

Fig. 4.17 Resultado de validação cruzada *leave-one-out*

Há ainda outras estimativas de erro que podem ser calculadas, como os erros reduzidos, representados por erro médio (RE) e variância do erro médio (VRE), além da raiz quadrada do erro médio (RMSE). Os resultados obtidos pela validação cruzada são mais satisfatórios quando os valores do intercepto, RE e RMSE estiverem próximos a zero; e inclinação da curva, valor *r* (correlação) e VRE apresentem valores próximo a um. Mais detalhes sobre os procedimentos da validação cruzada e as estimativas de erros podem ser obtidos em Vieira, Carvalho e González (2010).

Um dos parâmetros que vêm sendo amplamente utilizados para identificar qual o melhor ajuste de semivariogramas é o Critério de Informação de Akaike, do inglês Akaike Information Criterion (AIC). O AIC é uma medida da qualidade relativa de um modelo estatístico para um certo conjunto de dados, ou seja, sua análise é comparativa. O modelo escolhido deve ser aquele que apresentar o menor valor de AIC.

4.3.7 CONSIDERAÇÕES SOBRE ANÁLISE GEOESTATÍSTICA E KRIGAGEM

A maioria dos *softwares* mais simples utilizados em AP e mesmo alguns SIGs não dispõem de ferramentas geoestatísticas e, portanto, não possibilitam a krigagem, a qual é apontada como o interpolador que apresenta melhores resultados e flexibilidade. Alguns até apresentam a opção de interpolação por krigagem, mas não disponibilizam ferramentas para a modelagem de semivariogramas, o que exige a análise em outro *software* de forma paralela. Outros realizam a krigagem, mas não permitem ou não exigem que o usuário informe os parâmetros da dependência espacial (os componentes dos semivariogramas), o que compromete totalmente a interpolação, o mapa obtido e a informação em si. Dessa forma, de nada adianta realizar a krigagem sem analisar previamente os dados de forma correta.

No caso de se optar pela krigagem, o ajuste visual dos semivariogramas deve sempre ser evitado, pois esta etapa pode comprometer a qualidade dos mapas obtidos. Geralmente, os *softwares* de construção e o ajuste de semivariogramas necessitam que o usuário informe o modelo que deve ser testado (esférico, exponencial, gaussiano, entre outros). Após isso, alguns geram automaticamente uma primeira estimação dos parâmetros, os quais podem ser alterados pelo usuário. Caso haja dúvida sobre qual modelo utilizar, deve-se proceder ao ajuste de alguns modelos e verificar qual apresenta o menor erro. Isso pode ser feito por meio da validação cruzada, mas há vários outros métodos ou parâmetros para auxiliar na identificação de qual o melhor modelo a ser usado.

5
Sensoriamento e sensores

5.1 SENSORES NA AGRICULTURA

Atualmente, a área com maior potencial para desenvolvimento em AP é a de sensores, tanto em equipamentos como em aplicações. Por meio de diferentes princípios de sensoriamento, é possível a identificação e o mapeamento de variados parâmetros de solo e de planta. Uma das grandes vantagens das ferramentas de sensoriamento em AP é a capacidade de coletar, dentro de uma mesma área, uma quantidade muito maior de dados do que aquela permitida pelas técnicas tradicionais de amostragem georreferenciada (Cap. 3). Isso permite uma caracterização mais detalhada e, consequentemente, confiável da variabilidade espacial da lavoura, uma vez que os erros com estimativas e interpolações comuns em amostragens pouco densas são reduzidos. Tal fato tem impulsionado o interesse por sensores em detrimento à amostragem de solo em grade, por exemplo, mesmo que os dados de sensoriamento sejam normalmente medidas indiretas e que precisem de calibração e desenvolvimento de algoritmos agronômicos para serem informações úteis à gestão.

Sensores são dispositivos que respondem a um estímulo físico/químico de maneira específica e mensurável. Eles são capazes de avaliar algum atributo de um alvo de interesse, normalmente de forma indireta. Assim, pode-se interpretar que o termo "sensor" refere-se ao dispositivo que efetivamente mede ou estima determinada propriedade do alvo, enquanto se denomina "sistema sensor", neste texto, todo o conjunto configurado para operação de campo, composto de plataforma, coletor de dados, componentes de instrumentação e o sensor propriamente dito. O próprio monitor de produtividade é um exemplo clássico de um sistema sensor, que, no caso, tem a função específica de quantificar o fluxo de material que está sendo colhido.

Os dados coletados por um sistema sensor e conectados a um receptor GNSS podem ser analisados por pós-processamento ou utilizados em tempo real. Dessa forma, esses dados podem ser processados em escritório para só então serem transformados em alguma informação ou recomendação. Por outro lado, muitas vezes os sistemas sensores possibilitam intervenções em tempo real, ou seja, ao mesmo tempo que os dados são coletados, são também processados e transformados em informações que podem gerar alguma recomendação de intervenção, executada na lavoura de forma concomitante.

O pós-processamento de dados apresenta a principal vantagem de possibilitar ao usuário a sua análise. Isso permite que erros sejam identificados, tanto relativos aos sensores e seus componentes como a falhas na operação de sensoriamento. Ainda, a junção com dados coletados em momentos diferentes, com outros sistemas sensores e/ou outras variáveis analisadas, pode ser realizada com controle e critérios pelo usuário de AP.

No entanto, há uma intensa busca por sistemas sensores que possibilitem intervenções em tempo real, devido à sua praticidade. Contudo, também há demanda por informações mais abrangentes, como a mensuração de características de solo e de planta ao mesmo tempo. Com esse objetivo, surgem os conceitos de inteligência artificial com integração de dados preexistentes (fusão de dados) ou por meio de sensores integrados (fusão multissensores).

A fusão de dados permite que as leituras coletadas em tempo real por um sistema sensor sejam analisadas em conjunto com dados previamente carregados no computador embarcado ou outra forma de armazenamento e disponibilização. Para isso, é necessário que algoritmos agronômicos específicos para cada situação sejam desenvolvidos. Um exemplo dessa abordagem é a utilização de informações espacializadas de matéria orgânica (mapa), oriunda de amostragem de solo em grade, para o refinamento da aplicação de nitrogênio direcionada por sensores de refletância do dossel. Essa utilização forneceria o mesmo resultado que aquele obtido pelo pós-processamento dos dados de matéria orgânica do solo e de refletância do dossel, porém de forma muito mais rápida e menos onerosa. Já a fusão multissensores visa acoplar em uma mesma plataforma diferentes sensores, sendo seus dados obtidos e processados concomitantemente, o que permite intervenções em tempo real sem que seja necessário qualquer tipo de avaliação prévia da lavoura. Um exemplo seria a utilização de um sistema de sensores para mensuração do pH e dos teores de cálcio e magnésio no solo, o que permitiria, por meio de algoritmos previamente estabelecidos, a aplicação variada de calcário embasada nesses três atributos.

É importante destacar que não se deve esperar que os sensores substituam a figura do agricultor ou do técnico, pois é necessário analisar os dados obtidos pelos sensores e gerenciar as intervenções, tanto quando são estabelecidas em pós-processamento como quando são realizadas em tempo real. Além disso, é essencial realizar calibrações dos sensores e desenvolver algoritmos de recomendação para as diversas situações de cultivo, para só assim se atingir alta qualidade no gerenciamento da variabilidade espacial das lavouras.

Para a geração dos dados requeridos para o mapeamento dos atributos de solo ou planta, diferentes princípios físicos podem ser utilizados. Logo, há diversas propostas de classificação dos tipos de sensoriamento. Uma delas, mais antiga, é classificar as formas de sensoriamento em direto ou remoto. Em teoria, essas duas se distinguem devido à forma como o sensor interage com o alvo. O sensoriamento direto caracteriza-se quando ocorre o contato do sistema sensor com o alvo, por exemplo, o contato com o solo para a estimação de sua dureza. Sensores desse tipo são, em sua maioria, direcionados à identificação de parâmetros do solo, embora haja também sensores de plantas que trabalham com contato direto.

Porém, recentemente a comunidade envolvida com pedometria e com AP tem se referido a uma nova categoria de sistemas sensores, que seriam os que atuam próximo ao alvo, denominada de sensoriamento próximo ou sensoriamento proximal (*proximal sensing*). Dessa forma, a classificação de sensoriamento direto tem dado lugar ao termo sensoriamento próximo, o que abrange todo tipo de sensoriamento realizado por meio de sistemas sensores embarcados (acoplados a equipamentos agrícolas) ou portados manualmente.

Dessa forma, o termo sensoriamento remoto tem sido atribuído aos sensores embarcados em veículos aéreos e satélites, também podendo ser definido como sensoriamento remoto distante. Essa forma de sensoriamento é, em sua maioria, baseada na identificação do comportamento da radiação eletromagnética quando o sensor interage com os alvos. Alguns sensores próximos também utilizam esse princípio de funcionamento.

Outra forma de classificação dos sistemas sensores pode ser por meio do seu princípio de funcionamento ou de acordo com o alvo (solo, planta ou mesmo o produto colhido). Já o princípio físico de funcionamento dos sensores pode ser mecânico, elétrico, óptico, eletroquímico, pneumático etc.

5.2 SENSORIAMENTO REMOTO

5.2.1 FUNDAMENTOS DE SENSORIAMENTO REMOTO

O sensoriamento remoto clássico, aquele com base quase que exclusivamente em imagens obtidas por câmeras instaladas em plataformas aéreas e orbitais, pode ser definido como a ciência ou a arte de se obter informações sobre um determinado objeto, área ou fenômeno, por meio de dados coletados por um equipamento (sistema sensor) que não entra em contato com o alvo (Crepani, 1993). Parte do princípio de que cada alvo tem uma característica única de reflexão e emissão de energia eletromagnética. A energia eletromagnética mensurada por esses sensores é baseada na radiação de fótons, sendo que essa energia é carregada pelo espaço através de ondas eletromagnéticas de diferentes comprimentos, caracterizada pela distância entre suas cristas, que pode variar de uma fração de nanômetro até vários metros (Fig. 5.1). Quanto menor o comprimento de onda, maior é sua frequência e maior a sua energia (Heege, 2013).

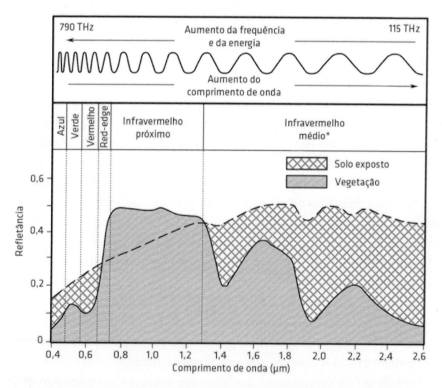

Fig. 5.1 Comportamento espectral típico de solo exposto e vegetação nas diferentes regiões do espectro eletromagnético utilizado em sensoriamento remoto na agricultura (visível e infravermelho)
* A subdivisão do espectro dentro da região do infravermelho não apresenta consenso: alguns autores distinguem essa região, que vai de 0,7 μm a 1.000 μm, de três até seis regiões

Por meio de sensores ópticos que captam esses sinais eletromagnéticos, pode-se identificar e entender o objeto com essa unicidade de comportamento (Fig. 5.1). Portanto, dois alvos diferentes interagirão distintamente com a energia eletromagnética, pelo menos em algumas regiões específicas do espectro eletromagnético, permitindo assim sua identificação e diferenciação (Novo, 1992). Essa energia que interage com os alvos pode ter sua origem externa, geralmente o Sol, ou ser emitida pelo próprio sistema sensor. No primeiro caso, o sistema sensor é chamado de passivo, e sendo amplamente usado pelos sensores embarcados em satélites, enquanto no segundo é denominado sistema ativo.

Quando a energia proveniente do Sol (radiação eletromagnética) ou de sistemas ativos atinge um objeto, ocorre a interação com o alvo e a energia tende a ser fracionada em três partes: absorvida, refletida e transmitida (Fig. 5.2). Essas frações são frequentemente analisadas com base na radiação inicial. Logo, esses sinais normalizados são denominados como refletância, absortância e transmitância, os quais também são referidos na literatura como reflectância, absorbância e transmictância. A intensidade de cada fracionamento está relacionada com o comprimento de onda analisado e as propriedades físico-químicas do alvo, e no sensoriamento dedicado à AP prevalece o uso da refletância.

De todos os comprimentos de onda do espectro eletromagnético, as regiões do visível e do infravermelho próximo são as mais utilizadas para aplicações no meio agrícola (400 nm a 3.000 nm) (nanômetro = 1×10^{-9} m), enquanto a porção espectral situada na região radar (micro-ondas – 1 mm a 300 mm) também apresenta algumas aplicações, como no mapeamento do relevo.

Devido ao comportamento espectral específico de cada alvo, inúmeras inferências podem ser atribuídas com base na refletância de alguns comprimentos de onda específicos.

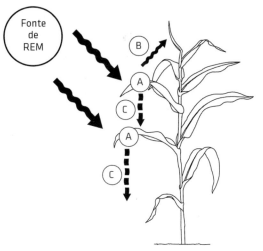

Fig. 5.2 Quando a radiação eletromagnética (REM) atinge um alvo, essa energia pode ser (A) absorvida, (B) refletida ou (C) transmitida

Por exemplo, o teor de água nas folhas pode ser estimado analisando-se o comportamento espectral na região do infravermelho médio. Nessa região, a resposta espectral de uma folha sadia é caracterizada principalmente pela absorção de energia pela água, que ocorre próximo aos comprimentos de onda de 1.500 nm, 1.900 nm e 2.700 nm (1 nm = 0,001 µm), o que resulta em uma menor refletância nesses comprimentos de onda (Fig. 5.1).

Os sensores ópticos que mensuram a forma como a radiação interage com os alvos, principalmente em relação à energia refletida, são também denominados radiômetros e variam em função das bandas espectrais (faixas do espectro) e dos comprimentos de ondas com os quais trabalham, assim como da plataforma em que operam.

Há radiômetros que operam em poucas bandas espectrais, que são caracterizadas por diferentes intervalos de faixas do espectro eletromagnético, por exemplo, bandas nas regiões do verde (490 nm a 565 nm) ou do infravermelho próximo (760 nm a 1500 nm). Dessa forma, recebem o nome de sensores multiespectrais, já que mensuram mais do que uma banda do espectro eletromagnético.

Existem também radiômetros que operam em inúmeros comprimentos de onda, os quais são denominados espectrorradiômetros ou radiômetros hiperespectrais. A diferença entre eles é que o primeiro trabalha com bandas mais estreitas e o segundo, com bandas mais amplas. A resolução espectral e as bandas específicas utilizadas variam de acordo com o objetivo do sensoriamento.

Quanto à plataforma em que os sensores ópticos e radiométricos operam, há basicamente três níveis de coleta de dados: orbital, aéreo (suborbital) e terrestre. De acordo com Moreira (2011), os sensores em nível orbital são geralmente radiômetros do tipo escâner instalados em satélites, os quais podem ser definidos como sensores imageadores; já em nível aéreo destacam-se as fotografias aéreas e os radiômetros hiperespectrais; em nível terrestre é comum o uso de radiômetros portáteis e espectrorradiômetros, que, em algumas situações, podem ser embarcados em máquinas agrícolas. A plataforma a ser definida pelo usuário depende de seu objetivo. Com base nos objetivos, ele deve determinar as especificações mínimas requeridas, em termos das características dos sensores, da disponibilidade dos dados e do custo.

Os sensoriamentos a partir de plataformas orbitais ou aéreas permitem obter dados de alguns parâmetros de planta e solo de extensas áreas em pequeno espaço de tempo, enquanto os sensores embarcados em máquinas agrícolas dependem da sua velocidade de deslocamento e do espaçamento entre passadas. Por outro lado, as informações obtidas com os sensores terrestres podem ser mais detalhadas devido à sua proximidade com o alvo e ao grande número de dados coletados.

Ainda, sensores embarcados em máquinas permitem a gestão e a intervenção localizada, com avaliações realizadas quando o usuário julgar necessário e, quando possível ou desejado, em tempo real. Por outro lado, o sensoriamento orbital e mesmo o aéreo possuem o inconveniente de estarem sujeitos a limitações em razão de condições climáticas ou ao tempo de processamento, o que pode prejudicar a implementação das intervenções no momento adequado durante a safra.

5.2.2 IMAGENS ORBITAIS E AÉREAS

O sensoriamento remoto, por meio de imagens obtidas por sensores embarcados em satélites ou em veículos aéreos tripulados ou não, é capaz de obter informações valiosas sobre a cultura, o solo e o relevo de extensas áreas. Os dados podem ser coletados repetidamente ao longo do ano, muitas vezes adquirindo informações de toda uma fazenda em uma única imagem (principalmente as imagens orbitais). Já no caso de o alvo ser a cultura, o sensoriamento remoto permite a obtenção de dados quando o porte das plantas impede a entrada de máquinas nas lavouras. Essas informações podem auxiliar e muito na gestão localizada das lavouras.

As imagens, tanto aéreas (tomadas por aviões, balões etc.) quanto orbitais (tomadas por satélites), apresentam grande potencial na identificação da variabilidade espacial do desenvolvimento das plantas. Por meio dessa informação, torna-se possível estudar os causadores dessa variabilidade, assim como propor intervenções quando a variabilidade for atribuída a certo fator, como ataque de pragas ou problemas de fertilidade. Dessa forma, esse tipo de sensoriamento pode, de certa maneira, compensar a ausência do mapeamento da produtividade, como discutido no Cap. 2. Entretanto, é importante destacar que os dados oriundos desse tipo de sensoriamento não representam um fenômeno em específico, como a falta de água em uma porção da lavoura. Para identificar os fatores que estão ocasionando o problema, é necessária a investigação a campo, além da calibração prévia do sensor, correlacionando suas leituras ao fenômeno observado em campo. Por exemplo, pode-se relacionar a produtividade de algumas culturas aos dados de refletância obtidos em determinada banda espectral por um sensor embarcado em satélite.

O sensoriamento remoto de parâmetros do solo é possível desde que este esteja descoberto. Com isso, pode-se, por exemplo, fazer inferências sobre os tipos de solos, composição mineral, variação nos teores de matéria orgânica e água na superfície do solo em uma dada região da lavoura, baseando-se principalmente no seu comportamento espectral (Bellinaso; Demattê; Romeiro, 2010).

As imagens tomadas de plataformas aéreas, assim como algumas soluções recentes em nível orbital, possibilitam o mapeamento do relevo, por meio da planialtimetria, informação essencial no auxílio ao entendimento da variabilidade espacial da cultura e dos solos. Ainda, os dados obtidos por esse tipo de sensoriamento, tanto de solo quanto de plantas, os quais podem ser adquiridos por diferentes sistemas sensores e em diferentes épocas, podem ser informações valiosas na delimitação das unidades de gestão diferenciada (Cap. 7).

No entanto, pouca adoção dessas fontes de informação tem sido verificada por usuários de AP. Uma das principais razões para isso é o alto custo de aquisição desses produtos. Entretanto, cada vez mais os seus fornecedores disponibilizam soluções para baratear a aquisição desses dados, por exemplo, o fornecimento de imagens apenas da área de interesse do usuário, seja uma fazenda ou um talhão. Ainda, no caso de imagens orbitais, estão possibilitando a programação da data futura de aquisição de imagens.

Outro entrave dessa tecnologia é que, para algumas necessidades específicas da AP, tanto os sensores orbitais como os aéreos ainda apresentam algumas limitações quanto à qualidade e ao desempenho dos produtos disponíveis. No entanto, com o rápido desenvolvimento da tecnologia dos veículos aéreos não tripulados (VANT) e, consequentemente, dos sensores (geralmente câmeras) a eles embarcados, acredita-se que o sensoriamento remoto mostrará, nos próximos anos, intenso crescimento na adoção pelo setor agrícola, com variadas soluções e aplicabilidades disponíveis.

Parâmetros de qualidade das imagens

Para a utilização de imagens de origem orbital ou aérea, é necessário identificar se a qualidade desses produtos satisfaz as demandas requeridas para determinado mapeamento no âmbito da AP. Para tanto, é necessário ter conhecimento do que é resolução espectral, radiométrica, espacial e temporal. Essas informações são essenciais quando da aquisição de qualquer produto obtido por essas plataformas.

A resolução espectral é uma característica dos sensores relativa a quais faixas do espectro eletromagnético o equipamento trabalha captando a refletância do alvo. Ela é qualificada de acordo com a quantidade de bandas e suas larguras (Fig. 5.3), já que, quanto maior o número de bandas espectrais e menores as suas larguras, maior a sua eficiência em distinguir diferentes características dos alvos (Novo, 1992).

A resolução radiométrica, também chamada de resposta espectral, é relacionada à sensibilidade dos sensores em determinada banda espectral. Essa característica pode ser definida como a intensidade de radiação mínima que pode ser diferenciada pelo sensor. Em suma, essa resolução é dada pelo número de valores digitais representando níveis de cinza, usados para expressar os dados coletados pelo sensor, sendo maior quanto maior o número de valores. O número de níveis de cinza é comumente expresso em função do número de dígitos binários (*bits*) necessários para armazenar, em forma digital, o valor do nível máximo. O valor em *bits* é sempre uma potência de dois, por exemplo, uma imagem de um *bit* registrará apenas as cores preto e branco, sendo que preto representa a ausência de energia e branco, a presença de energia recebida. Já uma imagem de quatro *bits* é capaz de representar 16 níveis de cinza (24 = 16), possibilitando um melhor detalhamento das frações de energia recebida pelo sensor (Fig. 5.4).

A resolução espacial é uma propriedade que pode viabilizar ou não a utilização de imagens de plataformas orbitais ou aéreas em determinadas etapas da investigação e monitoramento em AP, dependendo do alvo de interesse, que pode ser uma planta individualizada, uma fileira da cultura, uma área de 50 m² e assim por diante. Essa medida é

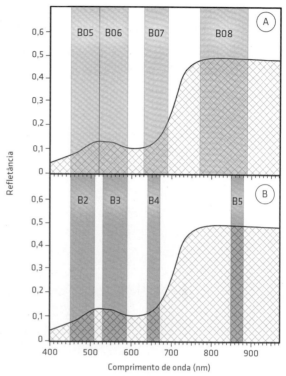

Fig. 5.3 Refletância típica de vegetação e resolução espectral de duas câmeras embarcadas em satélites: (A) câmera Multiespectral Regular (MUX), bandas 05 a 08, embarcada no CBERS-4; e (B) câmera Operational Land Imager (OLI), bandas 02 a 05, embarcada no LandSat-8

definida, de forma simplificada, como o menor objeto capaz de ser detectado e individualizado pelo sensor em uma dada imagem. Tal resolução é representada pelo tamanho do *pixel* da imagem obtida pelo sensoriamento remoto, por exemplo, uma resolução de 30 m gerará um *pixel* de 30 m por 30 m (Fig. 5.5). Em sistemas orbitais, essa resolução é geralmente fixa, em razão do sensor disponível e da altura da órbita do satélite, mas, em sistemas aéreos, tal resolução pode ser ajustada alterando-se a altura de voo.

Uma medida de desempenho muito importante para o agricultor que pretende adotar práticas de AP e tem a cultura como o alvo do sensoriamento é a resolução temporal das imagens. Essa resolução se aplica apenas às plataformas orbitais, já que é dependente do tempo de revisita de um satélite em determinada região do globo terrestre, ou seja, de acordo com a órbita de cada satélite e das características de cada câmera, há um intervalo entre a possível obtenção de imagens. Quando há um tempo de revisita grande, ou seja, uma resolução temporal baixa, pode-se perder o momento correto de obtenção de dados da cultura para a execução de determinada intervenção. Ainda, caso ocorra a presença de nuvens no momento da passagem do satélite em certa região, a obtenção de dados estará prejudicada e, caso leve muito tempo para uma revisita do satélite, a intervenção que seria realizada com base nesses dados fica completamente comprometida.

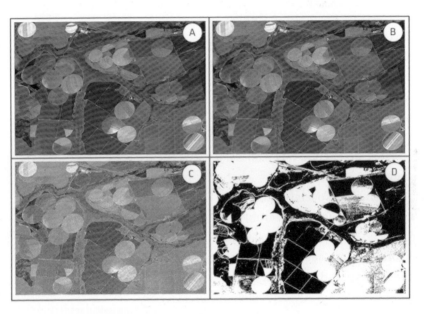

Fig. 5.4 Conceito de resolução radiométrica: fotografia aérea mostrando imagens com resoluções de (A) 12 *bits*, (B) 4 *bits*, (C) 2 *bits* e (D) 1 *bit*

Veículos aéreos não tripulados

Nos últimos anos, grande destaque tem sido dado à utilização de veículos aéreos não tripulados (VANTs), na maioria das vezes denominados *drones*, em diversas aplicações no âmbito da AP. Não há consenso sobre a definição e nomenclatura desse tipo de veículo aéreo. Algumas variações são aeronave remotamente pilotada e veículo aéreo remotamente operado. A principal vantagem dessa tecnologia é a sua agilidade e flexibilidade, permitindo a obtenção de dados da lavoura no momento que o agricultor julgar necessário, sem a dependência da resolução temporal dos sensores orbitais e do fretamento de voos com aviões tripulados. O sensoriamento pode ser considerado de baixo custo, rápido e prático, sendo que a rota que o VANT deverá seguir pode ser definida antecipadamente.

Há diversas conformações de VANTs, desde miniaturas de aviões até miniaturas de helicópteros, com variado número de hélices, múltipla capacidade de voo e transporte de cargas. Esses veículos podem transportar diferentes tipos de sensores ópticos, dependendo do objetivo do agricultor, de câmeras fotográficas convencionais ou multiespectrais a espectrorradiômetros e radares. Portanto, é fundamental o correto entendimento da necessidade quanto ao que se deseja avaliar e inferir. O sistema sensor e seu peso definirão a escolha de um desses veículos. É importante destacar que a maioria dos dados obtidos por tais sensores frequentemente demanda técnicas de processamento de imagens, as quais serão suscintamente e, de forma generalizada, discutidas a seguir.

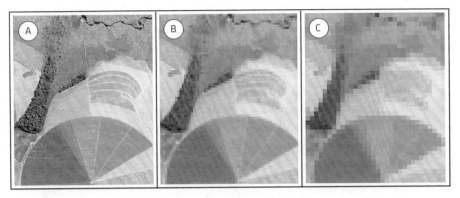

Fig. 5.5   Conceito de resolução espacial: imagens com resoluções de (A) 1 m , (B) 15 m e (C) 30 m

A regulamentação de tais veículos em cada país está seguindo critérios distintos e tende a ser fortemente influenciada por questões de segurança estratégica e ao cidadão, pois são capazes de portar dispositivos que podem comprometer a segurança nacional. Além disso, também podem representar risco de queda sobre pessoas ou patrimônios, e quanto maior a capacidade de carga (peso dos sensores, no caso agrícola), maior pode ser esse risco. Essas regulamentações visam sobretudo atribuir, de alguma forma, responsabilidades e exigir pilotagem remota.

Uso dos dados obtidos por sensores orbitais e aéreos

Antes que a interpretação dos dados oriundos do sensoriamento remoto seja realizada, é necessário o processamento das imagens para corrigir erros geométricos e radiométricos, assim como converter os dados de refletância individuais de cada banda espectral em uma informação que auxilie na identificação da propriedade de interesse do alvo. Dessa forma, embora haja várias soluções de processamento automatizado e serviços contratados disponíveis no mercado, é necessário conhecer algumas etapas essenciais para transformar os dados de sensoriamento remoto em uma informação passível de ser utilizada na gestão localizada. Essas etapas podem ser listadas como segue, desde a coleta das imagens até as intervenções localizadas.

1. Obter os dados de sensoriamento remoto;
2. Processar e analisar esses dados (imagens e seus *pixels*);
3. Examinar estatisticamente esses dados e confrontá-los com outras informações que estejam disponíveis;
4. Conduzir investigações de campo para validar as informações obtidas;
5. Estabelecer as relações de causa e efeito;
6. Gerar recomendações de intervenções.

As etapas 1 e 2 podem ser executadas por prestadores de serviços dos quais foram adquiridas as imagens. Entretanto, algumas vezes o próprio usuário é responsável por essas etapas, principalmente quando da adoção dos VANTs ou da obtenção das imagens em banco de dados disponíveis em alguns locais da internet. São exemplos os catálogos de imagens do Instituto Nacional de Pesquisas Espaciais (Inpe) e o United States Geological Survey (USGS EarthExplorer). Quando isso acontece, é preciso ter em mente que os dados oriundos desse tipo de sensoriamento precisam ser processados de forma correta para a obtenção de um produto final de qualidade. No caso de sensores imageadores (câmeras), ainda há aspectos relacionados à quantidade de sobreposição entre imagens e a correção ou compensação de inclinações, comuns na utilização de VANTs. Isso porque as várias imagens individuais deverão formar um mosaico que representa a área de lavoura avaliada. Essa etapa é feita por técnicas relativamente avançadas de processamento de imagens, embora existam soluções automatizadas no mercado.

Quando os dados são coletados em altitudes baixas, as imagens são bastante suscetíveis à distorção geométrica. Essa distorção ocorre devido à posição em que a imagem foi adquirida (ângulo de aquisição). Esse erro faz com que *pixels* quadrados tomem a forma de um trapézio quando essa correção não é implementada. Para corrigir esse tipo de distorção, é necessário selecionar alguns pontos de controle na superfície imageada, os quais permitirão a correção da geometria por meio de triangulações realizadas pelo *software* de processamento de imagens. Esses pontos de controle (referências) podem ser marcos com coordenadas conhecidas ou mesmo algum ponto permanente no terreno, como estradas e construções.

A outra correção essencial de ser feita é a radiométrica. Esse procedimento é necessário para corrigir distorções ocasionadas principalmente por variações atmosféricas e de iluminação das áreas imageadas, sendo especialmente importante quando se utilizam sensores passivos (sensor de refletância). Para tanto, algum ponto da superfície é tomado como referência e, por meio de curvas de calibração e normalização dos dados, o restante da imagem passa a obedecer ao padrão de refletância.

Uma vez que os dados de refletância nas diferentes bandas espectrais tenham sido corrigidos, esses valores podem ser integrados e, por meio de equações, gerar diferentes índices. Esses índices têm a finalidade de representar melhor uma ou mais características de interesse do que quando comparados com as informações de refletância individuais. Por exemplo, os índices de vegetação podem auxiliar na identificação de algum parâmetro da cultura, reduzindo ou eliminando a interferência do solo. O Índice de Vegetação por Diferença Normalizada (NDVI) é o mais conhecido e estudado entre os índices e se correlaciona principalmente com a quantidade de massa vegetal (Rouse et al., 1974):

$$NDVI = (NIR - VIS)/(NIR + VIS) \qquad (5.1)$$

em que NIR é a refletância na região do infravermelho próximo e VIS é a refletância na região do visível, originalmente o vermelho.

O NDVI é originalmente uma razão entre a banda espectral na região do vermelho e outra na região do infravermelho próximo. Entretanto, hoje existem algumas variações desse índice, as quais têm por finalidade torná-lo mais sensível a outros parâmetros, como o teor de clorofila nas folhas. Isso é feito substituindo-se a refletância no vermelho pela refletância em algum comprimento de onda específico da região da rampa do vermelho (*red-edge*). Mais detalhes sobre NDVI e outros índices de vegetação podem ser encontrados em Liu (2006).

Independentemente da forma de aquisição, quando de posse das imagens oriundas do sensoriamento remoto, o usuário pode realizar as inspeções em campo, tentando confrontar o que foi medido pelo sensor e a variação de um determinado parâmetro da lavoura. Com base nessa relação, é possível obter um diagnóstico e o respectivo mapa de recomendação de alguma intervenção, permitindo a gestão localizada da lavoura.

5.3 SENSORIAMENTO PROXIMAL

5.3.1 SENSORES DE PLANTA

A identificação da variabilidade espacial das culturas pode ser estimada por meio dos mapas de produtividade, mas, em algumas situações, essa informação não é suficiente ou não está disponível. Isso ocorre quando se deseja executar algum tipo de intervenção durante a safra ou ainda mensurar alguma característica específica da vegetação. Dessa demanda surge a importância da disponibilidade de sensores de plantas.

Nos últimos anos, têm surgido no mercado diversos sensores que apresentam como alvo principal as plantas ou alguma característica específica destas. A grande maioria desses sistemas sensores está sendo desenvolvida para plataformas terrestres, é principalmente embarcada em equipamentos agrícolas e privilegia o uso de princípios ópticos, principalmente refletância.

No entanto, um exemplo que não segue essa tendência foi desenvolvido para estimar a variação de biomassa de culturas como o trigo ao longo de uma lavoura, tomando como base um princípio mecânico muito simples. Tal sistema é composto de um pêndulo instalado geralmente na frente do veículo que, em contato com a vegetação, sofre maior ou menor resistência para seu deslocamento, aumentando ou diminuindo seu ângulo de inclinação em função da quantidade de vegetação presente (Fig. 5.6). Isso possibilita a aplicação de nitrogênio e de defensivos em taxas variáveis em tempo real, especialmente em gramíneas de porte baixo (Thoele; Ehlert, 2010). O inconveniente desse sistema é que a área mensurada por um sistema sensor é reduzida e necessita ser posicionado fora da região afetada pelos rastros do rodado das máquinas.

Entretanto, o princípio de funcionamento que predomina entre os sensores de planta é baseado nas características de refletância das culturas. A vegetação, de maneira geral, apresenta baixa refletância e transmitância de radiação na faixa visível do espectro (400 nm a 700 nm) devido à forte absorção pelos pigmentos fotossintéticos (clorofila), principalmente na faixa do azul (~450 nm) e vermelho (~660 nm). Por outro lado, há uma grande refletância e transmitância na região do infravermelho próximo (~700 nm a 1.400 nm), a qual é influenciada pela estrutura interna das folhas, principalmente em função da ausência de absorção pelos pigmentos e dispersão da energia eletromagnética no mesofilo das folhas.

Baseando-se no comportamento espectral da vegetação, diferentes equipamentos foram e estão sendo desenvolvidos para variadas finalidades dentro dos preceitos da AP. A principal finalidade da maioria desses sensores é identificar a variação na quantidade de biomassa e no teor de clorofila das culturas, possibilitando assim, por exemplo, a aplicação de nitrogênio em taxas variáveis, mas tornando possíveis várias outras inferências com elevada resolução. Tentando eliminar o efeito da biomassa e avaliar apenas o teor de clorofila, sensores de fluorescência de clorofila também estão disponíveis. Ainda, com base na arquitetura foliar e no comportamento espectral, sistemas inteligentes de identificação de plantas vêm sendo testados, tendo como foco

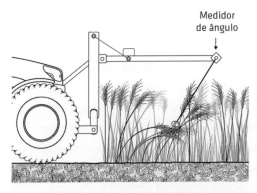

Fig. 5.6 Sensor pendular de biomassa instalado na frente de um trator

principal a identificação de plantas daninhas. Essas e outras possibilidades dos sensores de planta serão discutidas na sequência.

Sensores de refletância do dossel

A recomendação de nitrogênio para as culturas agrícolas sempre foi um desafio devido à dificuldade em estimar a quantidade de nitrogênio no solo disponível para as plantas, assim como a resposta às aplicações desse nutriente. Tentando auxiliar nesse desafio, foi desenvolvido, no início dos anos 1990, um medidor portátil de clorofila das folhas, também chamado de clorofilômetro. Esse equipamento trabalha com o princípio da absortância da energia eletromagnética na região visível do espectro, mais especificamente na região do vermelho. Isso porque a energia nessa região do espectro é absorvida pelos pigmentos fotossintéticos das folhas para a realização da fotossíntese e, por isso, possibilita a determinação indireta da disponibilidade de nitrogênio, uma vez que ele é integrante essencial da clorofila (Fig. 5.7). Dessa forma, o clorofilômetro passou a ser largamente estudado e possibilitou melhorias na recomendação de nitrogênio, principalmente em gramíneas cultivadas na Europa e na América do Norte. Atualmente, há algumas opções de equipamentos disponíveis no mercado, inclusive de fabricação nacional.

No entanto, a adoção prática dos clorofilômetros não acompanhou a grande quantidade de pesquisas conduzidas para o desenvolvimento dessa tecnologia, resultado de sua baixa praticidade de uso. Os clorofilômetros trabalham em contato com a folha (sensoriamento direto) e avaliam uma pequena porção de uma única folha por leitura. Para ter confiabilidade nos dados, várias repetições precisam ser efetuadas, já que é grande a variabilidade no teor de clorofila na mesma folha e a curtas

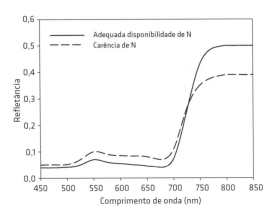

Fig. 5.7 Comportamento espectral típico de uma cultura bem nutrida em nitrogênio e de outra com carência desse nutriente

distâncias ao longo da lavoura. Para o uso de clorofilômetro no mapeamento do teor de clorofila da cultura e a possibilidade de aplicação de nitrogênio em taxas variáveis, é necessária a amostragem georreferenciada por pontos e, em cada ponto amostral, várias leituras devem ser obtidas. Desse modo, a geração de mapas com qualidade para serem utilizados como base para alguma intervenção localizada demanda tempo demasiadamente alto, o que inviabiliza o uso dessa ferramenta para tal finalidade. Logo, a tecnologia acabou ficando restrita à experimentação, como forma de avaliar a influência de algum tratamento no sistema fotossintético das plantas, permitindo inferir indiretamente sobre seu vigor, sanidade e estado nutricional.

Posteriormente, no final dos anos 1990, a tecnologia dos clorofilômetros evoluiu para os sensores de refletância do dossel. Não há uma nomenclatura única para esse tipo de sensor, sendo encontradas variadas denominações para o mesmo equipamento. São exemplos os termos sensores ativos terrestres, sensores ópticos, sensores de dossel, ou alguma variação dessas formas. Esses sensores não utilizam exatamente o mesmo princípio dos clorofilômetros, pois medem a refletância e não a absortância para a estimação do teor de clorofila. Além disso, são remotos e não diretos. Outro fator importante foi a mudança significativa implementada no campo de visão dos sensores, que passaram a avaliar todo o dossel das plantas em vez de apenas uma pequena porção das folhas, melhorando a representatividade dos dados. O conceito fundamental é que as leituras com esses sensores são afetadas pelo teor de clorofila no dossel das plantas e pela área foliar ou biomassa. Desse modo, esses dois fatores interferem de forma conjunta nas leituras, sendo difícil identificar qual deles é o principal em dada situação (Fig. 5.8). Independentemente disso, os sensores de dossel são capazes de identificar as regiões da lavoura nas quais a cultura apresenta melhores condições de desenvolvimento/vigor.

Inicialmente tais sistemas sensores eram passivos e dependiam da luz do sol para operar, além de necessitar de sensor específico para monitorar essa fonte de luz. O seu sucesso levou ao desenvolvimento de sistemas sensores ativos que trabalham emitindo energia em determinado comprimento de onda do espectro eletromagnético e captando a quantidade dessa energia que é refletida pelo dossel das plantas. Os sensores atualmente disponíveis trabalham em comprimentos de onda específicos, geralmente centrados na região do vermelho, rampa do vermelho (*red-edge*) e infravermelho próximo (*NIR*). Por meio de diferentes cálculos utilizando os valores de refletância nas bandas espectrais utilizadas, podem ser obtidos vários índices de vegetação, os quais podem se ajustar melhor à quantidade de biomassa ou ao teor de clorofila.

Os sensores de dossel são geralmente embarcados em veículos agrícolas e conectados a um receptor GNSS, o que permite o registro georreferenciado dos valores de refletância e dos índices de vegetação. Por meio de correlações ou curvas de calibração, esses valores podem ser convertidos em algum parâmetro da cultura, possibilitando diversos usos no âmbito da AP: reger a aplicação de fertilizante nitrogenado em taxas variáveis, direcionar amostragens, estimar a quantidade de biomassa para algum trato cultural e, por fim, estimar a produtividade esperada da cultura.

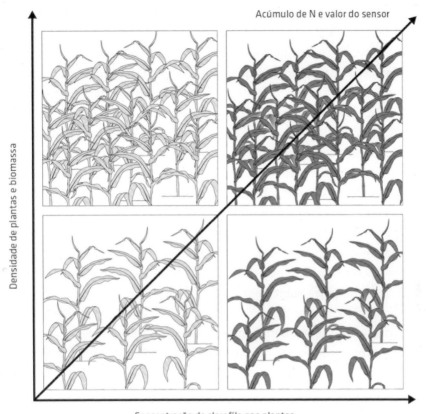

Fig. 5.8 Tanto a densidade de plantas e o acúmulo de biomassa quanto a concentração de clorofila nas plantas influenciam as leituras com sensores de refletância do dossel, assim como a concentração total de nitrogênio dentro de uma mesma área

Como já mencionado, os sensores de dossel foram desenvolvidos para reger a aplicação de nitrogênio em taxas variáveis, respeitando a variabilidade espacial das lavouras, sendo esse o seu uso mais nobre. Existem diversas metodologias para guiar essa aplicação, principalmente para as culturas de trigo e milho. Entretanto, recentes avanços têm sido obtidos para as gramíneas em geral (Heege, 2013). Esse direcionamento pode ser feito basicamente de duas maneiras: concentra-se a aplicação de fertilizante em regiões que apresentem baixo vigor das plantas, assumindo que a produção poderá ser incrementada com a aplicação de nitrogênio; alternativamente, concentra-se a aplicação nas regiões em que a cultura apresente melhor desenvolvimento, procurando aumentar ainda mais o potencial produtivo dessas áreas. Não há consenso sobre qual estratégia seja a mais correta, já que cada situação deve ser tratada de forma específica. Contudo, é importante destacar que a conversão da leitura do sensor para a dose de nitrogênio recomendada exige experimentação e desenvolvimento de algoritmos de recomendação, seja pela academia, pelo fornecedor do sensor ou mesmo pelo agricultor, cooperativas e fundações de pesquisa. Essas equações de recomendação são específicas para cada cultura e podem ser diferenciadas conforme as situações de cultivo. Os usuários podem utilizar equações genéricas disponíveis no equipamento de fábrica, as quais normalmente permitem distribuir os insumos em doses variadas. Entretanto, é preciso atentar se tais algoritmos satisfazem as necessidades do usuário e se foram desenvolvidos para as condições de cultivo de interesse. Dessa forma, embora haja uma gama de equipamentos comerciais disponíveis, uma recomendação de fertilização em doses variadas bem embasada agronomicamente não é tão simples.

O segundo uso dos sensores de dossel é bastante simples. Como esses equipamentos identificam a variabilidade espacial no desenvolvimento das culturas, ou seja, seu vigor e sanidade, a informação oriunda dessa tecnologia pode mostrar regiões das lavouras que mereçam ser analisadas para identificar potenciais fatores que estejam limitando o desenvolvimento da cultura. Mais detalhes sobre essa metodologia de amostragem direcionada estão disponíveis no Cap. 3.

Algumas culturas recebem a aplicação de defensivos agrícolas ou outros produtos químicos de acordo com o acúmulo de material vegetal na sua parte aérea. Dessa forma, o mapeamento realizado com sensores de dossel possibilita a geração de mapas de aplicação, por exemplo, de fungicidas em trigo, de maturadores em feijão ou de dessecante em batata, conforme a variabilidade no acúmulo de biomassa da lavoura. Mais detalhes sobre esse conceito são apresentados no Cap. 6.

Similarmente, como em muitas culturas a biomassa estabelecida durante a safra se relaciona com a produtividade final da cultura, os sensores de dossel podem ser utilizados para predizer ou estimar a produtividade de determinadas culturas, focando a reposição de nutrientes durante a safra ou o simples planejamento do processo de colheita. Para isso, é necessário previamente obter uma curva de calibração que correlacione os valores obtidos pelos sensores com a produtividade da cultura.

Existem diversos sistemas sensores disponíveis no mercado. Além do número de bandas e faixas espectrais em que operam, uma característica importante dos sensores de dossel é a diferenciação do campo de visão, ou seja, a área da cultura avaliada pelo sensor. Alguns equipamentos apresentam visada vertical da cultura (ao nadir), avaliando, muitas vezes, apenas uma fileira de plantas. Outros equipamentos apresentam um campo de visão oblíquo, avaliando elipses nas laterais do veículo (Fig. 5.9). A primeira conformação foi desenvolvida para aplicação líquida, com controle de vazão por bico de pulverização (sistema mais popular de fertilização nos Estados Unidos), enquanto a segunda foi desenvolvida para aplicação a lanço (sistema de fertilização comum na Europa). Cada sistema apresenta vantagens e desvantagens que devem ser analisadas pelo usuário. Entre os principais pontos que devem ser considerados estão a máquina e a forma de aplicação do produto, a quantidade de sensores requeridos, a representatividade da área avaliada, o valor inicial do equipamento etc.

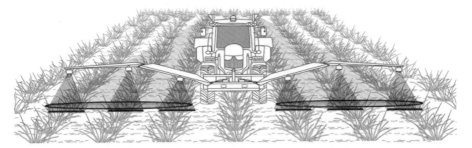

Fig. 5.9   Conceito de dois sensores de refletância do dossel com campos de visão diferentes

Sensores de fluorescência da clorofila

Esses sensores são mais recentes, por isso ainda há pouca informação disponível sobre eles. Seu funcionamento é baseado no fato de as plantas absorverem energia eletromagnética quando expostas à radiação solar ou artificial para utilização durante o processo fotossintético. Entretanto, quando alguma condição impede o pleno funcionamento de seu sistema fotossintético, essa energia precisa ser liberada de alguma forma. Uma das formas de liberação de energia é pela fluorescência da clorofila (excitação das moléculas de clorofila). Desse modo, quanto maior a quantidade de clorofila e a eficiência fotossintética, menor é a emissão (liberação) dessa radiação (Heege, 2013).

Esses sistemas sensores utilizam-se de uma fonte de *laser* para induzir a emissão de fluorescência em um curto período de tempo (ao redor de um segundo) e, logo em seguida, realizam a mensuração por meio de um sensor óptico. Comparado a um sensor baseado na refletância das culturas, esse sistema é mais preciso na determinação da clorofila, já que não está suscetível a diversos fatores, como a interferência da refletância de fundo, como em situações em que a cultura não cobriu totalmente o solo, ou ainda elimina o efeito da variação no vigor e na arquitetura das plantas (biomassa). Entretanto, uma das desvantagens dessa tecnologia é que as mensurações são obtidas em áreas pontuais do dossel da cultura, em função da cobertura do *laser*, o que pode causar perda de representatividade (qualidade) da informação obtida devido à pequena área amostrada. Há ainda outros desafios, como a demanda de energia para a emissão de fluorescência e aspectos de segurança relacionados a essa fonte, normalmente de *laser*, e seu risco ao atingir a visão do operador ou de quem esteja próximo.

É importante destacar que o sensoriamento via refletância das plantas tem como característica a determinação da variabilidade na biomassa em conjunto com a variação no teor de clorofila das folhas (Fig. 5.8). No caso dos sensores por fluorescência de clorofila, o sistema detecta apenas a variação nos teores de clorofila e, com algumas adaptações, as quantidades de compostos fenólicos nas paredes das células das folhas (Heege, 2013). Os sensores que interagem com compostos fenólicos têm sido utilizados para estimar a qualidade de alguns produtos, principalmente frutas, em razão da concentração desses compostos, e será descrito com mais detalhes no subitem 5.3.4.

Sensores de plantas daninhas

O comportamento espectral e a arquitetura foliar de plantas daninhas podem ser diferentes aos das plantas cultivadas. Com esse conceito, sistemas de visão artificial têm sido estudados para identificar a presença de plantas daninhas e até mesmo diferenciar as espécies de plantas desse tipo presentes na lavoura para possibilitar o controle localizado e a aplicação de herbicida de forma seletiva (Fig. 5.10).

Fig. 5.10 Identificação de plantas daninhas e distinção das fileiras da cultura por meio de visão artificial e processamento de imagens

Esse sistema de baseia na análise de imagens digitais tomadas de plataformas terrestres, especialmente veículos agrícolas. Entretanto, com a resolução espacial cada vez maior dos sensores orbitais e aéreos, estuda-se também a possibilidade de uso de tais fontes com o mesmo objetivo.

Para possibilitar a identificação das espécies, é necessário que um banco de dados sobre características espectrais, contorno do limbo, textura e arquitetura foliar seja obtido e implementado em um *software* de análise de imagens digitais. O conceito é captar a imagem do terreno, processar essas informações, distinguir a planta daninha da cultura, para então emitir sinal ao sistema de aplicação para abrir ou fechar determinada ponta ou seção da barra de pulverização de herbicidas. Alternativamente, esse conceito pode ser aplicado atuando em cultivadores mecânicos para a eliminação das plantas daninhas. Há estudos tentando viabilizar essa identificação de plantas por meio de pós-processamento, mas também há outros tentando utilizar tal tecnologia em tempo real, embora esse seja um desafio ainda maior devido à necessidade de processamento de imagens com alta resolução em um curto espaço de tempo (um a três segundos).

Com objetivo semelhante, mas mais limitado, os sensores de refletância do dossel podem cumprir essa tarefa, identificando a presença ou a ausência de plantas daninhas em situações em que não haja cultura comercial instalada, como em uma dessecação, ou por meio de avaliações realizadas nas entrelinhas da cultura. O sensor pode ser integrado a uma ponta de pulverização e a aplicação é liberada quando o sensor identifica algum sinal de vegetação no seu campo de visão. Essa técnica parece ser especialmente promissora para culturas perenes, nas quais é possível avaliar o terreno e aplicar herbicidas de contato sob o dossel das plantas. Em cana-de-açúcar, esse sistema tem ganhado adeptos ao substituir de forma eficiente equipes inteiras de trabalhadores responsáveis por realizar o controle manual ou químico de plantas daninhas em canaviais já estabelecidos.

Pesquisas também vêm sendo feitas nesse sentido utilizando-se dos sensores de fluorescência de clorofila. Estes, por sua vez, possibilitam certa diferenciação entre espécies daninhas em razão de maior ou menor concentração de clorofila no limbo foliar. No entanto, a exemplo do sensoriamento por visão artificial, esse sistema por fluorescência de clorofila necessita de um intenso levantamento das características fotossintéticas das plantas e acúmulo de um complexo banco de dados, sendo que os estudos com esse tipo de equipamento ainda se encontram incipientes.

5.3.2 SENSORES DE SOLO

O mapeamento das propriedades do solo é essencial para o entendimento da variabilidade das lavouras. Logo, o usuário de AP deve usufruir do maior número de técnicas possível para identificar diferentes parâmetros do solo, como o levantamento da sua fertilidade e da variação de atributos físicos, como textura e compactação. Para esse fim, prevalecem no Brasil as amostragens de solo em grades regulares, o que vem direcionando a aplicação de fertilizantes e corretivos em doses variadas (Cap. 6). Entretanto, já é consenso entre os pesquisadores e boa parte dos usuários que a densidade amostral que vem sendo adotada não é, na maioria das vezes, suficiente para representar fielmente a variabilidade de alguns dos atributos de solo, principalmente os químicos. Dessa forma, uma densidade amostral maior se faz necessária. No entanto, essa técnica esbarra no custo proibitivo das análises de solo, além do tempo demandado para a realização de tais amostragens.

Por esse motivo, têm sido desenvolvidos sensores que têm como alvo alguma propriedade específica do solo. Os sensores de solo possuem a característica geral de realizar a mensuração de um número muito maior de pontos de amostragem do que os métodos de amostragem tradicional. Com isso, embora a qualidade (exatidão) de cada leitura possa ser inferior ao resultado obtido em laboratório, o ganho de informação com a maior densidade amostral supera esse efeito. Essa densidade amostral é função da distância entre as passadas da máquina que conduz o sensor, da velocidade de deslocamento e da frequência com que o sensor realiza uma medição. Sendo assim, o uso de sensores para mapear algumas propriedades de solo tem sido apontado como uma alternativa para melhorar a qualidade dos mapeamentos e reduzir os custos.

Com esse objetivo, pesquisas vêm tentando adaptar os métodos utilizados em laboratórios para o uso em campo ou então desenvolvendo técnicas de mensuração indireta que permitam a estimativa de alguma propriedade do solo. Entretanto, poucos sensores de solo foram disponibilizados comercialmente. Entre eles, destacam-se os sensores que medem a condutividade elétrica do solo, os sistemas sensores de pH e os espectrorradiômetros. Outros sensores apresentam resultados satisfatórios e aparentemente é uma questão de tempo para que se tornem comerciais, como sistemas para mensuração da compactação, textura ou fertilidade do solo.

Princípios de funcionamento de sensores de solo

Os sensores de solo podem trabalhar com diferentes princípios de funcionamento, dependendo das propriedades que se queira analisar. Entre eles, podem-se destacar os sensores eletromagnéticos, ópticos, eletroquímicos, mecânicos, acústicos e pneumáticos (Adamchuk et al., 2004).

Sensores eletromagnéticos usam circuitos elétricos para avaliar a capacidade dos solos em conduzir eletricidade. Esse conceito permite identificar indiretamente a variação de tipo de solo, pois, uma vez que algumas características do solo se alteram, o sinal elétrico captado pelo sensor torna-se diferente. Isso ocorre porque as propriedades relacionadas à resistividade elétrica do solo são influenciadas principalmente pela sua textura, umidade, conteúdo de matéria orgânica e salinidade. Com isso, diversas abordagens têm sido testadas para esse tipo de sensor. Existem alguns equipamentos comerciais que trabalham com esse princípio de funcionamento, tanto trabalhando com a condutividade elétrica como com a indução eletromagnética.

Os sensores ópticos têm como principal finalidade a caracterização do solo por meio da refletância da energia eletromagnética nas diferentes regiões do espectro eletromagnético, da mesma forma utilizada pelo sensoriamento remoto. Alguns estudos têm demonstrado a eficácia desse tipo de sensor na identificação de alguns parâmetros de solo, como argila, matéria orgânica e umidade. Sensor com princípio semelhante capta a emissão natural de raios gama pelo solo, os quais são função do tipo de solo e se correlacionam com algumas de suas propriedades físicas e químicas (Rossel; McBratney; Minasny, 2010). Com o mesmo conceito, há equipamentos que trabalham na faixa do espectro representado pelo raio x (0,1 nm a 1,0 nm), assim como alguns equipamentos que induzem a excitação das moléculas do solo por meio de *laser*, enquanto outros, com *laser* ainda mais potente, obtêm o espectro do plasma gerado.

Os sensores eletroquímicos tentam repetir o que os eletrodos íon-seletivos fazem em laboratórios de análises de solo, detectando a atividade de um íon específico, como o H^+ na solução do solo, o que permite inferir o pH do solo e estimar a disponibilidade do potássio para as plantas. Dessa forma, pesquisas vêm sendo conduzidas tentando adaptar os procedimentos de coleta, preparação e mensuração das amostras de solo por meio de sensores em movimento no campo.

Existem diversos sistemas para mensuração da compactação ou dureza dos solos, e os tradicionalmente utilizados trabalham com o princípio de funcionamento mecânico, o qual avalia a resistência do solo a certa deformação imposta. Outro princípio de funcionamento com a mesma finalidade é o pneumático, o qual assume que a permeabilidade do solo a certo volume de ar comprimido se relaciona com algumas propriedades do solo, como umidade, estrutura e compactação, embora poucos estudos tenham sido conduzidos para avaliar esse sistema. Com objetivo semelhante, têm sido estudados sensores ópticos que trabalham com emissores de micro-ondas (radares) que penetram no solo, já que o comportamento da micro-onda no perfil do solo pode indicar alterações na sua densidade ou a presença de camadas de impedimento.

Outra tecnologia com o objetivo de estimar a textura do solo, assim como os sensores eletromagnéticos e ópticos, são os sensores acústicos. O funcionamento desses sensores parte do princípio de que há uma mudança no nível de ruído quando um objeto qualquer interage com as partículas de solo. Entretanto, resultados experimentais ainda são escassos.

Em razão da importância e do grande potencial dos sensores de condutividade elétrica do solo, dos sensores de refletância e dos sensores eletroquímicos que mensuram alguns parâmetros da fertilidade do solo, eles serão tratados a seguir com mais detalhes (Quadro. 5.1). Ainda, devido ao constante interesse em mapear as condições de compactação dos solos das lavouras, também serão abordados os sensores mecânicos disponíveis para tal finalidade.

Quadro. 5.1 Estado da arte de cada princípio de funcionamento para sensores de solo e sua capacidade em mensurar propriedades do solo

Propriedade do solo	Eletromagnético	Óptico	Eletroquímico	Mecânico	Acústico	Pneumático
Textura	℗	®		φ	φ	φ
Matéria orgânica	®	®				
pH	β	®	®			
CTC	®	®	φ			
Potássio	β	®	®			
Nitrato	β	®	φ			
Outros nutrientes	β	®	φ			
Compactação	β	β		℗	φ	φ

Em que: ℗: sensores comercialmente disponíveis e validados; ®: sensores comercialmente disponíveis, mas não validados nacionalmente; β: sensores com resultados promissores de pesquisa; φ: sensores em desenvolvimento e com potencial.

Sensores de condutividade elétrica do solo

A informação espacializada da condutividade elétrica (CE) tem sido apontada como uma das mais valiosas para ajudar na identificação de diferenças no solo, auxiliando no entendimento da variabilidade na produção das culturas agrícolas. Condutividade elétrica pode ser definida como a habilidade que um material possui de conduzir eletricidade, tendo como unidade padrão siemens por metro (S m^{-1}). Como o que está sendo mensurado é a condutividade elétrica do solo nas condições presentes no momento da avaliação com o sensor, a qual é função da interação entre inúmeros componentes do solo, essa medida é adotada como "aparente" e, portanto, esses equipamentos são apresentados na literatura internacional como sensores de condutividade elétrica aparente do solo. Além disso, ocasionalmente é utilizado o termo resistividade elétrica, sendo esse o oposto à condutividade, ou seja, a capacidade que um material possui de oferecer resistência à passagem de corrente elétrica. Contudo, para simplificar as citações ao longo do texto, adota-se no presente texto apenas o termo condutividade elétrica.

O solo pode conduzir corrente elétrica através da água, que contém eletrólitos dissolvidos, e dos cátions trocáveis (móveis) que residem perto da superfície de partículas de solo carregadas. Essa capacidade de conduzir eletricidade é alterada conforme a mudança de textura do solo, sua capacidade de troca catiônica (CTC), a presença de água e sais e o teor de matéria orgânica. Dessa forma, qualquer um desses parâmetros poderia ser estimado indiretamente pela utilização de um sensor de CE, desde que os demais pudessem ser isolados, o que não é provável. Em vez de quantificar cada variável, um mapa de CE do solo em uma área pode ser utilizado para identificar qualitativamente a variabilidade espacial do solo para os fatores que invariavelmente mais afetam a CE. Ao menos em solos não salinos, a umidade e, consequentemente, os parâmetros físicos do solo (que definem a sua capacidade de retenção de água) são comprovadamente os fatores que mais atuam nas variações da CE.

Para medição da CE dos solos, são utilizados basicamente os métodos de indução eletromagnética e por contato direto. As duas formas de mensuração são advindas da Geofísica e deram origem a equipamentos comerciais distintos, mas que apresentam resultados semelhantes.

Os sistemas sensores por indução eletromagnética consistem basicamente em uma bobina suspensa próximo à superfície do solo, que gera um campo eletromagnético e induz corrente elétrica em uma dada camada do solo. Outra bobina, também suspensa sobre o solo, é excitada pela corrente gerada, o que permite a mensuração da condutividade elétrica local. Um cuidado especial deve ser tomado com esse equipamento, pois não pode haver nenhum tipo de metal próximo ao campo magnético emitido pelo sensor, pois isso causa interferência nas leituras. Desse modo, se transportado manualmente, o usuário precisa atentar para sua vestimenta e, no caso de ser rebocado por um veículo, o sistema sensor deve estar a uma distância segura e sobre um dispositivo (trenó, carrinho etc.) feito com materiais não metálicos. Além disso, é um método em que a mensuração da CE é afetada pela temperatura ambiente.

O outro método de estimar a CE do solo é por contato direto. Nesse caso, é utilizado o princípio conhecido como Lei de Wenner ou suas variações, com base na qual dois eletrodos são inseridos no solo com alimentação de corrente elétrica e outros dois eletrodos, também inseridos no solo em distâncias definidas, medem a diferença de potencial resultante daquela corrente. Quanto maior a distância entre os eletrodos, maior é o raio da mensuração e, portanto, maior é a profundidade alcançada. Um sistema comercial que atua com esse princípio é composto de seis discos de corte e cada um atua como um eletrodo, sendo que dois deles transmitem corrente elétrica no solo e outros dois pares medem a diferença de potencial que ocorre na passagem da corrente elétrica aplicada (Fig. 5.11). Isso possibilita a mensuração da CE em duas profundidades. É um equipamento robusto e que permite ser operado em velocidades cujo limite é a garantia da permanência do contato elétrico entre os discos e o solo. Normalmente é operado com espaçamentos entre passadas da ordem de 15 m a 20 m. Por atuar diretamente no solo, esse equipamento não é suscetível à interferência por metais próximos, ao contrário do sensor por indução, mas depende da existência de umidade no solo para que o contato elétrico ocorra.

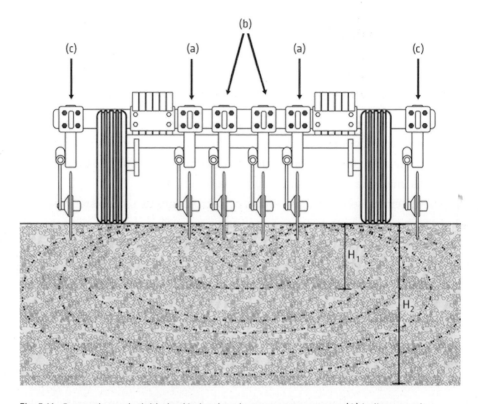

Fig. 5.11 Sensor de condutividade elétrica do solo por contato, em que (A) indica o par de eletrodos que geram a corrente elétrica; (B) destaca os eletrodos que medem a diferença de potencial da corrente, numa profundidade H_1; (C) aponta os eletrodos que medem a diferença de potencial da corrente, numa profundidade H_2

Uma das principais finalidades dos mapeamentos realizados com sensores de CE do solo é que essa informação se relaciona com a variabilidade existente nos solos, principalmente quanto à textura. Nesse sentido, várias pesquisas e metodologias foram desenvolvidas para a utilização desses dados. Os mapas de CE podem ser utilizados simplesmente para fornecer ao produtor uma primeira ideia da variabilidade existente nos seus solos. Essa informação pode então auxiliar na alocação de pontos dirigidos de amostragem de solo e também de plantas, buscando identificar os principais fatores do solo que influenciam a CE na área em estudo ou então qual o desenvolvimento da cultura nas regiões com CE contrastantes.

Além disso, regiões com diferentes probabilidades de resposta a determinado tratamento agronômico podem ser selecionadas por meio da CE.

Assumindo que a variabilidade da cultura, principalmente em termos de produtividade, relaciona-se com a CE do solo, essa informação pode ser utilizada na delimitação das unidades de gestão diferenciada (UGD), assunto tratado com mais detalhes no Cap. 7.

Ainda há desconfiança quanto à eficácia desse equipamento em solos tropicais devido ao fato de possuírem CTC variável com o pH. No entanto, a questão é que esse sistema sensor é um caracterizador qualitativo do solo, e estudos mostraram que a CE é diretamente influenciada pela água no solo (umidade), sendo essa função de sua textura. Logo, uma característica importante desse tipo de sensoriamento é que, uma vez realizado, não precisa ser conduzido novamente, devido à estabilidade da variabilidade na CE ao longo do tempo (Fig. 5.12).

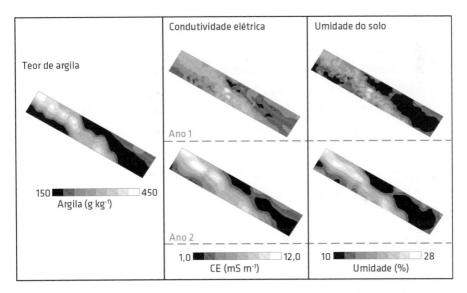

Fig. 5.12 Estabilidade temporal da variabilidade na condutividade elétrica (dois anos) e sua relação com umidade e textura do solo
Fonte: adaptado de Molin e Faulin (2013).

Sensores ópticos de refletância para solo

Os sensores ópticos tiveram seu desenvolvimento baseado na capacidade de caracterização de solos por meio de seu comportamento espectral. Para tanto, utiliza-se de um sensor hiperespectral, que pode ser passivo ou ativo. Vários estudos demonstraram a eficácia desse tipo de sensor em identificar algumas propriedades do solo, principalmente sua composição mineralógica. Com isso, imagens aéreas e orbitais já vêm sendo utilizadas para a caracterização de solos por esse princípio (Bellinaso; Demattê; Romeiro, 2010), mas apenas para avaliar a camada mais superficial do solo. Entretanto, sensores embarcados ou conduzidos por veículos agrícolas que avaliam o perfil do solo de forma direta, embora ainda não utilizados na prática, vêm sendo amplamente estudados, pois apresentam as vantagens de em uma única mensuração (leitura do sensor) ser possível realizar inferências sobre diferentes parâmetros de interesse, assim como possibilitar avaliações em profundidades diferentes.

Esse sistema sensor acoplado em veículos terrestres utiliza luz própria emitida por fibra óptica, enquanto outra fibra óptica focada no solo envia a luz para um espectrômetro, realizando assim leituras contínuas no sulco aberto por disco de corte ou haste. Isso permite que a coleta de dados seja realizada mesmo que o solo esteja coberto por resíduos vegetais, como acontece no sistema de plantio direto, o que é inviável para equipamentos de sensoriamento remoto.

No entanto, a utilização de sensores ópticos de solo em movimento é uma abordagem recente e ainda carente de resultados. Algumas dificuldades são apontadas e precisam ser levadas em consideração, como a inconsistência na forma como o solo se apresenta, especialmente a sua umidade variável e o espelhamento da superfície do sulco em que são feitas as mensurações, o que pode interferir na refletância medida.

Independentemente disso, tal princípio de funcionamento tem demonstrado boa eficiência na determinação de parâmetros que influenciam de forma direta a refletância do solo, como textura, teor de matéria orgânica, umidade e tipos de minerais existentes. Por exemplo, existem sistemas sensores com a proposta de estimar o teor de matéria orgânica por meio de poucas bandas espectrais, o que o torna menos oneroso, embora ainda sejam carentes de validação de campo em ambientes tropicais.

Porém, parâmetros que não influenciam diretamente a refletância, principalmente as propriedades químicas do solo, têm demonstrado inconsistência de resultados. Ainda, uma dificuldade a mais é que a concentração total de um elemento no solo não é necessariamente proporcional à quantidade que está disponível para as plantas. Dessa forma, maior quantidade de pesquisa ainda é demandada para comprovar que esse princípio apresenta potencial na estimativa da variabilidade na fertilidade dos solos, tanto por meio de sensores em movimento no campo como em medições realizadas de forma estática, em campo ou laboratório.

Sensores de pH e nutrientes

Sensores eletroquímicos são apontados como os dispositivos com maior possibilidade de substituir as análises de solo em laboratório para quem pretende utilizar práticas de gestão localizada de fertilizantes e corretivos. Com esse objetivo, e em razão do alto custo e tempo demandando nas amostragens de solo em grade, sensores com esse princípio de funcionamento têm sido largamente estudados. Os resultados vêm demonstrando que os sensores eletroquímicos apresentam destaque na possibilidade de mensuração da disponibilidade de alguns nutrientes e do pH do solo.

Quando as amostras de solo são recebidas nos laboratórios, uma série de procedimentos é realizada para que a análise seja executada com qualidade. A estimativa da concentração de determinado nutriente pode então ser determinada por eletrodos íon-seletivos, os quais detectam a atividade de íons como potássio e hidrogênio (no caso específico da determinação do pH). Diversas pesquisas vêm tentando adaptar essa tecnologia adotada em laboratórios para ser utilizada em campo, integrada a um sistema que se desloque pela lavoura coletando dados dinamicamente.

Esses dados coletados em movimento precisam ter seu processo de coleta e preparo da amostra simplificados para reduzir ao máximo o tempo demandado para a obtenção de uma leitura do sensor, o que faz com que a exatidão das mensurações seja reduzida. Entretanto, considera-se que a alta densidade de coleta de dados compense essa perda de qualidade nas mensurações. Isso porque se considera que a informação final, normalmente representada pelo mapa, tende a ser mais condizente com a realidade quando comparada a amostragens de solo em baixa densidade.

Entre as possibilidades desse tipo de sensoriamento, maiores esforços têm sido direcionados para a avaliação do pH dos solos e do nitrato disponível. Este último ainda carece de resultados de sua viabilidade e, principalmente nos solos tropicais, essa técnica pode ser questionada, já que a determinação da disponibilidade de nitrogênio na solução do solo não apresenta boa relação com as respostas das culturas a esse nutriente.

Logo, o sistema sensor que mede a variação no pH do solo é o único equipamento com funcionamento por sensor eletroquímico que se apresenta na forma de produto comercial. Esse sistema sensor consiste em um amostrador que coleta amostras de forma intermitente, em que cada uma entra em contato direto com dois eletrodos de pH. A amostra é então dispensada e os eletrodos recebem um jato de água para sua limpeza, reiniciando o processo.

Bons resultados têm sido obtidos com esse sistema sensor em países de clima temperado, o que não está ainda suficientemente comprovado na estimativa do pH de solos tropicais, que possuem características químico-físicas diferentes dos solos para os quais o sensor foi inicialmente desenvolvido. Ainda, outro entrave para esse equipamento é que as recomendações atuais de corretivos do solo em regiões tropicais não levam apenas em conta o pH do solo (isso quando o levam em consideração), o que diminui o interesse por essa tecnologia. Com esse intuito, há pesquisas que visam integrar esse sensor de pH a sensores, também eletroquímicos, de cálcio e magnésio para possibilitar a aplicação de calcário em tempo real. Outro tipo de eletrodo disponível é para avaliar a concentração de potássio (K). No entanto, mesmo internacionalmente, ainda não foram encontrados resultados convincentes utilizando-se desses sensores.

Sensores mecânicos para avaliar a compactação dos solos
O tratamento localizado para a descompactação do solo depende da mensuração de um índice de compactação que caracteriza o adensamento do solo. Os instrumentos utilizados para esse fim são denominados penetrômetros. Existe uma diversidade de tipos: os penetrômetros de impacto, penetrógrafos mecânicos, penetrômetros mecânicos com manômetros, penetrômetros com célula de carga e armazenamento de dados eletrônico, com acionamento manual ou hidráulico, entre outras tantas variações. Basicamente, todos eles se baseiam na medida da força necessária para a penetração no solo de uma ponta cônica com dimensões padronizadas. A força para penetração, normalmente medida por meio de uma célula de carga, dividida pela área do cone gera um valor de pressão, dado em kPa ou MPa, conhecido como índice de cone (IC). A compactação é dada então de forma indireta e é maior quanto maior a resistência do solo à penetração ou IC.

O penetrômetro é uma ferramenta de investigação e diagnóstico utilizada inicialmente no auxílio à tomada de decisão em sistemas convencionais de gestão e foi adaptada ao diagnóstico da compactação espacializada a partir do georreferenciamento das suas leituras. Normalmente, um valor de 2 MPa para o IC caracteriza um limite a partir do qual o crescimento radicular é prejudicado e, portanto, indica a necessidade de descompactação, embora esse valor seja bastante variável em função da cultura e da composição e umidade do solo. Em equipamentos modernos, as medições de IC são realizadas ao longo da descida da haste durante o movimento de penetração a uma dada frequência de coleta e a profundidade de cada leitura é normalmente dada por um sensor de ultrassom. Como resultado, tem-se um gráfico de IC que indica a qual profundidade se encontra a camada compactada (Fig. 5.13).

Para o mapeamento do IC, as leituras devem ser georreferenciadas e o método normalmente utilizado se baseia em uma grade amostral. Como citado no Cap. 3, para a investigação espacializada da compactação, pode ser necessário um grande número de amostras (baixa dependência espacial) e subamostras (baixa área de amostragem pelo índice de cone), já que se trata de uma variabilidade praticamente toda induzida pelo homem. Para aumentar o rendimento da coleta de dados, alguns penetrômetros mais sofisticados têm sido desenvolvidos e diversas soluções comerciais já se encontram disponíveis. Os mais populares têm sido aqueles de acionamento automático (hidráulico ou elétrico) que, além de apresentarem melhor padrão de leitura por manter a velocidade de penetração constante, também têm maior rendimento operacional. Eles podem ser acoplados a quadriciclos, veículos utilitários ou diretamente ao engate de três pontos do trator. Alguns equipamentos dispõem de várias hastes com penetração simultânea para aumentar o número de subamostras e diminuir o erro amostral. Independentemente do equipamento utilizado, os mapas gerados têm como objetivo guiar a operação de descompactação do solo para as regiões que excederem o limite aceitável de IC ou ajustar a profundidade da haste subsoladora necessária para atingir as camadas compactadas.

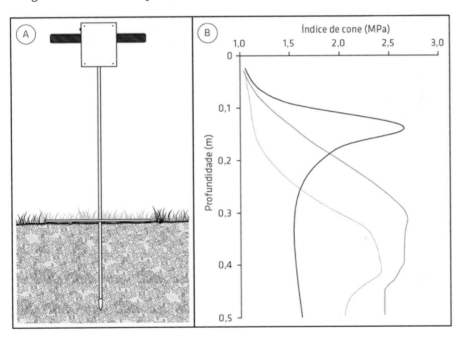

Fig. 5.13 (A) Penetrômetro de acionamento manual e (B) gráfico do IC até a profundidade de 0,5 m para três solos ou pontos diferentes

Os métodos de mapeamento por penetração vertical são laboriosos e apresentam certas incertezas em virtude das limitações de amostragem já apresentadas. Alternativamente, pesquisadores têm desenvolvido sensores de solo para medições em movimento – ao longo das passadas do equipamento pelo campo – que conseguem coletar uma grande quantidade de dados e possivelmente representar melhor a variabilidade espacial da dureza do solo. A força, nesse caso, é aplicada horizontalmente por meio de hastes instrumentadas com células de carga ou extensômetros (*strain gauges*) instalados em um suporte acoplado ao trator. De acordo com Adamchuk et al. (2004), qualquer ferramenta de preparo de solo instrumentada pode ser utilizada para mapear a força de tração desempenhada durante a operação. Tal força está estritamente ligada à resistência mecânica do solo e, consequentemente, ao seu estado de compactação. Diversos protótipos já foram desenvolvidos e testados na academia. Um modelo comum tem sido a utilização de uma lâmina de corte instrumentada com extensômetros ao longo do seu comprimento, ou diferentes lâminas de corte (Fig. 5.14), ambas com a ideia de medir a força de resistência em diversas profundidades. Tais sistemas sensores podem mapear a variabilidade espacial da resistência do solo e também da profundidade compactada de forma mais rápida e barata que as medições estáticas e verticais. Além disso, podem guiar o preparo de solo variável de acordo com leituras em tempo real.

Um fator limitante desses sistemas é a dificuldade de se combinar partes eletrônicas frágeis (extensômetros) a uma operação robusta. Em condições críticas de compactação, alguns sistemas podem simplesmente entrar em colapso. Outro desafio é a manutenção da profundidade de monitoramento constante desses dispositivos. Caso isso não ocorra, a variação de carga mensurada pode ser atribuída não à dureza do solo, e sim a maior ou menor profundidade medida. Vários protótipos foram desenvolvidos, mas nenhum deles se tornou um produto comercial, provavelmente por não serem elegíveis de patenteamento, uma vez que não apresentam nenhum tipo de inovação para a engenharia de máquinas.

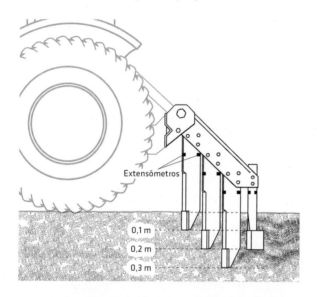

Fig. 5.14 Haste instrumentada com extensômetros (*strain gauges*) para avaliação horizontal da compactação do solo em diferentes profundidades. A última haste tem como objetivo descontar das leituras o efeito do atrito lateral nas demais hastes

5.3.3 SENSORES DE DISTÂNCIA

Os equipamentos que identificam a distância entre um sensor e um alvo qualquer são há muito tempo utilizados na navegação e na aviação, caracterizados pelos sonares e radares, respectivamente. Mais recentemente, foi adicionado a essa lista de equipamentos um sistema de emissão de *laser* (*light detection and ranging*, LiDAR), o qual foi inicialmente desenvolvido e utilizado na indústria (avaliação de superfícies, digitalização e modelagem tridimensional de peças) e na visão artificial em robôs (reconhecimento de obstáculos). Essas três tecnologias (radar, sonar e LiDAR) vêm sendo alvo de intensa pesquisa na tentativa de adaptar seu funcionamento às demandas agrícolas. Entre elas, destacam-se o levantamento topográfico do terreno (modelo digital de terreno) e de sua cobertura, sendo essa última opção a que mais tem despertado interesse na AP devido às suas inúmeras aplicações na avaliação de plantas.

Cada um dos três sistemas apresenta diferenças em seu funcionamento em razão do tipo de energia utilizado. O sonar utiliza-se de ondas sonoras, principalmente o ultrassom, e, por ser suscetível à interferência do vento e da temperatura, precisa ser usado até no máximo poucos metros do alvo. O radar faz uso de micro-ondas até ondas de rádio que, dependendo do seu comprimento, podem distinguir planta e solo e têm como principal utilidade a diferenciação entre espécies cultivadas, possuindo boa eficácia quando utilizado por plataformas aéreas e orbitais. O LiDAR serve-se da emissão de *laser* e, portanto, possui boas possibilidades de uso tanto por sensoriamento proximal (plataformas terrestres) quanto distante. Ampla revisão sobre as diferenças entre esses três sistemas quanto à sua utilização na agricultura pode ser encontrada em Dworak, Selbeck e Ehlert (2011).

Independentemente da tecnologia utilizada, os sensores de distância apresentam como princípio básico a mensuração do tempo gasto entre a emissão de energia e o seu retorno após atingir os alvos. Isso possibilita o cálculo da distância entre alvo e sensor, o que permite a construção de mapas em três dimensões do que está sendo avaliado.

Além das pesquisas voltadas para a utilização desse tipo de tecnologia no auxílio no direcionamento de máquinas e na automação agrícola (Cap. 8), várias aplicações voltadas ao manejo da cultura são apontadas para esses sensores. No nível aéreo e orbital, esse sensoriamento apresenta a possibilidade de mapeamento detalhado do terreno em três dimensões, sendo mais estudado no ramo da silvicultura. Diversas pesquisas têm demonstrado a eficácia dessa tecnologia, por exemplo, na quantificação da população de plantas e ocorrência de falhas, número de árvores estabelecidas e estimativa de quantidade de biomassa de determinado cultivo.

Já no nível terrestre, diversos usos e soluções vêm sendo estudados para as mais variadas culturas e situações, sendo que ainda há muitas possibilidades para serem abordadas. Uma finalidade com foco em AP que vem se destacando é a avaliação do volume de copa de plantas em fruticultura (Fig. 5.15), tendo como objetivo a aplicação de defensivos e fertilizantes baseada na presença de plantas e em sua geometria. Essa abordagem vem sendo avaliada principalmente em culturas perenes, como citros, uva, maçã, pera e outras frutíferas de clima temperado, especialmente na Europa. Ela tem como foco o uso racional dos insumos, variando a dose conforme o porte das plantas. O mesmo princípio se aplica à irrigação de precisão nessas culturas (Rosell; Sanz, 2012).

Outra utilização dessa tecnologia é na estimativa da quantidade de biomassa acumulada em uma cultura, baseada na diferença de volume entre a superfície do solo e o topo do dossel das plantas. Essa informação pode estimar, por exemplo, a produtividade de plantas forrageiras, as quais têm em sua massa vegetal o produto principal. Pode fornecer também subsídio para estimativas de produtividade, quando essa está relacionada com o vigor das plantas durante seu desenvolvimento. Tal informação, assim como já apresentado quando abordados os temas "mapas de produtividade" e "sensores de dossel", possibilita, entre outras finalidades, o refinamento das recomendações de fertilizantes e do controle gerencial sobre a lavoura.

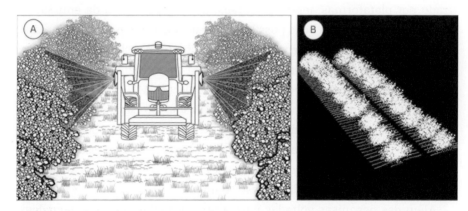

Fig. 5.15 Sensores do tipo LiDAR (A) instalados em máquina agrícola para medição do volume de copa e (B) mapa em três dimensões gerado com base nos dados desses sensores

5.3.4 SENSORES DE QUALIDADE DO PRODUTO

Há uma tendência de remunerar o produtor de acordo com a qualidade de determinados produtos agrícolas comercializados. Desse modo, cada vez mais são demandados sensores que avaliem a qualidade do produto de forma espacializada. Entretanto, essa é uma área do sensoriamento ainda incipiente quando comparada ao grande potencial que possui. Nesse sentido, sensores vêm sendo desenvolvidos para possibilitar o mapeamento da qualidade do produto ao longo da lavoura, auxiliando a identificação do melhor momento de colheita de determinada porção da lavoura, assim como a realização da chamada "colheita seletiva", na qual o produto colhido pode ser separado no momento da colheita, de acordo com certos padrões de qualidade. Isso possibilita maior qualidade do produto colhido e consequente rentabilidade.

Alguns equipamentos com essa finalidade já estão disponíveis. Há sensores de proteína nos grãos, voltados principalmente à cultura do trigo, os quais operam e são posicionados de forma semelhante aos sensores de umidade no elevador de grãos da colhedora. Seu princípio de funcionamento é baseado no comportamento espectral, ou seja, avalia a refletância de luz incidente no tegumento dos grãos em determinados comprimentos de onda do espectro eletromagnético. Além das proteínas, esses sensores ópticos apresentam a possibilidade de realizar inferências sobre os teores de óleo e carboidratos nos grãos.

Outro equipamento disponível no mercado trabalha com o princípio de incitação de pigmentos existentes nos tecidos vegetais, sendo um deles a clorofila das folhas, cujo uso foi abordado no subitem "Sensores de fluorescência da clorofila". Esse tipo de sensor foi desenvolvido inicialmente para a cultura da uva e, no caso da avaliação da qualidade de frutos, permite inferir qual a concentração de flavonoides e antocianinas neles presentes, o que indica seu grau de maturação e concentração de açúcares. Entretanto, o uso desses sensores pode ser estendido para qualquer cultura em que a pigmentação na superfície dos frutos indique certas propriedades de qualidade desses produtos.

6 / Gestão detalhada das lavouras

6.1 CONCEITOS BÁSICOS E APLICAÇÕES

Pode-se considerar que o tratamento localizado é a essência da AP ou a materialização desse sistema de gestão. Se todo o sistema for dividido em duas partes, sendo a primeira a investigação, seguida da ação de gestão, o tratamento localizado compõe a segunda etapa. Ele é muitas vezes referido no inglês como aplicação em sítio específico, tratamento em sítio específico (*site specific application* ou *site specific treatment*), aplicação em taxas ou doses variadas, ou, ainda, tecnologia de taxa variada (em inglês, *variable rate technology*, VRT), mas o termo adequado parece dependente da ação específica que se queira referir. Essencialmente, trata-se da ação diferenciada, variada ou localizada, coerente com a demanda de cada pequena porção (a menor possível) da lavoura.

Notadamente, essa prática parece bastante diferente daquela aplicada na agricultura sob gestão convencional, na qual as intervenções ou as doses de insumos são empregadas uniformemente na lavoura. Porém, de forma conceitual, a diferença está apenas na resolução das investigações e dos tratamentos, a qual é maior em AP, o que gera ações localizadas mais "precisas" – uma unidade de gestão convencional é composta de um talhão ou gleba, muitas vezes com centenas de hectares, enquanto na AP ela pode apresentar apenas alguns metros quadrados.

Os benefícios da gestão localizada podem ser enquadrados nas seguintes categorias: economia de insumos, aumento de produtividade e/ou qualidade do produto final, melhoria na qualidade das aplicações e mitigação do impacto ambiental. A economia de insumos e ganhos em produtividade é algo que não pode ser generalizado, pois depende das estratégias de recomendação e aplicação adotadas pelo gestor. Esses temas serão abordados adiante nos itens sobre cada tipo de tratamento localizado.

Em relação à qualidade da aplicação, pode-se considerar que, com a adoção de técnicas de aplicação em taxas variáveis, se faz necessário o uso de equipamentos com algum grau de automação. Se o conjunto estiver corretamente calibrado e desempenhar dentro do esperado, permitirá a operação com mínima interferência do operador. Esse fato oferece bons argumentos para justificar a melhor qualidade da aplicação se comparada com aquela feita a partir de regulagens feitas a campo pelo operador.

O aspecto relacionado ao impacto ambiental dificilmente se justifica na utilização de insumos básicos, como os corretivos de solo ou mesmo alguns dos fertilizantes. No entanto, essa tem sido a tônica das discussões e estudos em muitos países. A própria origem da AP, na Europa, está associada a esse tema, justamente devido ao rigor da legislação ambiental nos meios agrícolas a partir da década de 1980. Nesses casos, o insumo mais focado tem sido o nitrogênio, que oferece riscos ao ambiente pela sua mobilidade no solo e porque é intensamente utilizado em culturas anuais de ciclo curto, especialmente as gramíneas, como trigo, cevada, aveia e milho.

No entanto, sabe-se que os produtos fitossanitários, em geral, são mais agressivos e nocivos ao ambiente do que os fertilizantes. A adoção de técnicas de aplicação localizada de herbicidas, inseticidas e fungicidas tem maior potencial de fazer jus ao argumento incontestável do benefício ambiental. Além disso, por serem produtos normalmente caros, as economias também são sensíveis.

O tratamento localizado pode ser empregado nas mais diversas etapas de cultivo, como no preparo, correção do solo e adubação, no controle de plantas daninhas, semeadura, irrigação, pulverizações para o controle de pragas e doenças etc. É devido à diversidade de aplicações que a definição de um termo para a ação localizada se torna difícil. O termo "doses variadas" pode ser adotado quando o que se varia são doses, por exemplo, para aplicação de fertilizantes e corretivos de solo. Porém, em muitas situações não se alteram doses, mas sim outros parâmetros, como população de plantas na semeadura, profundidade da haste subsoladora no preparo do solo ou volume de calda em pulverizações. Nesses casos, o termo "taxa variada" parece mais genérico e adequado. Em casos de aplicações "liga/desliga", "aplica ou não aplica" ("subsola ou não subsola", por exemplo), não há efetivamente uma variação contínua de taxas ou doses e, portanto, os termos "variada" ou "variável" também não parecem ideais. Daí, os termos "tratamento localizado" e "gestão localizada" se mostram abrangentes o suficiente para se referir às mais diversas aplicações.

A princípio, qualquer ação agronômica pode ser gerida localmente, contanto que o fator de interesse varie espacialmente e de forma significativa, que a sua mensuração e mapeamento sejam viáveis técnica e economicamente e que existam soluções mecanizadas para a intervenção localizada (especialmente em aplicações de larga escala). Sem dúvida, algumas aplicações têm sido mais comuns que outras, dados os diferentes níveis de complexidade de cada tipo de tratamento, disponibilidade de equipamentos e pesquisas que embasem os métodos de investigação e aplicação.

As aplicações de fertilizantes e corretivos em doses variadas são as que apresentam maior facilidade, tanto na análise e elaboração de recomendações como nas intervenções. São também as que mais recebem incentivos da pesquisa e da indústria de máquinas e equipamentos desde as primeiras iniciativas da AP. Atualmente, essa é a técnica que mais se popularizou entre os agricultores e, portanto, receberá um foco especial neste capítulo. A elaboração de mapas de recomendação é relativamente ágil e a disponibilidade de máquinas e recursos eletrônicos é sensivelmente maior que para outros insumos.

Comparativamente, as recomendações de produtos fitossanitários em taxas variáveis esbarram na dificuldade de se coletarem os dados de forma adequada, com agilidade e densidade suficientes. Por outro lado, muitas vezes, a etapa de análises de amostras em laboratório não é necessária, já que os dados são gerados diretamente no campo. Como exemplo, tem-se a contagem da ocorrência de pragas e doenças para o levantamento de índices ou intensidade de infestação.

A aplicação de densidades variáveis de sementes em uma lavoura é um desafio interessante para aquelas culturas que respondem ao arranjo e espaçamento entre plantas. O exemplo mais adequado é o da cultura do milho, que tem uma população ótima para cada condição de ambiente. Os fatores que dominam essas populações são a disponibilidade de água e de nutrientes no solo, o que pode gerar recomendações de populações bastante variáveis dentro de uma mesma lavoura.

Todas essas intervenções carecem de bons mapas de recomendação. Se obtidos por meio de amostragem, podem apresentar algumas limitações. A qualidade do mapa depende da densidade dessa amostragem, que, em alguns casos, é alta o suficiente para inviabilizar a coleta. As amostragens representam um intervalo de tempo entre a quantificação ou qualificação de um evento e a consequente intervenção localizada. O que muitos pesquisadores buscam, alternativamente ao uso das ferramentas convencionais de amostragem, são formas de medir indicadores diretos ou indiretos para se gerar mapas de recomendação de forma mais acelerada, diminuindo o intervalo de tempo entre o monitoramento e a intervenção. Quando essas técnicas são suficientemente dominadas, considera-se que seja possível a intervenção na sequência do monitoramento, o que caracteriza a aplicação ou intervenção em "tempo real". São vários os exemplos de intervenções em tempo real com base em informações obtidas por sensores dedicados, tendo como alvo as plantas ou o solo, como apresentado no Cap. 5.

Nas intervenções guiadas por mapas, que vão controlar a variação de doses ou intensidades, é necessário percorrer todo o procedimento de coleta de amostras, bem como, em muitos casos, a análise laboratorial dessas amostras e o processamento dos dados, para então obter o mapa de recomendação propriamente dito, o qual é a representação gráfica das doses ou intensidades em posições geográficas determinadas, ou seja, espacializado na lavoura. Esse método permite planejamento e tomada de decisões anteriores à aplicação. Por meio dele, é possível planejar a aquisição do insumo e o abastecimento da operação, pois as quantidades a serem aplicadas são previamente conhecidas. Já na aplicação governada por sensores em tempo real, o mapa e o posicionamento deixam de ser necessários (embora para fins de relatórios de aplicação e registro de dados de operação, o receptor GNSS continua necessário). No entanto, a quantidade de produto demandada para uma dada lavoura não será previamente conhecida, pois vai depender do diagnóstico realizado no ato da operação (Fig. 6.1).

Para a realização das intervenções, são necessários sistemas mecanizados especializados e, de preferência, automatizados. Tais sistemas são compostos, de maneira genérica, de um receptor GNSS, um controlador e um atuador de taxa variável. O controlador, por meio de um *software* específico, agrega as informações de posicionamento do receptor GNSS com a informação contida no mapa de recomendação ou oriunda dos sensores e envia um comando para o atuador que efetivamente ajusta a máquina para a dose ou taxa de aplicação desejada naquele local.

O uso de sistemas mecanizados automatizados certamente impulsionou a aplicação da AP nos campos de produção, mas deve-se ter em mente que esse sistema pode ser empregado nos mais diversos níveis de sofisticação e detalhamento. O seu dimensionamento precisa se adequar à demanda e capacidade de investimento de cada agricultor. Pensando na AP como uma filosofia de gestão que considera a heterogeneidade do campo, pode-se concluir que ela tem raízes antigas e desvinculadas da mecanização. Há séculos, as variações naturais em pequenos campos de produção eram reconhecidas e tratadas manualmente pelos agricultores. A mecanização e automação se tornaram importantes à medida que o aumento da escala de produção dificultou a percepção do agricultor sobre o campo e os tratamentos agronômicos passaram a demandar alto rendimento operacional.

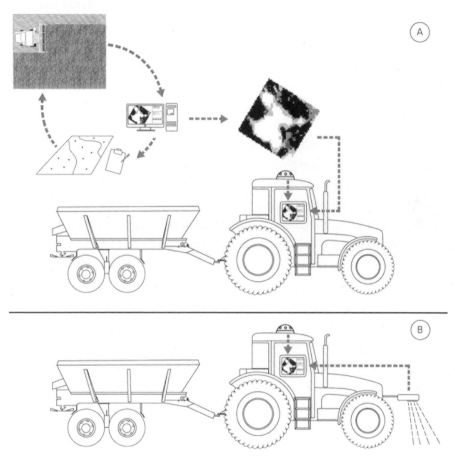

Fig. 6.1 Conceito de tratamento localizado (A) baseado em mapa de recomendação e (B) guiado por sensor em tempo real

6.2 TRATAMENTO LOCALIZADO NA APLICAÇÃO DE FERTILIZANTES E CORRETIVOS

6.2.1 FORMAS E ESTRATÉGIAS DE RECOMENDAÇÃO

A gestão localizada da adubação e correção do solo é provavelmente a principal prática de AP realizada hoje no Brasil e no mundo. A forma mais frequente de recomendação tem sido por meio de amostragem de solo em grade com um aumento significativo no interesse por intervenções por unidades de gestão diferenciada (UGD) e, no caso da adubação nitrogenada, pelo uso de sensores ópticos. A aplicação em doses variadas de calcário, fertilizantes fosfatados e potássicos baseada em amostragem de solo georreferenciada em grade se tornou um pacote tecnológico amplamente difundido por empresas que prestam serviços de consultoria em AP no Brasil. O interesse do setor de máquinas e equipamentos, serviços (consultorias e laboratórios), insumos, pesquisa e também de produtores certamente é alto em torno desse assunto.

Para a aplicação localizada desses insumos, existem diversas estratégias ou formas de elaborar as recomendações. A forma mais comum é a aplicação a partir de mapas de recomendação, gerados por meio de equações que fornecem a dose de insumo demandado em cada *pixel*. Após obtido o mapa de recomendação, ele pode ser utilizado no formato original (*raster* ou de *pixels*), que resulta em aplicações mais detalhadas, ou convertido no formato vetorial (Cap. 4), no qual as doses são simplificadas dentro de grandes intervalos. Se na etapa de amostragem o método utilizado foi a amostragem por célula (Cap. 3), a equação de recomendação é aplicada em cada célula, resultando em uma aplicação com menor resolução.

As equações mais simples, e por isso provavelmente as mais adotadas em taxa variável, são as aplicadas nas recomendações de corretivos de solo (calcário e gesso), pois utilizam apenas variáveis oriundas das análises de solo, por exemplo, a V% e a CTC do solo para o calcário, e textura, no caso da aplicação de gesso. Para gerar o mapa de recomendação do insumo em doses variadas, basta o levantamento espacializado desses parâmetros e a conversão dos valores para recomendações por meio das equações preestabelecidas em diversas fontes bibliográficas para diferentes regiões do país (Eqs. 6.1 e 6.2).

$$NC = \frac{(V_2 - V_1)\ CTC}{10\ PRNT} \tag{6.1}$$

em que:

NC é a necessidade de calagem, em t ha^{-1};

V_2 é a saturação por bases desejada após a correção, em %;

V_1 é a saturação por bases inicial, em %;

CTC é a capacidade de troca catiônica, em mmol$_c$ dm^{-3};

PRNT é o poder relativo de neutralização total, em %.

$$NG = 5\ T \tag{6.2}$$

em que:

NG é a necessidade de gesso, em kg ha^{-1};

T é o teor de argila, em g kg^{-1}.

A maioria das equações ou tabelas de recomendação de adubação para as diversas culturas utiliza ao menos duas variáveis para o cálculo da necessidade de insumo, sendo uma a disponibilidade do nutriente no solo (ou nutrição foliar, no caso da adubação nitrogenada de algumas culturas) e outra a produtividade esperada para a safra. As tabelas de recomendações disponíveis nos boletins regionais de cada cultura, que utilizam faixas de interpretação do elemento no solo e também faixas de produtividade esperada, fornecem um número limitado de doses (Fig. 6.2). Essas tabelas podem então ser convertidas em equações a partir de uma regressão multivariada dos valores médios de cada faixa. A equação resultante representa a superfície de um gráfico tridimensional no qual a dose de adubo é uma função de duas variáveis (Fig. 6.2). Esse método basicamente suaviza ou interpola as doses de recomendação da tabela, fornecendo infinitos valores contínuos que podem detalhar melhor a aplicação localizada.

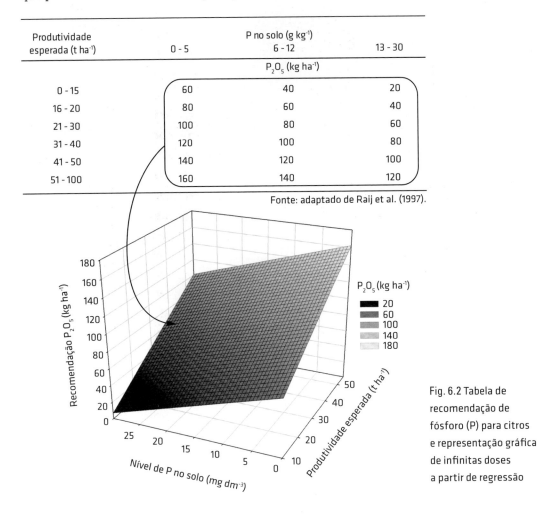

Fig. 6.2 Tabela de recomendação de fósforo (P) para citros e representação gráfica de infinitas doses a partir de regressão

Naturalmente, para aplicações localizadas de fertilizantes, torna-se necessária a espacialização das duas variáveis (teor do elemento no solo ou folha e produtividade esperada). O mapa da produtividade esperada pode ser obtido multiplicando-se o valor em cada *pixel* do mapa de produtividade original por um fator de incremento ou decremento da produtividade para a próxima safra, o qual é estimado pelo agricultor ou consultor de acordo com o seu conhecimento sobre a área e a cultura. O mapa de produtividade esperada é então sobreposto ao de fertilidade do solo por meio de um SIG, conferindo a cada *pixel* um valor para cada variável. Em cada *pixel* é aplicada a equação de recomendação com duas ou mais variáveis (Fig. 6.2), gerando assim o mapa de recomendação que será inserido no monitor do controlador que direcionará a aplicação em doses variadas (Fig. 6.3).

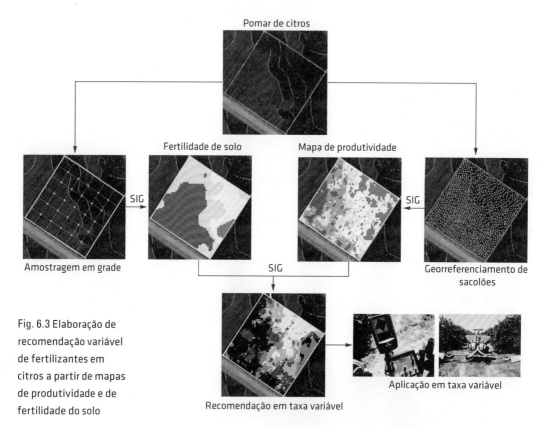

Fig. 6.3 Elaboração de recomendação variável de fertilizantes em citros a partir de mapas de produtividade e de fertilidade do solo

Em sistemas mais simples, dado o baixo nível de adoção do mapeamento de produtividade, os mapas de recomendação são elaborados apenas a partir de mapas de fertilidade do solo, mantendo a produtividade esperada constante ou uniforme para toda a lavoura. Se, por outro lado, o agricultor adotar somente a investigação da cultura por meio de mapas de produtividade e não o mapeamento do solo, ele poderá aplicar a equação de recomendação baseada apenas na reposição de nutrientes, mantendo o nível de cada elemento no solo constante a partir de uma investigação média (amostragem convencional) (Fig. 6.4).

A princípio, qualquer dessas estratégias de aplicação localizada resultaria apenas na melhor distribuição de insumos, sem que houvesse redução ou aumento no consumo destes – o que poderia resultar em ganhos de produtividade e/ou maior uniformidade da área, tanto do solo como da cultura. Esse raciocínio advém do fato de que mesmo em aplicações uniformes direcionadas por amostragem convencional do solo, se a investigação sobre a área for bem conduzida, deve-se obter a mesma dose média da aplicação localizada, uma vez que o método de recomendação tem a mesma origem. Por outro lado, na prática, muitas vezes se observa significativa economia de insumos pelo uso de aplicação variável, fato que é altamente explorado por todo o setor envolvido em AP para promover a adoção da tecnologia.

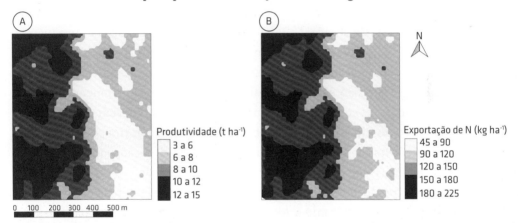

Fig. 6.4 (A) Mapa de produtividade e (B) mapa de exportação de nutrientes

A redução de insumos, em muitos casos, é inegável e aparentemente isso ocorre porque as práticas convencionais não eram seguidas criteriosamente antes da adoção da AP e havia simplificações demasiadas em todo o processo de investigação do solo, recomendação e aplicação dos insumos. Primeiramente, pode-se considerar que em diversos casos a investigação do solo por amostragem convencional é realizada de forma inadequada, ou seja, normalmente são áreas muito extensas amostradas a partir de poucas subamostras. Isso mascara a existência de manchas de alta fertilidade que, em aplicações localizadas, não receberiam insumo. Outro fator que talvez seja ainda mais comum é quando o agricultor superestima a dose a ser utilizada para assegurar o suprimento de nutrientes no solo, aplicando fertilizantes em excesso na lavoura. Por último, existem também arredondamentos de doses de aplicação para poder utilizar fertilizantes formulados de N, P e K. Obviamente, cada talhão em uma fazenda necessita de uma proporção de nutrientes específica, porém, por questões logísticas, apenas algumas fórmulas N-P-K são adquiridas pela fazenda. As doses recomendadas em cada talhão passam então por arredondamentos, normalmente para cima, para se adequarem ao adubo disponível. Como em AP busca-se fugir da utilização de adubos formulados, esses arredondamentos não ocorrem. De maneira geral, como existem incertezas nas investigações e também nas recomendações, há uma tendência de aumentar as doses de aplicação convencional para que um possível "erro" não afete o rendimento da cultura. Nesse momento, ao adotar ferramentas de AP, o agricultor imediatamente nota redução no uso de insumos, mas isso provavelmente não deve mais ocorrer nos anos posteriores.

As estratégias de recomendação citadas, mesmo quando utilizando a gestão localizada, muitas vezes seguem exclusiva e rigorosamente as recomendações já preestabelecidas nos boletins técnicos de cada região e cultura. Utilizar essas equações sem investigar mais informações relevantes ao local pode não ser ideal quando o foco é a gestão localizada. As equações tabeladas disponíveis normalmente são geradas com base em experimentações regionais e muitas vezes são empregadas em locais com condições peculiares que não são levadas em consideração nas recomendações. Por isso, embora contenham informações valiosas, elas devem ser utilizadas apenas como diretrizes para a recomendação. Dessa forma, é sempre mais apropriado que se ajustem as equações para cada situação, por meio de experimentações e elaboração de curvas de resposta locais.

Nesse ponto, vale a pena fazer um adendo sobre algumas opiniões existentes em torno de como a AP deve ser empregada no campo pelo usuário final. O uso de recomendações regionais em vez de calibrações locais é um dos motivos apontados por Bullock, Lowenberg-Deboer e Swinton (2002) do por que algumas tentativas de gestão localizada não atingem sucesso, já que a extrapolação de modelos genéricos de recomendação de insumos muitas vezes incorre em erros na gestão. Por outro lado, é fato que o desenvolvimento de pacotes tecnológicos prontamente aplicáveis, como o uso das equações tabeladas de recomendação, certamente impulsionou a adoção da AP. A aplicação de uma sequência predeterminada de tarefas e tratamento de dados, não só para gerar recomendações, mas em todo o ciclo de tarefas em AP, permite a geração de mapas e tratamento localizado em centenas de talhões em cada safra, automatizando as tomadas de decisão. Tais pacotes tecnológicos são exemplos da "tecnologia incorporada", termo utilizado por Griffin e Loweberg-Deboer (2005), que permite ao agricultor utilizar tecnologias avançadas de forma facilitada, sem a ciência da complexidade existente por trás do produto ou serviço utilizado. Segundo os autores, essa estratégia sempre foi responsável pela adoção de novas tecnologias na agricultura, como sementes melhoradas geneticamente ou novos princípios ativos em agroquímicos. Em contrapartida, quando se trata de sistemas de gestão como a AP, essas ferramentas retiram do usuário a sua autonomia na tomada de decisão e gerência sobre o sistema. Além disso, elas são baseadas em modelagem, cuja qualidade definirá a eficácia desse produto ou serviço. Dessa forma, tais ferramentas automatizadas devem ser adotadas com cautela.

Alternativamente, existe uma segunda linha de pensamento que prega que a AP deve apenas fornecer ferramentas (de investigação e intervenção) que auxiliem a gestão, sendo que a responsabilidade pelas decisões tomadas a partir das informações coletadas é exclusivamente do usuário. Embora essa estratégia permita uma gestão personalizada e provavelmente mais acertada, é mais laboriosa, sua aplicação em larga escala é difícil e depende do conhecimento do gestor sobre a área e sobre as ferramentas de AP. Essa abordagem é mais promissora quando o próprio agricultor é quem gere a propriedade agrícola ou quando a empresa dispõe de uma equipe dedicada à gestão com AP. No entanto, em um cenário no qual prevalecem consultorias terceirizadas que prestam serviços para um número grande de clientes, uma forma de gestão mais personalizada é especialmente mais difícil.

Voltando às estratégias de recomendação, outra forma de tratamento localizado da adubação, menos automatizada do que as equações apresentadas anteriormente, é a aplicação por meio de UGDs (unidades de gestão diferenciada). Como será detalhado no Cap. 7, essa metodologia delimita regiões na lavoura com diferentes potenciais produtivos nas quais serão aplicadas diferentes estratégias de tratamento. A definição da adubação em cada UGD também pode ser balizada com equações tabeladas, porém o agricultor pode tomar decisões mais personalizadas de acordo com o histórico de informações em cada área delimitada. Por exemplo, ao conhecer os diferentes potenciais produtivos de cada UGD, o produtor deve decidir sobre a gestão de adubação para as áreas. Intuitivamente, áreas com menor nível de nutrientes deveriam receber maior quantidade de fertilizantes para se equipararem a regiões mais férteis e de maior produtividade. Porém, muitas vezes uma UGD de baixo potencial produtivo não responde ao aumento da adubação, isso porque existem outros fatores limitantes ao desenvolvimento e resposta das plantas, muitas vezes relacionados a parâmetros físicos e estruturais dos solos, como drenagem, profundidade ou capacidade de retenção de água. Dessa forma, a melhor estratégia seria o caminho oposto, ou seja, reduzir a quantidade de fertilizantes nessas regiões e realocá-lo em uma UGD de alto potencial produtivo, na qual as condições físicas e estruturais do solo não são limitantes e provavelmente favorecem a resposta da cultura ao aumento na adubação (Fig. 6.5). O foco principal é promover ganhos de produtividade sem alterar o consumo de insumos, os quais são apenas redistribuídos.

A terceira forma de tratamento localizado na adubação é por meio de sensores. Nesse caso, a adubação não é mais guiada por mapas de recomendação, mas por sistemas sensores que coletam informações da cultura ou do solo no mesmo momento da aplicação e as convertem em doses de insumo a cada nova leitura do sensor (Cap. 5). Essa abordagem tem se desenvolvido principalmente em torno da adubação nitrogenada por meio de sensores de refletância do dossel, mas lentamente o desenvolvimento de sensores de solo tem levantado expectativas para aplicação de outros elementos, como fósforo e potássio. Da mesma forma que nas estratégias anteriores, geralmente o uso de sensores também demanda calibrações locais ou regionais que determinam a sua eficácia.

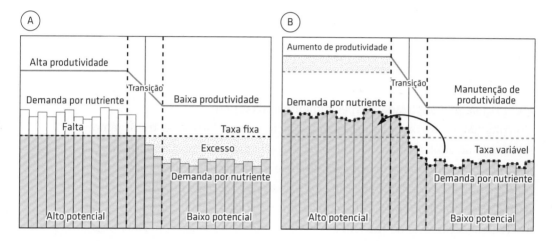

Fig. 6.5 Suprimento de nutrientes (barras verticais) e resposta em produtividade para a aplicação de fertilizantes em (A) taxa fixa (linha pontilhada) e (B) variável em UGDs de alto e baixo potencial de resposta

A escolha entre a forma de aplicação, seja por *pixel* utilizando equações de recomendação, por UGD ou por sistemas sensores, é extremamente flexível e cabe ao gestor determinar o seu próprio método, podendo inclusive mesclar as diferentes tecnologias. Por exemplo, o agricultor pode adotar a aplicação por *pixels* por meio de equações de recomendação, porém diferenciando as equações de acordo com o conhecimento de cada UGD. A UGD também pode ser utilizada apenas para guiar a investigação de solo – eliminando a amostragem em grade regular – e, então, as equações são aplicadas normalmente em *pixels*, sendo a variável de produtividade esperada oriunda do mapa de produtividade e a de solo proveniente da amostragem por UGD. Os sensores podem ser utilizados conjuntamente com outros mapas de relevância para a recomendação, o que tem sido denominado como "fusão de dados", e que parece ser a opção mais promissora para o futuro. Nesse caso, o algoritmo de recomendação utiliza variáveis obtidas pelo sensor em tempo real e também contidas em mapas inseridos no controlador antes da aplicação. Por exemplo, em aplicações de nitrogênio em doses variadas guiadas por sensor de refletância, a recomendação pode se basear na leitura do sensor e também na textura do solo ou no potencial produtivo determinado pela UGD. Em aplicações em pomares, por exemplo, as recomendações podem se basear em mapas de solo e produtividade e também em leituras de parâmetros estruturais das plantas, como o volume de copa obtido por sensores de distância em tempo real.

Os métodos e o nível de sofisticação das recomendações devem ser estabelecidos de acordo com a capacidade de gestão de cada usuário, da confiabilidade das informações que embasam as recomendações e também da disponibilidade de equipamentos, tanto na coleta de dados quanto na aplicação dos insumos. Obviamente tais estratégias devem ser constantemente reavaliadas e adaptadas com base na observação da resposta da cultura.

6.2.2 EQUIPAMENTOS PARA APLICAÇÕES LOCALIZADAS

Como salientado no início deste capítulo, a gestão localizada demanda um conjunto mecanizado específico para aplicações variadas. Tais equipamentos são essenciais para aplicações mais detalhadas em larga escala, mas em alguns casos é possível utilizar máquinas convencionais, ou seja, sem controlador de taxas. É o caso das aplicações por UGDs, por mapas de recomendação no formato vetorial, ou por mapas de recomendação gerados por amostragem por célula nos quais os tratamentos são uniformes dentro de cada área delimitada. O ajuste do equipamento pode ser realizado manualmente ao iniciar a aplicação dentro dos limites de uma UGD ou de uma célula, embora o rendimento e a praticidade sejam bem maiores se forem utilizados sistemas automatizados. Excluindo esse tipo de aplicação, em todas as demais estratégias é demandado certo nível de automação nas máquinas.

As máquinas distribuidoras de fertilizantes podem ser preparadas de fábrica para aplicações localizadas ou então adaptadas posteriormente com um controlador de taxa variável, o que é ideal para produtores que pretendem adotar a gestão localizada, mas que não têm intenção de renovar a frota de máquinas. O sistema de aplicação variada é composto de um receptor GNSS, um controlador, um atuador e outros sensores acessórios (Fig. 6.6). Normalmente é utilizado um receptor GNSS com correção diferencial para fornecer informações de posicionamento e velocidade e também possibilitar a utilização de sistemas de direcionamento (Cap. 8); entretanto, receptores mais simples, de código C/A, também são possíveis, especialmente se a sua única função é gerar o posicionamento e a velocidade da máquina.

O controlador é composto de um computador de bordo e *software* dedicado que armazena os mapas de prescrição e algoritmos de recomendação (para aplicação com sensores), processa as informações de posicionamento e as doses de recomendação e envia sinais para o atuador, além de registrar informações da aplicação durante a operação. O atuador é o elemento que efetivamente ajusta a máquina para a configuração desejada para aquele local. Normalmente o princípio de funcionamento do atuador é eletro-hidráulico, pois recebe o sinal elétrico do controlador e, por meio de uma válvula solenoide, comanda a direção e intensidade do fluxo de óleo em um sistema hidráulico. Alternativamente, existem os sistemas de acionamento elétrico que possuem motores com controle eletrônico de diferentes princípios.

Como sensores acessórios, têm-se os sensores de pulso ou *encoders*, utilizados no rodado para medir velocidade de deslocamento (embora essa informação também possa vir do receptor GNSS), ou, por exemplo, no mecanismo acionador de uma esteira transportadora de adubo para medir a sua velocidade angular e estimar a quantidade aplicada. Também existem os sensores de fluxo ou pressão para medição da quantidade de produto que está sendo aplicado, fornecendo informações para o monitoramento da aplicação. Esse sistema de controle é uma evolução de uma tecnologia surgida pouco antes ou no início das especulações sobre AP: os sistemas de aplicação em dose fixa. Nesse caso, a automação de controle no mecanismo dosador tinha o objetivo de garantir a dose recomendada, compensando variações na velocidade de deslocamento da máquina, promovendo maior uniformidade e qualidade nas aplicações.

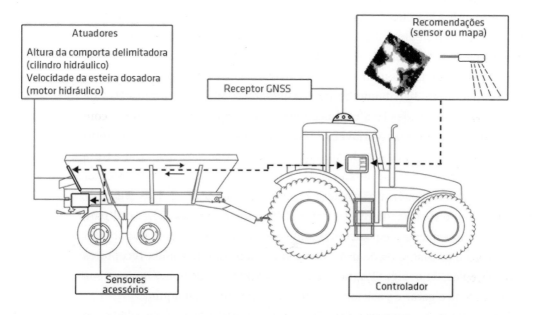

Fig. 6.6   Conjunto mecanizado de aplicação em taxa variável

Os controladores e seus *softwares* podem comportar mapas de recomendação no formato *raster* ou vetorial. No formato *raster*, o arquivo digital que contém o mapa de recomendação é uma matriz de três colunas – X (latitude), Y (longitude) e Z (dose) e múltiplas linhas, sendo que cada uma representa um *pixel* do mapa. Esse tipo de controlador permite a aplicação simultânea de mais de um insumo, bastando que se adicionem ao mapa as colunas Z1, Z2, ..., Zn, equivalentes a cada um desses insumos. Cada *pixel*, com tamanho variando entre 10 m e 30 m de lado, tem um valor a ele atribuído, portanto a dose varia quase que continuamente. Embora no mapa apareça apenas um número limitado de cores que induzem à interpretação de que elas representam as doses, essas cores não têm significado para o equipamento que interpreta o arquivo digital, ou seja, o valor de Zi de cada coordenada. Já para os mapas no formato vetorial, as doses são estabelecidas para cada região contida entre duas isolinhas, definindo polígonos, ou seja, áreas delimitadas com doses únicas. Nesse caso, as doses terão menor resolução, pois haverá um número limitado de doses que o controlador admite.

A inserção de arquivos pode ser por mídia compacta (cartão, módulo USB etc.) ou por comunicação via porta serial entre um computador externo e o controlador. Ainda, existe também a transmissão remota de dados, utilizando-se de conceitos de telemetria, conforme apresentado no Cap. 8. O arquivo utilizado pode ser de algum formato genérico (.txt, .dbf) ou algum mais específico, vinculado ao programa de geração dos mapas (.shp), ou mesmo um formato proprietário (código).

Em relação ao elemento atuador, em máquinas adubadoras ou calcareadoras de mecanismo dosador volumétrico de esteira, que predominam no mercado, o controle da dose pode ocorrer de duas formas: atuando na velocidade da esteira dosadora, por meio de motor hidráulico, e na altura da comporta delimitadora, utilizando um motor elétrico com rosca ou cilindro hidráulico linear (Fig. 6.7). A opção mais comum tem sido a atuação somente na velocidade da esteira, especialmente quando a máquina não apresenta controlador original de fábrica e é então adaptada com um controlador genérico. Nesse caso, a máquina é calibrada para trabalhar com uma altura da comporta fixa e predeterminada. Se a máquina não conseguir atingir doses muito altas ou muito baixas, o operador é solicitado pelo monitor do controlador a diminuir ou aumentar a velocidade de deslocamento. Em sistemas mais sofisticados, a atuação ocorre simultaneamente na altura da comporta e na velocidade da esteira, conferindo maior amplitude de doses e menor tempo de resposta às transições (Fig. 6.7).

Em máquinas com mecanismo dosador volumétrico helicoidal ou de rodas denteadas, comuns no componente adubador de semeadoras-adubadoras de grãos, o controle se dá na velocidade angular desses mecanismos por meio de um motor hidráulico ou elétrico. Já em máquinas com mecanismo dosador gravitacional, a atuação ocorre por meio da abertura ou fechamento do orifício dosador por um atuador linear com controle eletrônico.

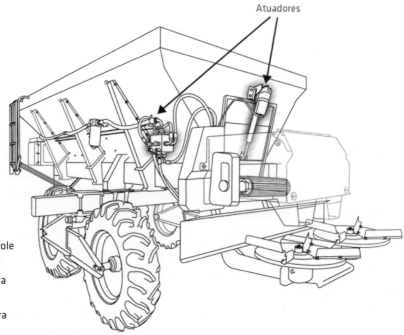

Fig. 6.7 Máquina adubadora com controle de doses por atuação na comporta dosadora (cilindro hidráulico) e esteira transportadora (motor hidráulico)

Atualmente há uma predominância de motores hidráulicos para atuar nos componentes dosadores das diferentes máquinas, mas há uma tendência de substituição por atuadores elétricos, que são mais rápidos e precisos.

Em qualquer tipo de máquina, os sistemas de controle e atuação devem ser calibrados frequentemente, ou pelo menos sempre que há troca de produto a ser aplicado. O procedimento varia entre equipamentos, mas basicamente consiste em informar ao sistema a quantidade de produto aplicado (coletado estaticamente) durante um determinado tempo ou número de giros do motor acionador para um determinado ajuste do mecanismo dosador. Algumas pesagens são suficientes para que o sistema ajuste automaticamente a sua curva de calibração.

Como comentado anteriormente, em aplicações variadas de fertilizantes não se utilizam adubos formulados N-P-K, porque cada elemento deve seguir um mapa de recomendação próprio e, portanto, as aplicações devem ser realizadas separadamente. Esse fator é uma grande limitação para a maioria das máquinas disponíveis para AP, com capacidade para apenas um produto, e muitas vezes impacta diretamente a decisão do agricultor sobre a adoção da tecnologia. O custo operacional para a aplicação desses três nutrientes em operações separadas pode aumentar em três vezes; o ritmo operacional diminui, aumentando a necessidade de novas máquinas para cumprimento do calendário de adubação; e isso sem contar possíveis danos ao solo e à cultura. Embora esse tipo de máquina predomine hoje nas aplicações variadas, a solução para esse problema é relativamente simples e já é apresentada comercialmente. Algumas máquinas têm surgido com mais de um reservatório de adubo (Fig. 6.8), em alguns casos até com três compartimentos. Isso permite a aplicação simultânea de N, P e K, por exemplo. O controlador deve ser capaz de armazenar mapas de recomendação com diferentes produtos (colunas Zi) e enviar o sinal por meio de múltiplos canais para atuadores individuais. Cada produto será dosado independentemente antes de atingir o mecanismo distribuidor da máquina.

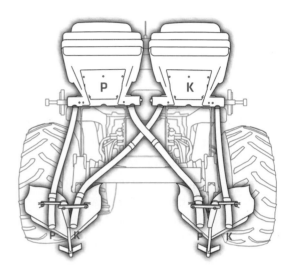

Fig. 6.8 Máquina sulcadora adubadora com caixas independentes de fertilizantes (P e K) para aplicação variável

Em relação ao receptor GNSS utilizado para a aplicação em taxa variável, existem algumas considerações a serem feitas sobre escolha entre receptores de navegação e receptores com alguma forma de correção diferencial ou filtro interno de redução de erros. Essas considerações podem ser extrapoladas para os demais tipos de aplicação além das adubações.

Como abordado no Cap. 1, o erro de posição em receptores de navegação (código C/A) está na ordem de 1 m a 3 m, em condições estáticas, e de 1 m a 5 m, em condições cinemáticas, com 95% de probabilidade. São valores perfeitamente aceitáveis para o tipo de operação a ser realizada, considerando-se grandes lavouras. Além disso, as larguras de trabalho dos aplicadores são superiores ao erro do receptor, especialmente em equipamentos com mecanismo distribuidor centrífugo, que, no caso da aplicação de calcário e gesso, são da ordem de 5 m a 12 m.

Outro fator a ser considerado é o tipo do mapa de recomendação e a variação de doses contida nele. No caso de mapas em formato *raster*, a alteração de dose ocorre a uma distância máxima equivalente ao tamanho do *pixel*, ou seja, entre 10 m e 30 m, o que é maior que o erro do receptor. É importante considerar que os *pixels* gerados num SIG são, por padrão, alinhados ao norte geográfico, enquanto o percurso da máquina não obedece obrigatoriamente a essa direção e tampouco segue suas bordas no sentido transversal. No momento da aplicação, os *softwares* dos controladores comparam as coordenadas dadas pelo receptor GNSS com as coordenadas mais próximas no arquivo de recomendação. De forma semelhante, porém com processamento mais simples, nos mapas em formato vetorial as coordenadas dadas pelo receptor GNSS são avaliadas e o processador define em qual polígono a máquina está e lhe atribui a respectiva dose. Os polígonos podem ser de tamanhos e formatos dos mais variados, fazendo com que a máquina cruze frequentemente os seus limites e mude a dose de aplicação.

Embora o tamanho das quadrículas (*pixels*) seja maior que o erro do receptor GNSS, se a posição real do equipamento estiver próxima à sua borda, o comando do controlador pode indicar a dose de uma quadrícula vizinha. No entanto, não ocorrem quadrículas vizinhas com dosagens muito diferentes. As variações encontradas em mapas de recomendação de fertilizantes e corretivos dificilmente são abruptas, justamente devido aos métodos de interpolação e à amostragem de solo pouco densa. O mesmo não pode ser assumido para mapas vetoriais, os quais apresentam variações maiores, em razão do número limitado de doses que o controlador admite.

Ainda, sobre aspectos relacionados aos receptores GNSS, idealmente as aplicações de sólidos a lanço devem ser guiadas com um sistema de orientação em faixas paralelas e, por isso, deve-se considerar esse aspecto no momento de escolher o receptor GNSS a ser utilizado. Muitos equipamentos que exercem a função de controlador também oferecem recursos de guias de paralelismo tipo barra de luzes. Nesses casos, o receptor GNSS deve ser compatível com essa função, a qual exige maior exatidão do que os receptores de baixo custo.

6.2.3 DESEMPENHO E RELATÓRIOS DE APLICAÇÃO

Os conceitos apresentados neste tópico, embora sejam normalmente associados às aplicações de fertilizantes e corretivos, também são aplicáveis aos demais tratamentos localizados, como pulverizações e semeadura, por exemplo.

Durante as aplicações localizadas, os sistemas automatizados registram informações da operação para posteriormente gerar relatórios. Elas são registradas na frequência de coleta do receptor GNSS e são armazenadas no controlador. No arquivo gerado, cada ponto georreferenciado contém uma série de dados. Uma das principais informações registradas é a quantidade recomendada do insumo (pelo mapa ou sensor) e aquela efetivamente aplicada pela máquina (valor normalmente estimado), conforme seu tempo de resposta, em pontos georreferenciados ao longo das passadas do equipamento. Dados de velocidade e tempo, além de outras informações, como produto aplicado, largura da aplicação e ocorrências informadas pelo operador, também são registrados para gerar relatórios gerenciais. Tal arquivo gerado pelo controlador é denominado arquivo de aplicação ou "do aplicado", ou arquivo *as-applied*. Todos os dados podem ser visualizados em uma planilha ou em formato de mapa, conhecido como mapa de aplicação, mapa do aplicado, ou mapa *as-applied*, não podendo ser confundido com mapa de recomendação. Alguns fabricantes de controladores fornecem *softwares* para visualização desses mapas e também para elaboração de relatórios gerenciais com informações sobre o rendimento operacional, tempos de máquina parada, em translado, em operação etc. (Fig. 6.9).

Latitude	Longitude	Dose recomendada (kg ha⁻¹)	Dose aplicada (kg ha⁻¹)	Velocidade (km h⁻¹)	Hora	Largura de trabalho (m)	Operador	Insumo	Registro operacional
-22,832783	-49,123234	80	80	3	08:42:43	11	3	UR	OP
-22,832800	-49,123314	77	80	7	08:42:48	11	3	UR	OP
-22,832832	-49,123417	79	78	7	08:42:53	11	3	UR	OP
-22,832867	-49,123516	78	78	7	08:42:58	11	3	UR	OP
-22,832899	-49,123615	77	78	7	08:43:03	11	3	UR	OP
-22,832916	-49,123699	77	78	7	08:43:07	11	3	UR	OP
-22,832949	-49,123783	76	80	7	08:43:12	11	3	UR	OP
-22,832983	-49,123882	78	81	7	08:43:17	11	3	UR	OP
-22,833000	-49,123966	79	80	8	08:43:21	11	3	UR	OP
-22,833000	-49,124065	80	81	8	08:43:25	11	3	UR	OP
-22,833015	-49,124149	79	81	7	08:43:30	11	3	UR	OP
-22,833050	-49,124233	79	81	6	08:43:35	11	3	UR	OP
-22,833067	-49,124332	82	81	7	08:43:40	11	3	UR	OP
-22,833082	-49,124451	0	0	0	08:43:45	0	3	UR	PR
-22,833099	-49,124550	0	0	0	08:50:50	0	3	UR	TR
-22,833117	-49,124634	0	0	0	08:50:55	0	3	UR	TR
-22,833149	-49,124733	0	0	0	08:51:00	0	3	UR	TR
...	...	...	...	...	...	...	...	...	...

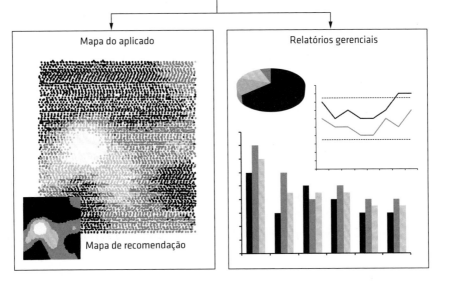

Fig. 6.9 Dados brutos do arquivo *as-applied* gerando relatórios gerenciais e mapa do aplicado

A informação mais valiosa, ou que pelo menos recebe mais atenção de muitos pesquisadores em AP, é a quantidade de insumo aplicada em comparação à recomendada. Embora seja referida como quantidade aplicada, na verdade, muitas vezes, é medida indiretamente com base na leitura de sensores auxiliares instalados nos atuadores do mecanismo dosador, por exemplo, por meio de medições da velocidade de esteira e altura de comporta, e não de sensores de fluxo de material instalados antes do mecanismo distribuidor. A diferença entre quantidade efetivamente aplicada e aquela estimada depende da qualidade da calibração do equipamento para um determinado produto. Mesmo com dados estimados, a comparação do valor aplicado com o recomendado permite avaliar a eficácia do equipamento em reproduzir o mapa de recomendação (Fig. 6.9). Essa informação deve ser cuidadosamente avaliada a fim de checar a qualidade da aplicação e também o desempenho do equipamento utilizado.

Existem alguns fatores que afetam a qualidade das aplicações, tanto relacionados ao desempenho do equipamento e intrínsecos ao seu funcionamento quanto referentes às condições de aplicação às quais a máquina é sujeita, como o detalhamento do mapa de recomendação, intensidade de variação de doses e fatores operacionais, como velocidade e aceleração do conjunto mecanizado (Colaço; Rosa; Molin, 2014). Para aqueles relacionados à máquina, têm-se principalmente os tempos de resposta e transição, os quais também podem ser convertidos em distância de resposta e transição (Fig. 6.10). O tempo de resposta, ou *delay time*, refere-se ao tempo de reação de máquina ao sinal de transição de taxa, ou seja, o tempo entre a emissão do sinal do controlador e o início da atuação para a mudança da taxa de aplicação. Já o tempo de transição é o necessário para concluir a transição, ou seja, o tempo entre o início e o fim da transição. Alguns autores contabilizam o tempo de transição a partir do início da mudança até que a máquina atinja 90% da dose desejada, enquanto outros assumem 50%. A exatidão desse cálculo depende basicamente da frequência da coleta de dados. Um fator peculiar ao tempo de transição é que ele é diferente quando a máquina efetua uma mudança de dose para baixo (*step down*) ou para cima (*step up*), sendo este normalmente maior para a mudança de dose para baixo, pois a máquina precisa esvaziar do seu sistema uma quantidade maior de adubo já dosado antes de reduzir para a dose desejada.

Para corrigir o problema com o tempo de resposta, a maioria dos equipamentos dispõe de um artifício denominado *look ahead*. Com base na velocidade e direção de deslocamento da máquina, o controlador emite os sinais ao atuador com base nas doses que ainda estão à frente da máquina. Isso faz com que o movimento de mudança de doses comece antes que a máquina chegue àquele local e que, ao cruzar a linha de transição, a máquina já tenha atingido 50% ou 90% da dose desejada. É importante lembrar que, em aplicações em tempo real, essa correção não é possível e, por esse motivo, o tempo de resposta dos aplicadores é de fundamental importância na qualidade da aplicação.

Em aplicações por UGD, células ou em mapas de recomendação no formato vetorial, as mudanças de doses ocorrem apenas em alguns locais no talhão. Nesses casos, mesmo com uma distância de resposta e transição de alguns metros, não há muitos problemas para a aplicação, considerando que as mudanças naturais na lavoura não são abruptas como as interseções entre as classes de recomendação. Por outro lado, em aplicações por *pixels*, nas quais pode haver mudanças de doses a cada 10 m, é provável que a máquina nunca atinja exatamente o valor recomendado, pois a troca é constante. Em aplicações mais específicas como na fruticultura, pode-se ter como objetivo o tratamento individual de plantas e, nesse caso, a mudança de doses deve ser extremamente rápida. Em pomares de citros, por exemplo, o espaçamento entre plantas não é superior a 4 m e, portanto, a máquina deve atingir uma taxa de aplicação estável ao longo dessa distância.

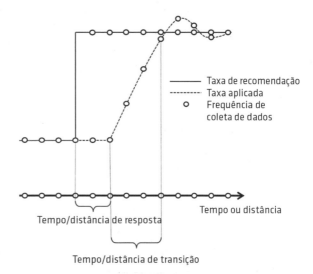

Fig. 6.10 Tempo de resposta e de transição em máquinas para aplicação variável

6.3 TRATAMENTOS LOCALIZADOS EM PULVERIZAÇÕES

Depois da gestão localizada da adubação, o tratamento fitossanitário é a área que mais tem a atenção de pesquisadores e usuários de AP. Pode-se considerar que ela só não tem o mesmo nível de adoção da adubação variada porque as formas de investigação espacializada dos parâmetros fitossanitários e a elaboração de recomendações ainda são menos difundidas e muitas vezes mais complexas e trabalhosas do que na gestão da adubação. Os ganhos econômicos e ambientais dessa tecnologia podem muitas vezes ser maiores do que na gestão localizada da adubação, já que normalmente estão associados à economia ou redução do uso de insumos com alto valor. Os produtos fitossanitários são responsáveis por uma porção significativa dos custos de produção das mais diversas culturas, e, quando aplicados em excesso, além de aumentarem os custos, podem contaminar o produto final e ser danosos ao ambiente. Atualmente, existem diversos tipos de equipamentos dedicados à aplicação variada desses produtos. Porém, quando se fala em precisão em pulverizadores, o produto comercial mais popular é o controle automático de seção, que não está necessariamente vinculado ao sistema de gestão localizada (Cap. 8).

6.3.1 TIPOS DE EQUIPAMENTOS E FORMAS DE VARIAÇÃO DE TAXAS

Existem basicamente duas formas de variar taxas de aplicações em pulverizações: i) variação do volume de calda e ii) variação da dose de princípio ativo, com volume de calda constante. Para variação do volume de calda, é necessária a alteração da vazão de aplicação, que, por sua vez, pode ser feita de três formas: i) variação na pressão de aplicação; ii) variação no número e vazão dos bicos; ou iii) pelo sistema de controle de vazão por pulsos.

O sistema de controle por variação na pressão é composto das seguintes partes: um sensor de vazão, sensor de velocidade (pode ser o próprio receptor GNSS), uma válvula de controle e um controlador de taxa variável. O controlador agrega as informações do mapa de recomendação (volume de calda em L ha^{-1}) com a largura de aplicação e velocidade de deslocamento e calcula a vazão necessária. A válvula de controle abre ou fecha o duto condutor da calda para atingir a vazão calculada (Fig. 6.11). O sistema é razoavelmente simples e com tempo de transição entre 3 s e 5 s, porém apresenta uma desvantagem: o ajuste da vazão por meio de uma válvula de controle altera a pressão no sistema de aplicação, o que pode modificar o padrão de deposição e tamanho de gota da calda aplicada. Para amenizar o problema, alguns sistemas alertam o operador quando a pressão está fora dos limites aceitáveis para o bico. O operador pode, então, alterar a velocidade de deslocamento para retornar a pressão aos níveis adequados.

Uma alternativa a esse sistema é a alteração da vazão de aplicação por meio da seleção de pontas de pulverização com diferentes vazões nominais (Fig. 6.12). Em cada bico de pulverização existe não só uma ponta, mas um conjunto delas, com diferentes vazões cada. De acordo com o volume de calda recomendado, o sistema de válvulas com controle eletrônico seleciona qual combinação de pontas deve ser acionada. Esse tipo de sistema apresenta um rápido tempo de resposta, já que a atuação ocorre diretamente na linha de pulverização. Cada ponta pode trabalhar independentemente às demais e o padrão de deposição e tamanho de gotas não é afetado pela alteração da vazão. O fator limitante desse sistema é que ele não permite variação constante de vazões, ou seja, oferece apenas algumas vazões determinadas pela combinação de pontas e a vazão nominal de cada uma. Como resultado, a variação de taxas é limitada e o mapa de recomendação deve ser adaptado para se ajustar às doses que o equipamento oferece, geralmente convertendo mapas de *pixels* para o formato vetorial.

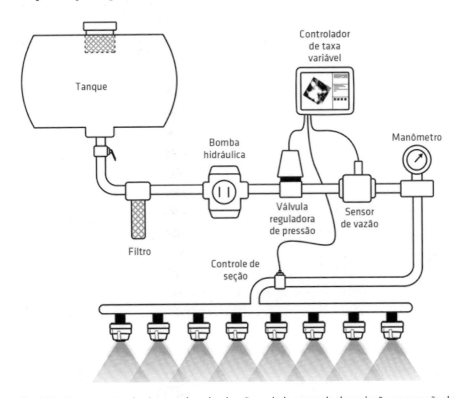

Fig. 6.11 Componentes do sistema de pulverização variada por meio da variação na pressão de aplicação

A terceira forma de alterar a vazão é por meio da tecnologia denominada controle de vazão modulado por largura de pulso, ou PWM (Pulse Width Modulation). Nesse sistema, os bicos operam com válvulas solenoides de alta velocidade, as quais permitem a abertura e o fechamento dos bicos por um curto intervalo de tempo e com alta frequência. O tempo de abertura e frequência do ciclo "abertura, aplicação e fechamento" determina a vazão do bico (Fig. 6.13). Essa tecnologia é a que apresenta maior vantagem entre as citadas até então, pois mantém o padrão de aplicação e tamanho de gotas, independentemente da vazão aplicada, apresenta um rápido tempo

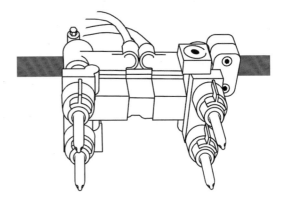

Fig. 6.12 Conjunto de pontas para pulverização com volume de calda variável

de resposta às mudanças de taxas, permite a atuação independente entre bicos e também a aplicação de doses contínuas, mantendo o detalhamento do mapa de recomendação.

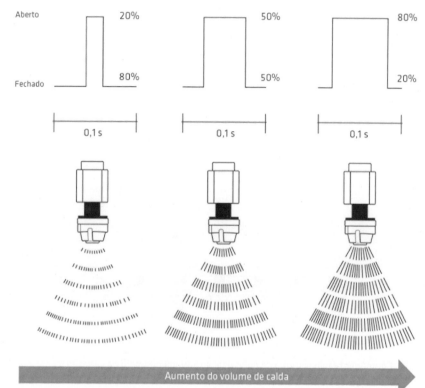

Fig. 6.13 Diferentes vazões definidas pelo tempo de abertura e fechamento do bico de pulverização

A aplicação variada pode ser realizada também por meio da variação da dose de princípio ativo, mantendo constante o volume de calda aplicado. Nessa categoria, o controle ocorre na bomba de injeção do produto químico e é realizado na corrente de água que vem do reservatório, normalmente antes da bomba, portanto sob baixa pressão, o que facilita a injeção do produto (Fig. 6.14). Dessa forma, a vazão da mistura é constante e a taxa de injeção muda de acordo com variações na velocidade ou taxa de aplicação recomendada. A maior vantagem desse sistema é a sua capacidade de manter um padrão ótimo de aplicação e tamanho de gotas, além de permitir a variação de diversos produtos na mesma calda (contanto que sejam compatíveis). Além disso, não há sobras de calda preparada no tanque, algo que pode acontecer nos sistemas anteriores. A principal desvantagem é que o tempo de transição de taxas de aplicação é maior (deslocamento da mistura até a saída nos bicos). A fim de diminuir o tempo de transição, alguns equipamentos dispõem de controle na taxa de injeção e também na vazão da mistura por uma válvula de controle, como no sistema de controle de pressão apresentado anteriormente. Esse sistema agrega os benefícios dos dois tipos de controle, pois não deixa sobra de calda preparada no tanque e também apresenta um rápido tempo de mudança de taxas. O volume de aplicação não é constante, mas ao mesmo tempo não varia tanto quanto no controle apenas por variação de pressão. Por ser um sistema mais complexo, apresenta também um maior custo. Outra solução é a injeção dos princípios ativos o mais próximo possível das pontas, o que exige alta pressão e múltiplos dutos de princípio ativo em toda a extensão da barra de pulverização.

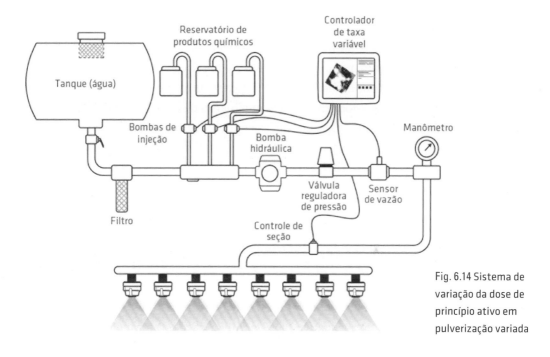

Fig. 6.14 Sistema de variação da dose de princípio ativo em pulverização variada

Além das aplicações por variação contínua de taxas, apresentadas anteriormente, existe também um tipo mais simplificado de tratamento localizado conhecido como aplicação liga/desliga (*on/off*). Nesse caso, válvulas de controle atuam desligando ou ligando o sistema de aplicação, sendo que durante os momentos de aplicação a taxa é constante. A ação de ligar ou desligar é comandada por sensores ou por mapas de contorno (de reboleiras, áreas próximas a mananciais ou nascentes etc.). Um exemplo comum é em pulverização de pomares, em que sensores de distância (normalmente a ultrassom) indicam a presença de uma planta e ativam o sistema. Ao passar por um espaço entre plantas ou por uma falha, esse sistema é desligado automaticamente. Outro exemplo é no controle de plantas daninhas. Nesse caso, os bicos de pulverização são acionados apenas quando sensores reconhecem a presença do alvo no campo. Esse tipo de aplicação, embora relativamente simples, é responsável por economias significativas de produtos químicos. Muitas vezes, esse sistema é agregado aos anteriores para promover aplicações em taxas variadas com interrupções automáticas guiadas por sensores ou mapas.

6.3.2 ESTRATÉGIAS E FORMAS DE RECOMENDAÇÃO

Além de diferentes máquinas e sistemas de aplicação, também há uma grande variedade de estratégias ou formas de recomendação para o tratamento localizado de defensivos agrícolas. As aplicações podem ser guiadas por sensores ou por mapas gerados previamente. Os mapas de recomendação, por sua vez, podem ser obtidos de diversas formas: por meio de amostragens em grade da incidência de problemas fitossanitários, ou de fatores indiretos à recomendação, como textura do solo ou matéria orgânica no caso da recomendação de herbicidas pré-emergentes; por inspeção georreferenciada de pragas e doenças; pelo mapeamento de contornos de reboleiras; por imagens aéreas etc. Algumas dessas aplicações são exemplificadas a seguir.

6.3.3 APLICAÇÃO DE HERBICIDAS EM TAXA VARIÁVEL COM BASE EM SENSORES ÓPTICOS E VISÃO ARTIFICIAL

Essa é uma aplicação de AP extremamente estudada e explorada pelo mercado de equipamentos. Normalmente ela é empregada na aplicação de herbicidas após a colheita da cultura anterior, ou então para dessecação da cultura quando há pouca vegetação. Um conjunto de sensores instalados diretamente na barra de pulverização (um sensor para cada bico) realiza leituras em busca de plantas daninhas. Ao reconhecerem o alvo, os sensores acionam a válvula do respectivo bico de pulverização. O tempo entre a leitura e o acionamento do bico deve ser proporcional ao deslocamento da máquina e a distância entre o sensor e o bico, para que o produto atinja o alvo com exatidão (Fig. 6.15). Como apresentado no Cap. 5, tais sensores são do mesmo tipo que aqueles utilizados na adubação nitrogenada variável (sensores de refletância do dossel), inclusive estes se originaram da tecnologia desenvolvida para controle de plantas daninhas. Por meio da análise da refletância, o sensor é capaz de distinguir uma planta daninha da palha sobre o solo ou do solo exposto.

Outra tecnologia desenvolvida para o controle de plantas daninhas é a visão artificial. Não se pode afirmar que ela esteja pronta comercialmente assim como estão os sensores citados anteriormente, mas certamente grandes avanços já foram alcançados por pesquisadores em todo o mundo. Tal sistema de aplicação se baseia no reconhecimento de plantas invasoras por meio do tratamento de imagens do terreno coletadas por câmeras instaladas no pulverizador (Cap. 5). Uma vantagem é que ele pode ser empregado em pulverizações após a emergência da cultura, contanto que o algoritmo de tratamento de imagem consiga distinguir a planta daninha da cultura. Esse é um grande desafio para os pesquisadores que desenvolvem tais sistemas. Algoritmos de processamento de imagem requerem modelagens complexas e um banco de dados com as características morfológicas das plantas invasoras que se pretende identificar. Além disso, o processamento de cada imagem deve ser extremamente rápido, não superior ao tempo entre a leitura e aplicação. Mesmo apresentando diversos desafios, o uso de visão artificial tem demonstrado um grande potencial para aplicações localizadas e diversos relatos de sucesso são encontrados na bibliografia sobre o assunto. O recente aparecimento e popularização do VANT (veículo aéreo não tripulado) deverá impulsionar ainda mais o desenvolvimento de soluções desse tipo.

Fig. 6.15 Aplicação de dessecante por pulverizador equipado com sensores de refletância do dossel.

6.3.4 APLICAÇÃO DE HERBICIDA PRÉ-EMERGENTE EM TAXA VARIÁVEL COM BASE EM CARACTERÍSTICAS DO SOLO

Uma técnica que tem tido sucesso é a aplicação de herbicida pré-emergente com base na variação de textura e matéria orgânica do solo. Nesse tipo de aplicação, o herbicida é aplicado diretamente sobre o solo (podendo ou não ser incorporado). Após a aplicação, a molécula de herbicida pode se manter na solução do solo, ser absorvida pela plântula daninha recém-geminada ou ser adsorvida aos coloides do solo. Em solos com alta capacidade de adsorção, a quantidade de herbicida em solução é reduzida. Consequentemente, são necessárias maiores taxas de aplicação para aumentar a quantidade de produto na solução do solo e manter um bom padrão de controle. Por outro lado, se a mesma dose for aplicada em solos com baixa capacidade de adsorção, a disponibilidade de produto na solução do solo será maior, podendo incorrer em fitotoxicidade na cultura ou mesmo em contaminações de solo e água. Diversas propriedades do solo podem afetar a adsorção da molécula herbicida pelo solo, por exemplo, a quantidade de matéria orgânica, teor de argila, pH e umidade. As duas primeiras, especialmente a textura do solo, normalmente são consideradas nas recomendações dos produtos. Com o desenvolvimento de técnicas de mapeamento desses parâmetros, viabilizou-se a elaboração de mapas de recomendação para a aplicação variável de herbicidas pré-emergentes.

A forma mais usual de mapeamento ainda tem sido a amostragem georreferenciada em grade, mas essa atividade também é possível por meio de imagens aéreas (delimitação de manchas pela cor do solo exposto e direcionamento de amostragens), por sensores ópticos capazes de estimar os dois parâmetros pelo padrão de refletância do solo em pontos específicos do espectro e também por intermédio de indicadores indiretos como a condutividade elétrica, que está fortemente associada à textura e umidade do solo (Sudduth et al., 2005; Molin; Faulin, 2013).

6.3.5 PULVERIZAÇÕES EM TAXA VARIÁVEL COM BASE EM SENSORES DE BIOMASSA

Normalmente, a pulverização de defensivos agrícolas visa ao cobrimento da planta com o produto químico para prevenir a infecção de doenças ou o ataque de pragas. Naturalmente, quanto maior a biomassa da cultura, maior deve ser o volume de calda aplicado. Dessa forma, algumas técnicas foram desenvolvidas para guiar aplicações variáveis de acordo com a variação de biomassa da cultura. Uma aplicação que se popularizou, especialmente na Europa, é a pulverização de fungicidas em culturas de inverno, como trigo, aveia, cevada ou canola, baseada em leituras de sensores aéreos ou terrestres. Como apresentado no Cap. 5, um simples sensor pendular de biomassa pode ser utilizado para esse tipo de aplicação. Nesse caso, o pêndulo do sensor, que é instalado na parte frontal do trator, desloca-se pelo dossel da cultura enquanto o trator se movimenta. Quanto maior o ângulo de deslocamento do pêndulo, maior é a quantidade de biomassa e, portanto, maior deve ser o volume de calda aplicado.

Os sensores de refletância do dossel também podem ser utilizados com essa finalidade e, devido à sua popularização e inúmeras aplicações em AP, se tornaram mais usuais que o sensor anterior. Os índices de vegetação, como o NDVI, são bons indicadores da quantidade de biomassa, especialmente em gramíneas, e são calculados por meio de leitura de sensores em plataformas orbitais, aéreas ou terrestres (diretamente no trator ou pulverizador). Imagens, tanto de satélite como de plataformas aéreas, também têm sido utilizadas para gerar mapas de NDVI e recomendações variadas para tais pulverizações.

6.3.6 PULVERIZAÇÕES EM TAXA VARIÁVEL COM BASE NO MAPEAMENTO DE REBOLEIRAS

Diversas pragas e doenças ocorrem no campo em reboleiras, ou seja, em porções definidas do campo e de forma agrupada, ao contrário das pragas ou doenças de maior dispersão, que ocorrem em áreas maiores e menos definidas no campo. É o caso da leprose em citros (Citrus leprosis virus, CiLV), transmitida pelo ácaro *Brevipalpus* sp., do bicudo da cana-de-açúcar (*Sphenophorus levis*), e de diversas espécies de nematoides em soja. A aplicação variada segue um mapa contendo o contorno das reboleiras e, utilizando sistemas de aplicação do tipo *on/off*, direciona a aplicação somente dentro das áreas delimitadas. Essa tecnologia é responsável por reduções drásticas no consumo de defensivos e, consequentemente, nos custos de produção.

O seu maior gargalo é na fase anterior à aplicação, durante a investigação espacializada e elaboração dos mapas de recomendação. Em alguns casos, como no mapeamento da ocorrência de nematoides na soja, a expressão dos sintomas na cultura é suficiente para o reconhecimento visual pela equipe de inspeção, o que facilita o georreferenciamento das manchas. Tal demarcação pode inclusive ser feita de forma indireta, por meio de imagens aéreas ou mapas de produtividade e validação *in loco* dos sintomas. Porém, muitas vezes, esse tipo de demarcação visual não é possível e, nesse caso, são necessárias ferramentas de amostragem para o monitoramento e mapeamento das ocorrências. A maior dificuldade está no fato de que cada praga ou doença apresenta um comportamento distinto de movimentação e dispersão no campo e, portanto, necessita de metodologia e densidade amostral específica. Assim, a amostragem em grade pode demandar um grande número de pontos para caracterizar suficientemente a sua variabilidade espacial. Ademais, poucas recomendações de amostragem são encontradas na bibliografia, especialmente para investigações espacializadas, o que torna a execução dessa técnica um desafio.

6.4 TRATAMENTO LOCALIZADO NA SEMEADURA

A semeadura também é uma etapa que pode ser realizada utilizando ferramentas de AP e tem se difundido especialmente na cultura do milho. Assim como nos pulverizadores, em que há certa confusão em relação aos produtos comerciais que realmente fazem parte de um sistema de gestão em AP (controladores de taxa variável) e aqueles "anexos" que não tratam efetivamente da variabilidade do campo (os controladores automáticos de seção), nas semeadoras isso também ocorre. Existem aquelas chamadas de "semeadoras de precisão", que se referem ao tipo de mecanismo dosador de sementes individuais, ou aquelas que somente monitoram a queda e deposição da semente por meio de sensores, que não fazem parte necessariamente de um sistema de gestão em AP. Por outro lado, existem as semeadoras que efetivamente variam a taxa de semeadura por meio de controladores.

As semeadoras aptas para taxa variável são equipadas com os mesmos controladores utilizados em máquinas adubadoras. O controlador armazena informações do mapa de recomendação ou processa leituras de sensores e envia sinais para o elemento atuador. O mecanismo dosador, normalmente acionado por rodas de terra e regulado por combinações de rodas denteadas, é desacoplado desse sistema. Um motor (hidráulico ou elétrico) é instalado para controlar a velocidade angular do rotor acanalado em semeadoras para sementes miúdas (dosador de fluxo contínuo), ou do disco horizontal ou vertical em semeadoras de sementes graúdas (semeadoras de "precisão"). O atuador compensará variações de velocidade e atenderá às recomendações vindas do controlador.

Em semeadoras-adubadoras, o controle de taxas pode ser realizado simultaneamente tanto para o adubo quanto para a semente, por meio de controladores com múltiplos canais e atuadores individuais em cada mecanismo dosador. Inclusive, em alguns casos, têm-se mais de um compartimento de adubo para aplicação simultânea e variada de N, P e K, além do controle na taxa de sementes (Fig. 6.16).

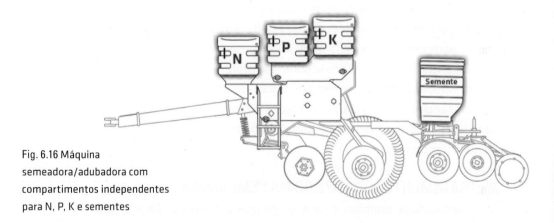

Fig. 6.16 Máquina semeadora/adubadora com compartimentos independentes para N, P, K e sementes

A recomendação para semeadura em taxa variável é baseada na variação de propriedades do solo e de ambiente que confere ao campo diferentes potenciais produtivos. A população pode variar de acordo com UGDs, ou seguindo mapas de *pixels* ou sensores, nos quais a aplicação é continuamente variada.

A população variada de sementes é uma das principais aplicações em sistemas que adotam UGDs. O que define uma UGD e o seu potencial produtivo são dados históricos de produtividade e também fatores de solo, como textura, profundidade, drenagem, relevo, entre outros (Cap. 7). Na semeadura variável, uma população de plantas condizente ao potencial produtivo é definida em cada unidade. Normalmente, unidades de alto potencial são implantadas com maior densidade populacional, pois se considera que nelas existem menores limitações à produção (solos profundos, com boa capacidade de retenção de água, por exemplo) e, portanto, podem responder ao aumento populacional. Em regiões de baixo potencial produtivo, pode-se reduzir a utilização de sementes que serão realocadas para as UDGs de alta produção, já que a competição entre plantas pode se tornar um fator limitante.

O maior desafio dessa tecnologia está justamente na recomendação de populações, a qual é dependente da cultura e das condições locais de cada lavoura. A estratégia citada (adensar em regiões de alto potencial) tem sido utilizada para o milho, mas na cultura do trigo, por exemplo, o adensamento pode prejudicar a produção, propiciando a ocorrência de doenças e o estiolamento. Nesse caso, a redução populacional pode ser mais favorável à produção, pois estimula o perfilhamento. Aparentemente, os usuários que têm praticado a semeadura variável se baseiam em experimentações locais ou suposições empíricas para estimar a população de plantas ótima para cada situação encontrada no campo. A dificuldade de recomendação está no fato de ela se embasar em um número muito grande de variáveis complexas, envolvendo fatores biológicos (genética, morfologia, fisiologia), climáticos, edáficos e fitotécnicos (época de semeadura, fitossanidade, entre outros). De qualquer forma, existem grandes esforços da pesquisa com o objetivo de modelar e padronizar as recomendações variadas de acordo com tais parâmetros. O setor privado produtor de sementes também tem se juntado à academia com o intuito de disponibilizar soluções comerciais predefinidas para a semeadura variada.

A metodologia de UGD normalmente está associada a sistemas de AP mais maduros ou pelo menos àqueles com maior disponibilidade de dados georreferenciados históricos. Outra forma de se aplicar a semeadura variada é com base em mapas de recomendação gerados por mapeamento de apenas um ou alguns parâmetros de solo. Nesse caso, a variação de população é contínua, de acordo com um mapa de recomendação por *pixels* ou baseada em leituras por sensores de solo em tempo real. O fator mais utilizado na recomendação tem sido a textura do solo. Ela está altamente relacionada à capacidade de retenção de água e também ao fornecimento de nutrientes. Dessa forma, a lógica utilizada é que áreas mais argilosas têm melhores condições de suportar densidades populacionais maiores (principalmente no caso do milho). A textura do solo pode ser mapeada por meio de amostragens georreferenciadas ou por meio de sensores e convertida em recomendações de populações.

A textura do solo e a sua capacidade de retenção de água, dois fatores que caracterizam o potencial produtivo das diferentes regiões em uma lavoura, são altamente relacionados à condutividade elétrica do solo. Como visto no Cap. 5, os sensores de condutividade elétrica do solo são bastante úteis em aplicações em AP. Alguns usuários têm empregado tais sensores para guiar a semeadura variável. Se não houver expressiva salinidade, solos mais argilosos e mais úmidos apresentam maiores leituras de CE e, seguindo a mesma lógica anterior, podem receber maiores densidades populacionais. Analogamente, sensores ópticos de solo para mensuração de matéria orgânica também podem ser utilizados e, nesse caso, quanto maior a leitura para tal parâmetro, maior a densidade de sementes.

Novamente, o maior desafio de qualquer uma das recomendações é definir um fator de conversão ou algoritmo de recomendação que forneça um valor de população com base em teor de argila, CE ou matéria orgânica. Uma opção é simplesmente adotar variações em torno da população média empregada na semeadura convencional. Obviamente tal recomendação pode ser ajustada ano a ano por meio de observações do rendimento, experimentações, calibrações locais e previsões quanto ao comportamento pluviométrico da temporada.

6.5 TRATAMENTO LOCALIZADO NO PREPARO DO SOLO

Em comparação com os esforços envolvidos na aplicação variada de insumos, poucas aplicações de AP se dedicam ao preparo do solo. A lógica envolvida no preparo de solo localizado está no fato de existirem variações nas condições de solo, principalmente vinculadas à compactação, que geram a necessidade de um tratamento diferenciado em relação à forma e intensidade de mobilização do solo. A recomendação variada de escarificação, subsolagem ou mesmo de preparo convencional pode guiar a operação para áreas na lavoura com maior propensão ou intensidade de compactação, por exemplo.

Atualmente, essa prática tem sido empregada principalmente na subsolagem. A subsolagem é uma operação de baixo rendimento operacional, altamente demandante em energia e relacionada a altos custos, além de ainda ser carente de pesquisas para melhorar a eficiência dessa prática. Especialmente com o aumento de áreas cultivadas com plantio direto – em que não há revolvimento do solo e, consequentemente, a compactação do solo pode ser mais problemática –, essa operação tem recebido atenção de produtores e também de pesquisadores em AP. Também na cultura da cana-de-açúcar, por exemplo, essa é uma das principais etapas do preparo de solo no momento de reforma do canavial, já que durante todo o ciclo da cultura, máquinas pesadas trafegam pela lavoura causando significativa compactação do solo. As ferramentas de AP aplicadas nessa operação visam tanto reduzir custos quanto aumentar a qualidade do preparo e minimizar os prejuízos à cultura devido à compactação do solo.

Existem duas formas de subsolagem variada: i) realizar o preparo somente em locais críticos da lavoura (*on/off*), ao contrário do que ocorre no tratamento em área total; e ii) subsolagem com profundidade variada. Naturalmente, a adoção de um sistema não anula a possibilidade de utilização do outro, portanto existem também as aplicações mistas (tratamento *on/off* e variado).

O tratamento localizado para a descompactação do solo depende da mensuração de um índice de compactação que caracteriza o seu adensamento. Os instrumentos utilizados para esse fim, denominados penetrômetros, foram apresentados no Cap. 5.

6.6 TRATAMENTO LOCALIZADO NA IRRIGAÇÃO

A gestão localizada sem dúvida abrange grande parte das etapas de cultivo. Considerando que os sistemas modernos de irrigação já utilizam ferramentas sofisticadas de automação e controle, não deveria demorar para que o tratamento localizado também fizesse parte desses sistemas. A denominada "irrigação de precisão" (Fig. 6.17) se tornou uma tecnologia amadurecida em AP, com vasta pesquisa e desenvolvimento em todo o mundo, principalmente em lavouras irrigadas por pivôs centrais. Pacotes tecnológicos, produtos e equipamentos já estão disponíveis comercialmente e são adotados com sucesso pelos produtores.

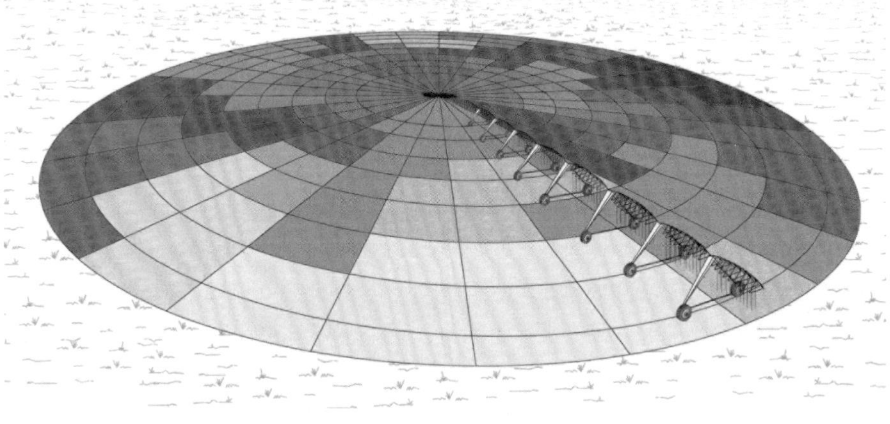

Fig. 6.17 Irrigação de precisão por pivô central; diferentes lâminas de irrigação são aplicadas em cada seção do pivô

Normalmente as recomendações variáveis de irrigação se baseiam em mapas de condutividade elétrica do solo, já que esses se relacionam bem com a capacidade de armazenamento de água no solo, ou seguem também as delimitações de UGDs, que definem o potencial de resposta em regiões de um talhão e, consequentemente, a demanda diferenciada da cultura por água.

7 / Unidades de gestão diferenciada

7.1 CONCEITOS FUNDAMENTAIS

Ao longo dos temas abordados até então, diversas vezes foram mencionadas as unidades de gestão diferenciada (UGDs), também denominadas zonas de manejo. Neste capítulo, pretende-se aprofundar os conceitos sobre UGDs, bem como suas aplicações e formas de obtenção.

Como apresentado no Cap. 6, as estratégias de tratamento localizado podem ser de diversos tipos: aplicações baseadas em mapas de recomendação no formato *raster*, vetorial, aplicações em tempo real por sensores de solo ou planta e também aquelas por UGDs, sem contar as formas que mesclam as diversas metodologias. A maior vantagem dos métodos que utilizam UGDs, em relação aos demais, é o fato de serem capazes de agregar dados históricos da área e traduzi-los em uma informação relevante à gestão. As demais estratégias utilizam apenas dados de investigação coletados semanas ou meses antes da aplicação, caso das amostragens, ou no mesmo momento da aplicação, no caso de aplicações em tempo real.

Uma importante vertente da AP é o estudo não só da variabilidade espacial, mas também da variabilidade temporal, ou seja, de como se comportam as manchas encontradas na lavoura ao longo do tempo. Elas são permanentes ou variam de ano para ano? Quais informações extraídas desse comportamento podem ser utilizadas na gestão da área? As tecnologias de AP tornam possível a obtenção de dados da lavoura com alto detalhamento e também a coleção de mapas históricos, entre os quais os mais relevantes são os mapas de produtividade. Tais informações são extremamente importantes para a gestão em AP e não devem ficar apenas arquivadas nos sistemas de informação da empresa.

UGDs são regiões delimitadas na lavoura com mínima variabilidade, consistentes ao longo do tempo, e que caracterizam o potencial de resposta daquela área. Elas são geradas com base na combinação de dados georreferenciados e geridas de forma diferenciada. Se obtidas a partir de bons dados e pelo método de análise adequado, serão permanentes. O objetivo é subdividir os talhões em unidades gerenciais menores, baseadas no mapeamento do potencial de resposta e aptidão de cada área.

As UGDs são áreas permanentes, pois devem justamente representar a variabilidade espacial intrínseca da área, que é imutável, ou seja, insensível aos tratamentos agronômicos de rotina e independente de fatores antrópicos. Tal variabilidade está normalmente associada à gênese do solo e pode ser mapeada por meio de fatores físicos, como textura, capacidade de retenção de água, drenagem, profundidade etc.

A implantação de UGDs permite o uso inteligente de informações históricas e por isso é considerada o objetivo final e mais nobre de um sistema de AP. Nesse nível de gestão, considera-se que o conhecimento sobre a variabilidade de um talhão é suficiente para estabelecer um padrão de tratamento e recomendações condizente com as características de cada unidade de gestão. A partir de então, as atividades de investigação e coleta de dados continuam para fins de monitoramento das condições de cada UGD.

Normalmente, os talhões são planejados com base em parâmetros de eficiência operacional e também de logística dentro da fazenda. Em alguns casos, também se consideram tipos de solo e relevo, mas o uso de dados espacializados é pouco comum. Com a implementação de UGDs, as unidades de gerenciamento passam a considerar a variabilidade de diversos fatores que conferem a cada área um potencial distinto e, consequentemente, demandam uma gestão personalizada.

Um exemplo que elucida perfeitamente a importância de UGDs para um sistema de gestão é o reconhecimento de áreas da lavoura que não respondem ao incremento em adubação devido a características do solo que limitam o seu potencial de resposta. Suponha-se que em uma lavoura em que predomine um solo com boas características físicas (solo argiloso, profundo, bem drenado etc.) exista uma pequena mancha de solo mais arenoso, uma área propícia ao encharcamento ou um solo mais raso e pedregoso que dificulta o crescimento radicular e o armazenamento de água. Se o usuário de AP não mapear essa região e aplicar taxas variáveis em área total utilizando os mesmos critérios de recomendação para as duas regiões, ele pode cometer um erro agronômico de recomendação.

Em uma análise exploratória inicial sobre esse talhão, alguns agricultores poderiam intuitivamente decidir por aumentar a dose de nitrogênio (N) na mancha de solo mais "pobre" ao notar uma produtividade reduzida nesse local. Porém, não haverá resposta em produtividade dada as limitações intrínsecas do solo nessa área. Certamente, conhecendo as limitações dessa região, o gestor deveria reduzir a aplicação de N. Ao mesmo tempo, embora o restante da lavoura já apresente uma produção satisfatória, o agricultor poderia testar um aumento na dose de N com o intuito de explorar ao máximo o seu potencial de resposta. A diferenciação nas estratégias de recomendação não seria possível se não houvesse a divisão da área em UGDs.

Como apresentado na Introdução, tais estratégias devem ser implementadas sempre visando otimizar o retorno econômico em cada unidade. Isso significa que em UGDs de baixo potencial de resposta pode-se reduzir o gasto com insumos (adubos, sementes etc.), já em UGDs de alta resposta pode-se aumentar as doses desses insumos buscando aumento de produtividade. Ambas as estratégias devem ser cautelosamente ajustadas para que a máxima lucratividade seja obtida de cada unidade.

A divisão dos talhões em UGDs se dá por meio do mapeamento de parâmetros permanentes do solo, como textura e tipo de solo. Uma vantagem é que tal mapeamento seria realizado apenas uma vez, já que se trata de características que não vão mudar ao longo do tempo. As manchas e o potencial de resposta são então validados com uma sequência de mapas de produtividade.

Uma boa informação para diferenciar regiões com potenciais produtivos distintos é a classificação de solos. No entanto, esse levantamento costuma apresentar custo proibitivo se realizado com alta resolução (necessária para a adequada caracterização da variabilidade espacial). Assim, a ferramenta mais comum para o levantamento de informações de solo são os sensores de condutividade elétrica (CE) do solo, os quais são capazes de coletar uma grande quantidade de dados que expressam de forma indireta a variabilidade do solo para a capacidade de armazenamento de água e textura. O mapa de CE da área é, portanto, uma informação essencial para o levantamento de UGDs com qualidade, até porque é capaz de diferenciar pequenas variações nesses elementos dentro de uma mesma classe de solo. Os mapas de relevo, mapas de propriedades do solo, como matéria orgânica e CTC, aliados a observações locais sobre as manchas do mapa de CE, também são informações interessantes que podem ser utilizadas na demarcação das UGDs.

Além das informações de solo, o levantamento dos parâmetros de planta também é crucial. Nesse caso, têm-se os mapas de produtividade e também imagens orbitais, aéreas ou índices de vegetação por sensores terrestres de dossel. As informações das culturas, principalmente o histórico de produtividade, definirão o potencial de resposta (alto, médio ou baixo) de cada UGD. O mapa de produtividade é o resultado da variabilidade total da área, ou seja, da variação de parâmetros intrínsecos do solo e também daqueles vinculados aos tratamentos agronômicos. Portanto, para expressar a variação de parâmetros permanentes (foco da UGD), deve-se utilizar não apenas um, mas uma sequência de mapas históricos, que inclusive podem ser das diferentes culturas implantadas na área em cada ano, por exemplo, soja na primeira safra e milho na segunda (safrinha). Os mapas de anos atípicos (condições climáticas extremas ou ataque severo de pragas e doenças) podem ser excluídos da avaliação se julgado necessário. Os mapas de índice de vegetação, por meio de imagens de satélite ou sensores terrestres, podem ser utilizados devido à sua relação com a biomassa, que expressa o vigor vegetativo em algumas culturas e a produtividade em outras.

Todos os mapas citados formarão as camadas de informação que serão utilizadas conjuntamente para a observação de padrões de variabilidade e, consequentemente, para a subdivisão da área em duas ou mais UGDs (Fig. 7.1).

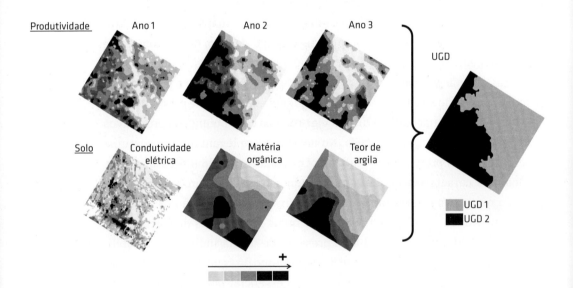

Fig. 7.1 Exemplos de conjuntos de mapas formando UGDs

Certamente, há consenso sobre a utilização somente de parâmetros imutáveis e perenes ou ao menos daqueles que evidenciem esse tipo de variabilidade. Porém, em alguns casos, observa-se, por exemplo, o uso de mapas de atributos químicos de fertilidade na delimitação de UGDs. Essa é uma medida equivocada, já que com tratamentos agronômicos as manchas podem mudar totalmente e, dessa forma, não podem ser utilizadas para mapear a variabilidade perene da área.

Outro requisito importante para os mapas utilizados é a confiabilidade e o detalhamento da informação mensurada. Os mapas citados anteriormente (CE, produtividade, índice de vegetação) são gerados por meio de ferramentas com alta intensidade de coleta de dados, o que lhes confere bom detalhamento e confiabilidade, pois eliminam as incertezas das estimativas oriundas de interpolações de pontos esparsos de amostragem. Ao utilizar mapas provenientes de amostragens, deve-se assegurar que a densidade amostral e os métodos de interpolação sigam rigorosamente os quesitos técnicos e que garantam minimamente a qualidade da informação final.

É importante salientar que nem sempre é possível reconhecer um padrão de variabilidade claro e consistente de forma a permitir um delineamento confiável das UGDs. Primeiramente, deve-se assegurar que os dados utilizados foram coletados e manipulados adequadamente (boa calibração de sensores de produtividade e limpeza de dados, por exemplo) e que haja um histórico suficiente e representativo de condições normais de produção. Se essas condições foram satisfeitas e ainda assim não se reconhece um padrão claro de variabilidade, é provável que realmente não haja necessidade de divisão da área em UGDs. Por exemplo, é possível que um talhão esteja compreendido dentro de um único tipo de solo e, portanto, não seria reconhecida uma variabilidade suficiente que justificasse a sua divisão em UGDs. Nesses casos, é interessante expandir a escala de avaliação para que se possa observar a variabilidade além dos limites do talhão e determinar UGDs maiores que transpassem um ou mais talhões. Esse tipo de abordagem permite observar tendências mais gerais que seriam imperceptíveis em avaliações dentro de um único talhão. A mudança de escala na avaliação da variabilidade espacial (apenas dentro do talhão ou toda a fazenda) pode resultar em UGDs diferentes (Santesteban et al., 2012) (Fig. 7.2).

7.2 APLICAÇÕES

Após definidas as UGDs, elas passam a fazer parte de todas as etapas de gestão da lavoura, sendo especialmente importantes na adubação e, para algumas culturas, na implantação. Na gestão da adubação, as UGDs podem ser utilizadas tanto na fase de investigação quanto na de aplicação. As amostragens de solo podem ser realizadas por UGD, com subamostras dispersas por toda a área da unidade, e não mais em grades regulares, reduzindo significativamente o custo com coleta e análise de amostras. Na fase de intervenção, as UGDs podem ser utilizadas de diversas formas (Fig. 7.3). A aplicação pode ser uniforme dentro de cada unidade, baseada na estratégia de recomendação adotada por UGD. Outra forma é manter taxas variadas dentro das UGDs, seja por recomendações com base em mapas de produtividade, seja por leituras de sensores. A UGD nesses casos pode ser empregada somente na etapa de amostragem, como citado anteriormente, ou então para diferenciar equações ou algoritmos de recomendação. É comum que sistemas que adotam UGDs apliquem insumos uniformemente dentro de cada unidade, mas é importante salientar que algumas ferramentas, como o mapa de produtividade ou sensores, fornecem informações extremamente detalhadas e confiáveis que não devem ser excluídas da recomendação se elas forem disponíveis, já que certamente serão variáveis mesmo dentro das UGDs.

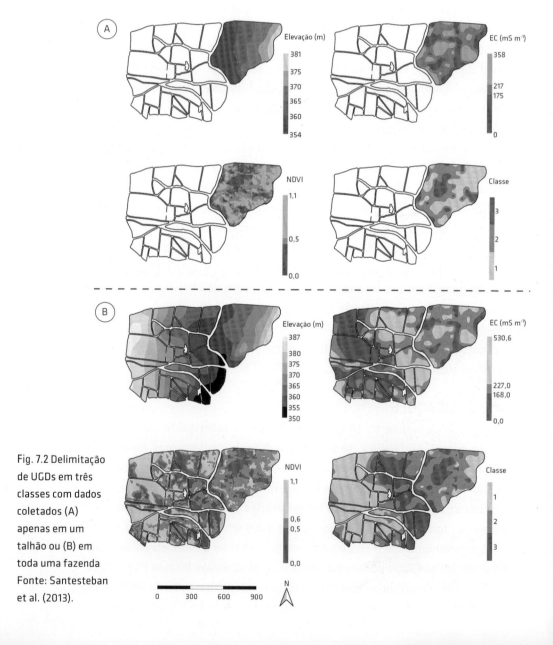

Fig. 7.2 Delimitação de UGDs em três classes com dados coletados (A) apenas em um talhão ou (B) em toda uma fazenda
Fonte: Santesteban et al. (2013).

7 Unidades de gestão diferenciada 195

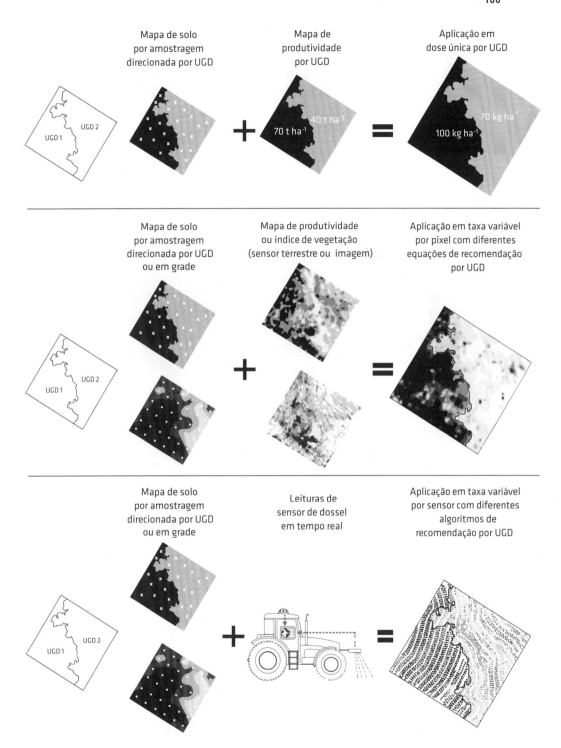

Fig. 7.3 Diferentes aplicações das UGDs para a gestão da adubação

Além de aplicações na adubação, as UGDs podem ser utilizadas para variar a população de plantas no momento da semeadura da cultura. Esse tipo de tratamento localizado foi abordado no Cap. 6, mas basicamente se entende que para algumas culturas, por exemplo, o milho, regiões com maior potencial podem responder com maior produtividade ao aumento na densidade populacional. Ao mesmo tempo, pode-se reduzir o custo com sementes nas regiões de baixo potencial e buscar um produto final de maior qualidade. Entretanto, é importante mencionar que as equações para a recomendação variada de densidade de sementes utilizando todos os parâmetros agronômicos necessários para se definir uma população ideal ainda não estão totalmente dominadas e devem variar caso a caso.

Outra possibilidade de uso das UGDs no momento da implantação das culturas é a variação também do material genético de uma determinada cultura (variar o híbrido no caso do milho, por exemplo) ou mesmo do tipo de cultivo nas diferentes safras. Essa é uma abordagem recente, mas extremamente interessante e holística do ponto de vista agronômico, pois busca adequar a cultura às características específicas de cada UGD, tendo como objetivo o máximo lucro e aproveitamento dos recursos disponíveis.

7.3 FORMAS DE OBTENÇÃO

A importância da UGD para um sistema de gestão localizada já está bem consolidada na comunidade acadêmica, assim como as camadas de informações que devem ser utilizadas. Por outro lado, as formas de obtenção e delineamento ainda são discutidas e as mais variadas ferramentas têm sido desenvolvidas, desde métodos mais simples até os mais sofisticados, embasados em ferramentas estatísticas e matemáticas complexas. Em alguns casos, considera-se inclusive o delineamento de UGDs feitas "à mão" pelos agricultores e gestores das lavouras, que, utilizando seu conhecimento sobre a área, são capazes de desenhar suas linhas divisórias dentro de um mapa do contorno do talhão. Desconsiderando o delineamento "visual", todos os demais se fundamentam em métodos de combinação de mapas e agrupamento de dados, ou seja, com base em diversas camadas de informação, gera-se um mapa final contendo duas ou mais UGDs por meio do agrupamento dos dados em classes.

Entre os métodos mais simples, é comum a normalização de dados pela média, já que, na maioria das vezes, analisam-se dados com diferentes unidades, como textura do solo e produtividade de grãos. Essa normalização pode permitir a análise visual das regiões com comportamento semelhante. Já para procedimentos matemáticos e estatísticos mais sofisticados, destaque é dado para a análise de *cluster* e seus diferentes algoritmos.

7.3.1 NORMALIZAÇÃO PELA MÉDIA

A normalização de dados pela média é um procedimento capaz de converter um valor com determinada unidade, por exemplo, kg ha^{-1}, em um número relativo, dado pelo percentual da média. Isso significa que se um *pixel* de um mapa de produtividade apresenta o valor de 2.500 kg ha^{-1}, e a média de produtividade desse talhão for 3.000 kg ha^{-1}, o valor relativo nesse *pixel* será de 0,83 ou 83% (Cap. 4). Tal procedimento permite a realização de operações matemáticas entre mapas de diferentes fatores (solo e planta, por exemplo) e a comparação de mapas de produtividade obtidos com culturas e/ou em safras distintas.

Após a normalização dos dados de interesse, é gerado um mapa final que representa o valor médio de todos os mapas em cada *pixel* (Fig. 7.4). Além da média, em uma sequência de mapas de produtividades pode ser calculado o desvio padrão e o coeficiente de variação em cada *pixel*, os quais representam o grau de variação entre os mapas utilizados. O passo seguinte é a classificação dos *pixels* entre, por exemplo, alto, médio e baixo potencial de resposta. Tal classificação pode ser arbitrária, como classificar o que é menor que 80% como potencial baixo, o que estiver entre 80 e 120% como médio e o que estiver acima de 120% como alto.

O mapa do coeficiente de variação (CV), calculado com base em mapas consecutivos de produtividade, pode ser analisado a fim de reconhecer as regiões que apresentaram resposta consistente ao longo dos anos (variabilidade temporal) e o quão confiável é o valor do *pixel* para representar o seu potencial de resposta. Em outras palavras, um valor baixo de CV significa que a produtividade normalizada (acima ou abaixo da média) no *pixel* foi consistente ao longo dos anos e, portanto é uma informação confiável na delimitação de UGDs. Ao contrário, um valor alto de CV indica que houve alta variação na produtividade relativa, ou seja, em um ano foi acima da média e no outro foi abaixo da média, por exemplo, o que reduz a capacidade de representar o potencial (permanente) daquele *pixel*.

O método da normalização pela média é uma das formas mais simples para a geração de UGDs. Ao mesmo tempo, ele envolve algumas etapas subjetivas, que dependem da decisão e bom senso do usuário, como a definição das classes que distinguem cada unidade, qual o limite aceitável para o CV, e também quais camadas de informação devem ser utilizadas. Por sua simplicidade, esse é um método bastante utilizado e, de certa forma, eficiente quando os mapas mostram um padrão de variabilidade claro e consistente entre si, possibilitando avaliar se o resultado final está dentro do esperado.

7.3.2 ANÁLISE DE *CLUSTER*

Ao contrário do método descrito anteriormente, os métodos de diferenciação das UGDs por meio de algoritmos de agrupamento, conhecidos como análise de *cluster*, são significativamente mais robustos em termos de estatística e modelagem de dados. Eles são normalmente baseados em fundamentos clássicos da estatística multivariada, especificamente na mineração de dados. De acordo com Fridgen et al. (2004), a análise de *cluster* é o agrupamento de indivíduos semelhantes em classes distintas denominadas *clusters*. No caso da aplicação em AP, os indivíduos ou elementos são os *pixels* do mapa e os *clusters* (conjunto de *pixels* dentro da mesma classe) formarão as UGDs. Certamente, a análise de *cluster* e os seus diversos algoritmos de agrupamento são as principais e também as mais adequadas formas de geração de UGDs utilizadas hoje no contexto da AP.

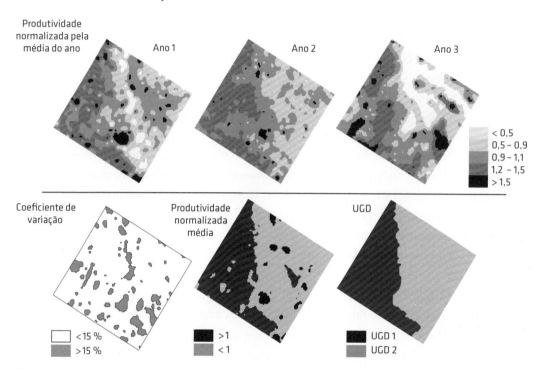

Fig. 7.4 Banco de dados de produtividade de três safras, com dados normalizados pela média (valores relativos) e cálculo do valor médio e do coeficiente de variação para cada *pixel*, indicando as UGDs resultantes

Previamente à abordagem sobre os algoritmos *cluster*, faz-se necessária a apresentação de outra ferramenta da estatística multivariada comumente utilizada na definição de UGDs, a Análise de Componentes Principais (ACP). Essa análise permite diminuir a quantidade de dados (número de variáveis) utilizados para o agrupamento, criando um número reduzido de novas variáveis (componentes principais) que respondem pela maior parte da variação contida nos dados. Por exemplo, no caso da disponibilidade de mapas sequenciais de produtividade, índice de vegetação, textura do solo, condutividade elétrica do solo, altitude, entre outros, é possível que se reduza a quantidade de dados para aqueles que mais representem a variabilidade espacial da área, por meio de duas ou três novas variáveis denominadas componentes principais. Após a análise, deixa-se de usar as variáveis originais para se trabalhar apenas com os componentes principais, que efetivamente serão utilizados nos algoritmos de agrupamento.

Uma vez definido o conjunto de dados, o próximo passo é a escolha do algoritmo *cluster*. Existem diversos métodos e algoritmos destinados ao agrupamento de dados. Invariavelmente, qualquer um deles pertence a um dos seguintes tipos: hierárquicos e não hierárquicos (ou de particionamento).

Os métodos hierárquicos são classificados entre aglomerativos ou divisivos. No método aglomerativo, inicialmente, cada elemento (*pixel*) compõe um grupo ou classe. Iterativamente, grupos semelhantes são unidos até que reste apenas um grupo que englobe todos os elementos. Tais agrupamentos são realizados com base em medidas de similaridade (por exemplo, coeficiente de correlação) ou dissimilaridade, normalmente dada por cálculos de distâncias (diferenças) entre duas observações no campo multidimensional, formando uma matriz de similaridade ou de dissimilaridade. Quanto maior a distância, menor é a semelhança entre os grupos. O agrupamento é visualizado por meio de um gráfico denominado dendograma (Fig. 7.5), que permite a visualização dos grupos em relação à medida de similaridade. Cabe ao usuário definir quantos grupos devem ser adotados, baseado na medida de similaridade observada.

Os métodos divisivos se iniciam de forma oposta aos aglomerativos. Nesse caso, todos os elementos estão englobados em um grupo que é sucessivamente dividido até que cada elemento componha um único grupo.

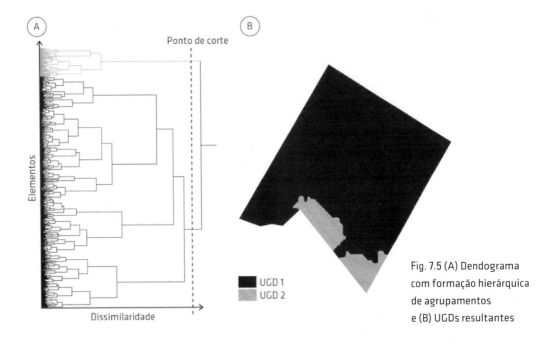

Fig. 7.5 (A) Dendograma com formação hierárquica de agrupamentos e (B) UGDs resultantes

Ao contrário dos métodos hierárquicos, os não hierárquicos, ou de particionamento, iniciam-se em geral a partir de um número (k) de classes, definido previamente pelo usuário, de acordo com o seu conhecimento sobre a área e o resultado esperado. Os elementos são trocados entre os *clusters* sucessivamente até que a melhor partição seja encontrada, ou seja, aquela com menor variação dentro do *cluster* e maior variação entre *clusters*. Para definir a quantidade de *clusters*, o usuário pode conduzir a partição diversas vezes, testando diferentes números de grupos. Obviamente, dentro das aplicações agrícolas, uma área não deve ser demasiadamente dividida a ponto de prejudicar operações de campo. O número de dois (alto e baixo) ou três níveis (alto, médio e baixo) de UGDs parece adequado mesmo para áreas grandes (acima de 100 ha) (Taylor; MacBratney; Whelan, 2007).

Os métodos de particionamento podem ser classificados entre supervisionados, nos quais o usuário define padrões de referência para a classificação, e não supervisionados, nos quais os elementos são classificados naturalmente. Os métodos mais difundidos no âmbito da AP são os não supervisionados, o que pode ser uma vantagem para o usuário, pois não há necessidade de muito conhecimento prévio das áreas para conduzir o agrupamento. Alguns métodos de particionamento não supervisionados comumente utilizados na definição de UGDs são o *k-means* ou *c-means*, o Isodata (Iterative Self-Organizing Data Analysis Technique) e os que utilizam lógica difusa como o *fuzzy k-means* ou *fuzzy c-means* (Fridgen et al., 2004). Enquanto, nos algoritmos denominados *hard*, como o *k-means*, os elementos pertencem distintamente a um único grupo, nos algoritmos *fuzzy*, um elemento participa de todos os grupos, porém com diferentes graus (Fridgen et al., 2004).

O uso de tais algoritmos normalmente requer conhecimento aprofundado acerca dos métodos de agrupamento e das ferramentas capazes de processá-los. Porém, usuários de AP têm se beneficiado com o surgimento de *softwares* especializados com interfaces amigáveis, os quais geram UGDs automaticamente com base em um conjunto de mapas. Entre eles, estão o Management Zones Analyst (MZA), por Fridgen et al. (2004), e FuzMe, por Minasny e McBratney (2002), que utilizam algoritmos *fuzzy k means*.

7.3.3 DELINEAMENTO DAS UGDS

Independentemente do método de agrupamento, alguns equívocos são comuns em relação ao uso das terminologias referentes às UGDs no momento da classificação dos dados. Segundo Pedroso et al. (2010) e Taylor, MacBratney e Whelan (2007), existe uma diferença importante entre a definição de zonas de manejo (*management zones*), aqui denominadas UGDs, e classes de manejo (*management classes*). A simples classificação dos *pixels* entre baixo, médio ou alto potencial de resposta não necessariamente gera zonas ou regiões contínuas no talhão. Poucos *pixels* confinados dentro de uma UGD maior devem ser desconsiderados na delimitação da unidade, para garantir a continuidade espacial e facilitar a gestão da unidade (Fig. 7.6). Tal continuidade é primordial no momento em que as operações de campo são conduzidas, tanto durante as aplicações localizadas como nas etapas de investigação. Dessa forma, no momento da classificação dos *pixels*

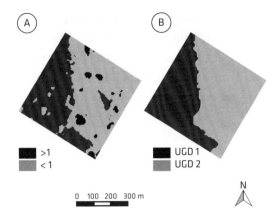

Fig. 7.6 Classificação de *pixels* com base em (A) índice normalizado e (B) delineamento de UGDs desconsiderando pequenas manchas

geram-se apenas classes de manejo, pois não há necessariamente continuidade espacial na classificação desses pontos. Segundo Taylor, MacBratney e Whelan (2007), classes de manejo podem conter diversas UGDs (zonas de manejo), porém uma UGD necessariamente é formada por apenas uma classe (Fig. 7.7).

Artifícios aplicados durante a classificação podem favorecer a geração de regiões contínuas dentro do talhão, por exemplo, a utilização dos dados das coordenadas geográficas como uma das variáveis para análise de agrupamento. Segundo Pedroso et al. (2010), métodos fundamentados em segmentação e classificação de imagens também tendem a gerar regiões contínuas. Além dessas ferramentas, é comum que o usuário conduza um complemento do processamento do mapa após a classificação dos *pixels*, delimitando

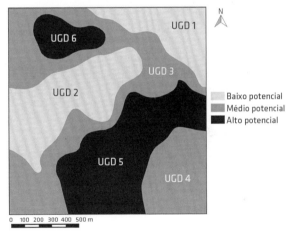

Fig. 7.7 Seis UGDs classificadas em três níveis (classes de manejo)

manualmente as regiões para garantir a continuidade espacial das UGDs. Nessa etapa, também é importante a delimitação de um tamanho mínimo para uma UGD, dentro do contexto da lavoura, das máquinas e da escala operacional envolvida.

Diante de tantos métodos, é natural que diferentes resultados sejam esperados das classificações. Existem diversas formas de se avaliar o resultado dos agrupamentos. As mais simples são aquelas em que a uniformidade é medida dentro da UGD, por meio de cálculos de variância, desvio padrão e coeficiente de variação. Um indicador comum é a variância relativa, dada pela variância obtida dentro da UGD em relação à variância total da área. Além de medidas de uniformidade, a heterogeneidade entre UGDs também deve ser avaliada, por meio de comparação de médias, por exemplo. Comparações entre os mapas das variáveis originais e o mapa final de UGDs também podem ser uma ferramenta de avaliação do agrupamento.

8. Sistemas de orientação e automação em máquinas

8.1 SOLUÇÕES ASSOCIADAS À AP

O surgimento dos GNSS deu origem a novas perspectivas para a agricultura e a indústria de máquinas. Muitas das inovações tratadas no contexto da AP não são associadas à gestão da variabilidade espacial das lavouras, o que gera controvérsias. Desde o seu início, a AP tem tido a contribuição da indústria de máquinas agrícolas e do segmento acadêmico que atua nessa área. Aliás, boa parte da capacidade instalada de pesquisa que deixou de ser demandada na área de máquinas e mecanização agrícola, por ter se esgotado ou por ter sido assumida pela indústria, se deslocou para essa interface com a AP. Atualmente, muitos departamentos de Engenharia Agrícola em universidades ao redor do mundo se destacam por atuações nessa área, o que indica a existência de demanda nesse campo.

Há um elenco de produtos e soluções associados à mecanização agrícola, invariavelmente lembrados sempre que se faz referência à AP. É o caso dos sistemas-guia e de direcionamento automatizado de veículos, dos controladores de seções em pulverizadores e de linhas nas semeadoras, e da comunicação via telemetria. Também são lembrados dispositivos anteriores a tudo isso, como o caso dos monitores de semeadoras, que já eram disponíveis na década de 1980, embora ainda não sejam intensamente adotados no Brasil. Há ainda outras controvérsias, derivadas da própria nomenclatura de máquinas. É o caso característico das semeadoras de precisão, que existem desde a segunda metade do século XIX e recebem esse nome por possuírem mecanismos dosadores que individualizam sementes, e não necessariamente por apresentarem recursos de AP.

Casos como esses têm gerado termos como máquinas (mais) precisas, máquinas inteligentes etc. O fato é que, com a adição de inovações, algumas delas associadas à AP, os usuários passam a dispor de máquinas e de sistemas melhores. Aliás, a AP, quando praticada em escala, necessita dessas soluções, além daquelas mais óbvias, como os sensores e o controle da aplicação de insumos em taxas variáveis.

Outro fato que não é novo, mas que está cada vez mais próximo da agricultura, é a adoção da robótica. Existem comunidades organizadas pelo mundo em torno desse tema há muito tempo, mas na agricultura os desafios estabelecidos são relativamente recentes. É incerto quanto, onde e até quando ela estará conectada à AP, ou se terá a capacidade de se sobrepor a esta. Por enquanto, a abordagem ainda pode ser feita de forma conjunta e abrangente.

8.2 BARRAS DE LUZES

Os primeiros relatos sobre a utilização de recursos de orientação com GNSS são do início da década de 1990, em aviões agrícolas. A orientação para percursos, sempre retos, até então era possível apenas por meio de sinalizadores externos à aeronave, como bandeiras e balões. No caso da aplicação de defensivos em florestas, especialmente as de pinheiros nas áreas montanhosas do norte da América do Norte, a tarefa de orientação definitivamente era um desafio.

Um primeiro produto que surgiu no mercado permitia a orientação do piloto para cumprir as passadas paralelas apenas se guiando por uma sequência de LEDs (luzes) enfileiradas num pequeno painel conectado a um receptor GNSS, o que passou a ser denominado barra de luzes. As luzes acendem à medida que a aeronave se afasta do alinhamento predeterminado, induzindo o piloto a reagir e manter o avião na rota. Esse alinhamento é gerado pelo piloto na primeira passada e as demais serão sempre paralelas à primeira e afastadas da distância equivalente à largura de uma faixa de deposição, também definida pelo piloto antes do início da tarefa.

Tal solução se popularizou na aviação agrícola e os primeiros relatos da sua adoção nesse tipo de aeronave no Brasil datam de 1995. Naquela época, o sinal de GPS para uso civil continha a degradação da disponibilidade seletiva e a exatidão oferecida era muito baixa para aplicações dessa natureza, sendo necessário o uso de alguma forma de correção diferencial. Os receptores utilizados na época eram GPS da banda L1 e a correção disponível era com o uso de uma estação fixa e um link de rádio entre este e o receptor do avião. Os pilotos que adotavam a barra de luzes tinham que dispor da sua própria estação "fixa", que, na verdade, não era fixa, já que era levada a cada local de trabalho.

O piloto, ao chegar a um local em que iria operar, ligava a estação fixa (portátil) em uma posição de boa visada para o rádio e deixava o receptor GPS trabalhar por certo tempo para gerar um ponto fixo, que servia de referência para o sistema local de correção diferencial. Com um rádio receptor conectado ao receptor GPS a bordo e dentro da área de alcance do sinal de rádio da estação de correção, o piloto podia voar com erros abaixo daqueles resultantes do uso de bandeiras sinalizadoras.

Em 1997, surgiu a primeira solução SBAS para correção diferencial em receptores L1 no Brasil, a qual foi motivada exatamente pelo despertar do mercado de barras de luzes para a aviação agrícola, fato que ajudou em muito a popularização e adoção dessa técnica. A qualidade do paralelismo das aplicações era incontestável, da ordem de 0,5 m com probabilidade de 50%, 1,0 m com 68% de probabilidade (1 σ) e 2,0 m com probabilidade de 95% (2 σ), enquanto nas aplicações guiadas por bandeiras esse erro de paralelismo era da ordem de 2,9 m, 3,5 m e 5,5 m, respectivamente (Fig. 8.1). Entre o final da década de 1990 e o início da década de 2000, toda a frota brasileira de aviões agrícolas já estava equipada com sistemas de orientação por barras de luzes.

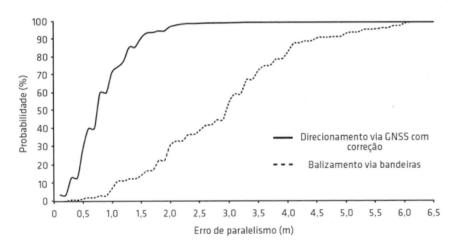

Fig. 8.1   Probabilidades de erro de paralelismo em passadas de um avião agrícola com o piloto guiado por bandeiras e por barra de luz com GPS e correção diferencial via satélite (SBAS) no início da utilização desse recurso na aviação agrícola brasileira
Fonte: Molin (1998).

As barras de luzes na aviação agrícola apresentam vantagens interessantes do ponto de vista operacional em relação ao uso de bandeiras balizadoras.

O piloto só podia voar quando os dois operadores de bandeiras chegassem às cabeceiras da lavoura e somente poderia seguir para um segundo talhão, na mesma sequência, se neste houvesse outros dois operadores de bandeiras. Com o uso de barra de luzes, a operação pode iniciar mais cedo por não depender do translado da equipe de terra até as cabeceiras da área. A operação pode ser interrompida em qualquer ponto da lavoura e, por meio de uma marcação virtual realizada pelo equipamento, o piloto navega e reinicia naquele mesmo ponto. Além disso, a barra de luzes viabiliza o voo noturno, não permitido no Brasil, mas já praticado de forma usual em outros países. Entre essas e outras vantagens, a mais importante delas, sem dúvida, é a exatidão da aplicação. O piloto treinado e adaptado a essa técnica faz aplicações com uniformidade significativamente maior que quando guiado por bandeiras e pode registrar o que foi executado, servindo como um relatório da aplicação ao contratante.

Na mesma época em que se popularizava na aviação agrícola, a técnica já era testada para aplicações terrestres e visava dar orientação especialmente às operações agrícolas com aplicações em faixas largas e sem referência externa, como a pulverização e aplicação de sólidos a lanço ou em faixas. As primeiras barras de luzes nesses casos vinham da aviação agrícola e ainda apresentavam custo de aquisição elevado, e o tamanho do equipamento era considerável, pois constava de um computador convencional (com gabinete tipo torre), além do receptor GPS, também de porte bem maior que os atuais. No entanto, a solução já interessava aos usuários e, aos poucos, a indústria passou a oferecer soluções mais compactas e menos custosas, o que fez com que as barras de luzes se popularizassem nas aplicações terrestres.

Inicialmente eram comercializadas para os pulverizadores autopropelidos e utilizadas apenas na demarcação da primeira pulverização em uma dada lavoura já estabelecida, deixando marcados os rastros para os operadores seguirem nas demais aplicações, já que os erros de paralelismo não permitiam e ainda não permitem a repetição ou uma segunda passada na mesma lavoura utilizando a barra de luzes como guia. Isso porque, mesmo que a qualidade do sinal GNSS utilizado seja a melhor possível, o operador tem que reagir ao sinal das luzes e reposicionar o veículo, o que exige reação e resolução que a barra de luzes não oferece.

Assim, os usuários passaram a ter à sua disposição uma solução que substitui os recursos de alinhamento por meio de marcadores tipo balizas e cabos de aço esticados entre dois tratores, que eram utilizados para marcar os alinhamentos (rastros). No caso da operação de dessecação (aplicação de herbicida antes da semeadura) e de outras semelhantes, as barras de luzes substituíram de forma eficaz os marcadores de espuma.

A sua configuração e utilização é relativamente simples e, invariavelmente, segue uma mesma lógica. O operador define a largura das passadas e, numa segunda etapa, define um primeiro alinhamento, que é resultante da demarcação da linha A-B (para percursos curvos), ou simplesmente dos pontos de início (A) e fim (B) da primeira passada (para percursos retos) (Fig. 8.2). Com isso, são geradas infinitas linhas paralelas à direita e à esquerda do primeiro percurso, sendo que o equipamento direciona o operador para se manter sobre elas.

A evolução do mercado de barras de luzes ainda apresentava um limitante, associado ao seu custo operacional. Os usuários dependiam de sinal de correção diferencial SBAS, que é pago. No início da sua comercialização, o valor da taxa anual era da ordem de US$ 3.000,00, o que limitava o acesso de muitos potenciais usuários. Foi então que surgiram as soluções de algoritmos internos de filtragem de erros de paralelismo nos receptores GNSS, abordados no Cap. 1. Estes, por apresentarem precisão entre passadas compatível com as necessidades das aplicações e por representarem um custo menor, passaram a ser largamente adotados.

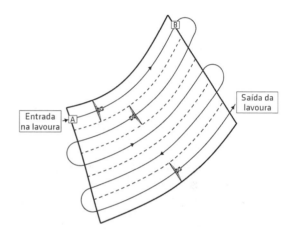

Fig. 8.2 Definição de um primeiro percurso com a demarcação da linha AB; os demais são então gerados automaticamente e o operador os segue

A utilização de sinal de correção SBAS ou mesmo RTK em receptores para barras de luzes em aplicações terrestres, necessária na década de 1990, já não agrega muita melhoria no paralelismo em comparação ao uso de GNSS com sistema de correção por algoritmo interno (Fig. 8.3). A razão para isso é que o operador tem reação limitada a erros mostrados pelo indicador visual da barra de luzes ou equivalente. Além disso, ainda há a resolução ou sensibilidade do sistema, que é definida pelo espaço mínimo de desalinhamento transversal representado por um novo LED aceso ou apagado na barra de luzes (Fig. 8.4). Assim, como indicador visual, a barra de luzes atingiu o seu limite. A forma de reduzir seus erros de paralelismo é por meio de automação e com a ajuda de atuadores que assumem o comando do esterçamento do veículo.

Com a popularização das telas de cristal líquido e, posteriormente, das telas sensíveis ao toque, as barras de luzes evoluíram para outras formas de visualização para o operador. Ao mesmo tempo, o surgimento das soluções para percursos curvos, no início da década de 2000, passou a exigir mais atenção dos operadores aos indicadores visuais. Assim, as telas indicando percursos no formato de "estrada virtual" surgiram, facilitando ao operador a visualização e previsão para reagir e esterçar corretamente o veículo. Mesmo assim, os fabricantes tendem a manter o indicador tipo barras de luzes na parte superior ou inferior da tela para aqueles usuários que preferem esse tipo de indicador visual (Fig. 8.4).

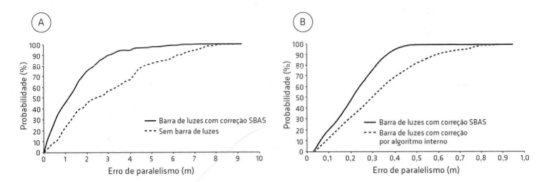

Fig. 8.3   Erros de paralelismo sem e com o uso de barra de luzes: (A) com dados obtidos em 1998 e utilizando correção diferencial SBAS; (B) com dados obtidos em 2008 e utilizando correção diferencial SBAS e algoritmo interno de filtragem de erros
Fonte: (A) Molin e Ruiz (2000) e (B) Molin et al. (2011).

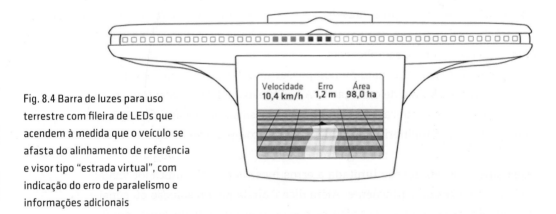

Fig. 8.4 Barra de luzes para uso terrestre com fileira de LEDs que acendem à medida que o veículo se afasta do alinhamento de referência e visor tipo "estrada virtual", com indicação do erro de paralelismo e informações adicionais

As barras de luzes e as atuais telas-guia (estradas virtuais) têm diversas finalidades. Além de guiar o operador na tarefa de pulverização ou de aplicação de produtos sólidos a lanço, também pode orientá-lo na demarcação de faixas, por exemplo, para delimitar certo número de passadas para cada semeadora em grandes talhões, estando esta sobre um trator que deixará a marca do rastro para os operadores que virão em cada uma dessas faixas. Da mesma forma, pode demarcar o rastro de cada passada das operações de pulverização que se seguirão ao longo dos ciclos (cultura de inverno e cultura de verão ou as duas culturas de verão) em sistema de semeadura direta.

Qualquer outra operação que exija paralelismo, e que não possua outro recurso visual, pode dispor das barras de luzes e telas-guia. É o caso, por exemplo, da distribuição de sistemas de irrigação por aspersor autopropelido com carretel enrolador para irrigação ou distribuição de vinhaça ao longo de uma lavoura de cana-de-açúcar.

Um aspecto importante, que deve ser lembrado ao se escolher um produto tipo barra de luzes, é o fato de que a antena do GNSS estará instalada na parte superior do veículo, o que, em terreno inclinado, gera um desvio na projeção vertical do alinhamento da antena e, portanto, em relação ao centro do veículo (Fig. 8.5).

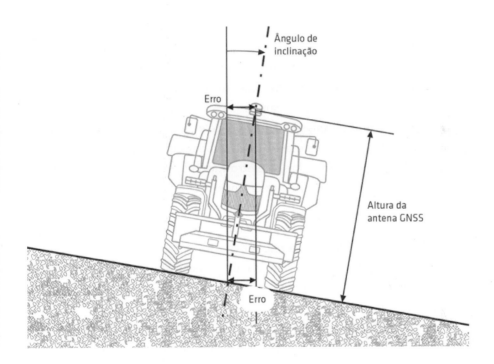

Fig. 8.5   Em terrenos inclinados, com percurso perpendicular à inclinação, a projeção da linha de percurso é deslocada do centro do veículo, o que exigirá compensação automática

Esse desalinhamento, que corresponde ao cateto oposto do triângulo formado pelo ângulo de inclinação do terreno, se não for corrigido, será um erro sistemático nos percursos. Nem todos os produtos de mercado apresentam recurso para essa compensação, que é dada por algum recurso de inclinômetro ou giroscópio diretamente na antena do receptor ou instalado em uma superfície rígida do veículo. Sistemas de guia por GNSS mais sofisticados como a direção automática também estão sujeitos a esse erro, mas a compensação automática é um item de praxe nos produtos comerciais.

8.3 SISTEMAS DE DIREÇÃO AUTOMÁTICA

A evolução natural da técnica inaugurada pelas barras de luzes foi o surgimento dos sistemas de direção automática, também conhecidos como piloto automático para veículos agrícolas. Na prática, de forma semelhante à barra de luzes, basta o operador criar uma linha-referência definindo o espaçamento entre as passadas que o *software* do equipamento replica infinitas passadas à direita e à esquerda da linha-referência. O posicionamento do veículo é corrigido automaticamente por atuadores no volante ou diretamente no seu rodado. No entanto, as manobras de cabeceira são feitas, ao menos até o momento, de forma manual, bastando o operador retomar o controle.

As primeiras soluções comerciais de sistemas de direção automática, no início da década de 2000, foram de controle eletro-hidráulico no sistema de direção do veículo. O sinal, proveniente de um computador que integra vários outros sinais, é emitido diretamente às válvulas da direção hidráulica do veículo, que esterça automaticamente. Em meados da mesma década, surgiram soluções mais simples, de atuadores elétricos diretamente no volante ou na coluna de direção do veículo. Esses, embora mais simples e mais baratos, não se sobrepuseram àqueles eletro-hidráulicos por não apresentarem a mesma exatidão, especialmente em operações em que essa qualidade é uma exigência ou uma condição. O atuador elétrico tem limitações quanto à resolução oferecida, exige maior tempo de resposta e incorpora as possíveis folgas de volante existentes no veículo.

Os componentes de um sistema de direção automática de controle eletro-hidráulico são basicamente o computador, o receptor GNSS, o sensor de angulação do esterçamento (no rodado esterçante), o sensor inercial que notifica oscilações e também faz a compensação da inclinação vertical, já abordada nas barras de luzes, e o atuador eletro-hidráulico da direção (Fig. 8.6). Nos sistemas com atuadores de volante ou de coluna da direção, o que muda, além da simplificação de componentes, é a substituição do atuador eletro-hidráulico por atuador tipo motor elétrico que faz girar o volante (Fig. 8.7) ou diretamente a coluna de direção.

Além dessa diferenciação em termos de atuador, o receptor GNSS é outro componente de grande importância no estabelecimento da qualidade do sistema e do seu valor de aquisição. Normalmente, é de se esperar uma combinação de atuadores eletro-hidráulicos com receptores GNSS de maior exatidão. Nesse caso, os receptores são, via de regra, GNSS (GPS L1/L2 + Glonass) com correção diferencial RTK ou com correção diferencial SBAS para dupla frequência. Já os sistemas com atuadores de volante são mais comumente oferecidos com receptores GNSS ou apenas GPS L1 e, nesse caso, com correção SBAS para frequência simples ou mesmo com algoritmos internos de filtragem de erros de paralelismo, como nas barras de luzes.

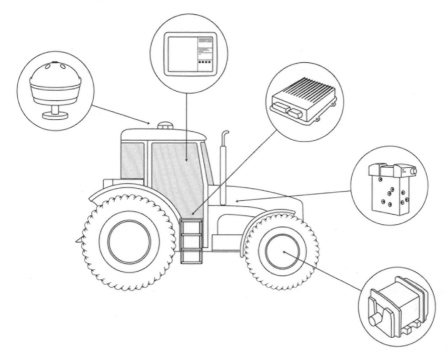

Fig. 8.6   Componentes de um sistema de direção automática de controle eletro-hidráulico: (A) receptor GNSS; (B) computador; (C) sensor inercial; (D) válvula atuadora eletro-hidráulica da direção; (E) sensor de angulação do esterçamento

Os sistemas de direção automática surgiram, sobretudo, para oferecer conforto ao operador, sendo que os usuários inicialmente focados eram os agricultores que operavam as suas próprias máquinas, o que é comum principalmente na América do Norte e Europa. O foco da indústria nesse caso foi oferecer facilidades e conforto a esse agricultor, que, com o auxílio de outras tecnologias, como internet sem fio e telefonia móvel, trabalha no seu "escritório virtual" pela cabine do trator. No mercado brasileiro, a indústria encontra outro perfil de usuário, normalmente um funcionário da empresa com a função única de operar a máquina, que não aproveita, portanto, diretamente esse aspecto da inovação.

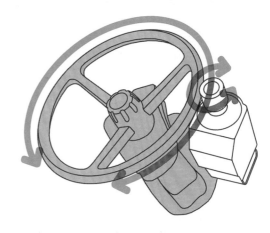

Fig. 8.7   Sistema de direção automática com atuador tipo motor elétrico, que faz girar o volante

Essa tecnologia passou a permitir paralelismo entre passadas em operações agrícolas, com qualidade dificilmente obtida até então. Nesse ponto, é importante destacar que o modo de utilização de sistemas de direção automática pode ser por repetição de passadas paralelas às anteriores, como com as barras de luzes. Porém, com a implementação de computadores de bordo mais potentes, os sistemas passaram a permitir percursos mais complexos programados em escritório, assim como percursos copiados de operações anteriores.

Embora sejam elencados vários benefícios, alguns tangíveis e comprovados, outros nem tanto, é possível apontar vários fatores responsáveis pela recente adoção dos sistemas de direção automática. Tais sistemas permitem, por exemplo, a redução da superfície de solo compactada e danos às plantas (ou soqueiras, no caso da cana-de-açúcar) com a prática do controle de tráfego. Por ser uma solução que libera o operador da responsabilidade de acertar o percurso, reduz a sua fadiga e admite velocidades operacionais maiores, permitindo que o operador fique atento às outras funções da máquina. Também é importante o fato de que essa solução permite a operação com e sem visibilidade, viabilizando operações diurnas e noturnas com a mesma qualidade de percurso.

Na medida em que o sistema gera as passadas virtuais paralelas e equidistantes entre si, cada uma será única, o que permite a operação com mais de um conjunto mecanizado na mesma área ao mesmo tempo, cada um iniciando em qualquer ponto da lavoura, bastando que sejam programados os percursos de cada um. Dessa forma, dependendo da configuração da máquina ou do conjunto mecanizado e da operação que estão executando, o uso de sistema de direção automática poderá otimizar o raio de manobras porque as saídas e as consequentes reentradas no talhão podem ser definidas pelo mínimo tempo de manobra, não obrigatoriamente na próxima passada adjacente (Fig. 8.8).

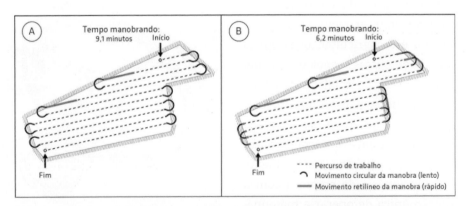

Fig. 8.8 Diferentes opções de percursos em um mesmo talhão, com distintos tempos não produtivos e mesmo tempo gasto em percurso de trabalho

Fonte: adaptado de Spekken e Bruin (2013).

Todos esses aspectos resultam em aumento do rendimento operacional, embora um deles seja provavelmente o mais impactante e que em alguns casos justifica o uso do sistema de direção automática por si só. Com os percursos guiados pela direção automática sendo gravados no seu computador, esses poderão ser reproduzidos indefinidamente. Isso permite a integração das operações automatizadas sob uma mesma base de dados. Como exemplo, o plantio da cana-de-açúcar tem seus percursos gravados, que serão posteriormente utilizados, não apenas pela colhedora, mas também pelo trator de transbordo e pelos equipamentos responsáveis pelos tratos culturais. Da mesma forma, na semeadura direta de grãos, a adubação com incorporação de fertilizante, especialmente com fontes de fósforo, que é pouco móvel no solo, pode ser feita em uma época de pouca demanda de atividades e a semeadura pode ser realizada utilizando-se o arquivo dos percursos da adubação, com a garantia de que as sementes estarão próximas do fertilizante.

Para que os benefícios da tecnologia disponível sejam atingidos, a exatidão do sinal GNSS precisa ser compatível com a necessidade. Nesse caso, deve haver o julgamento para a correta escolha da qualidade do sinal em cada aplicação, de forma que a exatidão necessária seja atendida, lembrando que as melhores combinações atualmente possíveis envolvem sistema de direção automática de controle eletro-hidráulico e sinal GNSS com correção RTK. Alguns fornecedores desses sistemas apresentam especificações com exatidão média da ordem de 0,02 m. Porém, existem outras combinações com exatidão da ordem de 0,10 m, envolvendo sinal GNSS com correção via satélite (SBAS) e, nesses casos, a necessidade de repetibilidade e a sua qualidade devem ser criteriosamente consideradas e analisadas.

Em algumas operações agrícolas, o impacto da utilização dessa tecnologia está, por exemplo, no menor custo operacional. É o caso da sulcação para o transplantio de mudas citrícolas. A prática usual é obter o alinhamento e demarcá-lo com estacas para que o operador do trator que está sulcando as siga. Tal solução implica a utilização de oito a dez pessoas para preparar, dispor e remover as estacas, o que resulta em custo competitivo para o sistema de direção automática, embora represente um custo de aquisição elevado quando comparado com o valor do trator, por exemplo. Além da maior praticidade, o erro de alinhamento das plantas, medido três meses após o transplantio, com auxílio de um sistema de direção automática no trator, foi menor que aquele produzido pelo estaqueamento (Oliveira; Molin, 2011).

8.4 CONTROLE DE TRÁFEGO

O advento dos sistemas de direção automática tem gerado muitas expectativas, especialmente em quem está envolvido na produção de cana-de-açúcar, por permitir o planejamento dos sulcos previamente. Tal planejamento permite uma série de inovações, mas requer uma automação que ainda está em desenvolvimento, especialmente quando se trata de áreas inclinadas em que há a necessidade de estruturas de contenção ou de remoção do excesso de água das chuvas intensas (terraços).

O planejamento de percursos define de antemão como uma máquina vai se locomover sobre um talhão específico, levando-a a reduzir impactos relacionados à sua operação, como o efeito econômico do tempo improdutivo (manobras e abastecimentos) e da sobreposição de áreas com insumos aplicados, ou ainda a menor área compactada de solo pela passagem dos seus rodados.

Já são conhecidas ferramentas automatizadas para definir e planejar percursos retos otimizados. A origem dessa demanda vem da evolução da robótica na agricultura e da necessidade de planejamento de percursos de veículos autônomos. No entanto, para terrenos inclinados, ainda não estão plenamente disponíveis processos automatizados que realizem as simulações que permitam definir uma direção otimizada e o melhor percurso associado às posições dos terraços. Atualmente é comum que esse planejamento seja realizado com o auxílio de *softwares* de desenho ou SIG, porém, ainda com pouca interação entre aspectos de relevo e de rendimento das operações mecanizadas.

Na prática, a declividade raramente segue um perfil paralelo como ocorre em operações agrícolas. Nos plantios em nível, terraceamento e canais de água afetam o desempenho e custo das culturas. Geralmente, operações agrícolas são mais eficientes em percursos retilíneos do que em percursos curvos, especialmente quando os terraços não são transponíveis pelas máquinas agrícolas. Uma tendência é de que em partes mais suaves do talhão se estabeleçam terraços mais paralelos aos percursos para reduzir o impacto destes na eficiência operacional de máquinas, por evitar trajetos ou fileiras mortas (aquelas limitadas por outras). Essas fileiras, além de serem operacionalmente ineficientes, levam máquinas a efetuar manobras sobre a própria área cultivada do talhão, gerando danos à cultura existente e maior compactação de solo por tráfego indevido (Sparovek; Schnug, 2001).

A cana-de-açúcar tem os sistemas de direção automática como potenciais aliados, por se tratar de uma cultura semiperene. O seu sistema de produção consiste em diversas operações mecanizadas, empregadas desde a sua implantação com o preparo do solo e plantio, passando pelos tratos culturais durante o seu desenvolvimento até chegar à colheita durante o estádio de maturação. No entanto, o plantio ocorre a cada cinco anos, em média, e consiste em uma operação fundamental, pois erros durante a demarcação das fileiras de plantio e na manutenção do paralelismo entre as fileiras podem causar discrepância no espaçamento desejado, podendo gerar dificuldades e prejuízo ao longo de vários anos, enquanto durarem os ciclos de colheita.

A ausência de paralelismo adequado entre as fileiras pode acarretar desperdício da área útil que poderia ser cultivada com cana, no caso de espaçamentos maiores do que o planejado. Em especial, pode causar danos às soqueiras em função do tráfego indesejado sobre estas. Um estudo com tráfego sobre e entre as fileiras de cana-de-açúcar na primeira colheita mostrou que os danos são maiores em solos mais argilosos, aumentando a compactação do solo na região das soqueiras e afetando a altura das plantas e a sua produtividade (Paula; Molin, 2013). Nesse estudo, o controle de tráfego permitiu o intenso tráfego, característico da colheita mecanizada da cana, mas sem afetar a cultura.

Por outro lado, o uso de sistema de direção automática na colheita da cana-de-açúcar, testado durante o dia e à noite, em lavoura de área plana e percursos retos, apresentou erros de desalinhamento significativamente menores apenas à noite quando comparado com direcionamento manual (Baio, 2012). Entretanto, as perdas de cana e a eficiência operacional não foram afetadas pelo uso ou não do sistema de direção automática na colhedora.

O controle de tráfego em lavouras anuais, embora ainda esteja nos seus primórdios, muito provavelmente será uma prática usual no futuro. Para a sua implementação, são necessários alguns requisitos. As máquinas e as suas operações devem ter a mesma largura ou, quando não for possível, múltiplos desta, de modo que as passadas adjacentes estejam sempre nos mesmos lugares em todas as máquinas que trabalham no campo. As distâncias entre os centros dos rodados de todas as máquinas devem coincidir, possibilitando que estas passem exatamente no mesmo lugar ano após ano.

Ainda, é sabido que as colhedoras de grãos continuam crescendo de tamanho, o que exige rodados com maior capacidade de carga, gerando uma dificuldade ainda maior para se promover um efetivo controle de tráfego. Para a adequação dos rodados das demais máquinas aos da colhedora há ainda problemas relacionados à trafegabilidade entre talhões e em estradas.

Em condições ótimas para o controle de tráfego, as experiências indicam que é possível atingir áreas de tráfego inferiores a 15% da superfície das lavouras. Isso representa uma área maximizada sem danos causados pelos rodados e que repercutem em vários benefícios para a cultura e o solo. A área trafegada pode ser mantida como faixas compactadas (rastros permanentes), os quais também oferecem vantagens ao permitir a melhor tração e deslocamento dos rodados. Aliás, essa foi a origem da primeira proposta dessa natureza, em torno de 1850. Dois motores a vapor, em posições opostas nas laterais da lavoura, tracionavam um arado por meio de cabos de aço, sem trafegar na lavoura, o que era pouco provável em razão do peso desses motores, dos primórdios do domínio da tração e do tipo de rodados disponíveis na época. Aquela proposta podia ser considerada perfeita do ponto de vista do controle de tráfego, pois não resultava em tráfego algum sobre a lavoura. Hoje existem propostas alternativas àquela, como é o caso dos veículos tipo pórtico.

8.5 SISTEMAS DE DIREÇÃO AUTOMÁTICA PARA EQUIPAMENTOS

Os sistemas de direção automática foram inicialmente propostos para os veículos agrícolas e, em especial, para o trator. No entanto, o trator existe para tracionar e acionar as máquinas e implementos que irão executar uma dada operação e que são normalmente acoplados a ele pelo seu engate de três pontos ou pela sua barra de tração. O percurso definido pelo sistema de direção automática, portanto, será obedecido pelo rodado esterçante do trator, o que não é obrigatoriamente o percurso da operação. Assim, numa operação de semeadura, por exemplo, se a semeadora de arrasto tiver algum desalinhamento, causado por um sulcador diferente dos demais, poderá desalinhar seu centro em relação à linha central do trator. Isso também pode ocorrer com uma plantadora de cana ou qualquer outra máquina rebocada. Esse fato é menos impactante em máquinas e implementos acoplados ao engate de três pontos do trator, pois ambos formam um conjunto relativamente rígido. Porém, se a operação ocorre em terreno lateralmente inclinado, o empuxo lateral causará deslocamento e o consequente desalinhamento, nas duas situações, e sempre será mais marcante nas máquinas e implementos rebocados. Da mesma forma, em percursos curvos, equipamentos rebocados não seguem fielmente o percurso do trator.

Assim, algumas soluções têm surgido para minimizar esse tipo de problema, as quais deram origem a duas categorias de sistemas de direção automática para equipamentos acoplados. Existem aqueles que possuem algum tipo de atuador na máquina ou implemento, ou na interface entre estes e o trator, os quais são chamados de sistemas ativos.

No caso de acoplamento pelo engate de três pontos, são utilizados atuadores hidráulicos que deslocam a máquina ou implemento perpendicularmente ao seu percurso na traseira do trator. A outra forma de atuadores são elementos de ancoragem ao solo acoplados à máquina ou implemento. O exemplo mais comum é composto por um ou mais discos lisos, semelhantes aos discos de corte, porém de maior diâmetro, que, inseridos no solo, podem direcionar o implemento ou máquina ao qual estão presos, bastando para isso um atuador eletro-hidráulico de esterçamento do conjunto.

No caso de acoplamento pela barra de tração, um atuador tipo cilindro hidráulico desloca a máquina ou implemento lateralmente, fazendo com que a sua linha central coincida com aquela do trator (Fig. 8.9). Se for uma máquina sobre rodado, outra solução é que este tenha esterçamento próprio. Porém, em todas essas soluções, para que o trator e a máquina tenham a mesma referência de posição, eles deverão ter uma antena de GNSS independente e o sistema atuará sempre alinhando esta com aquela do trator.

Existem também soluções de compensação da posição da máquina ou implemento de arrasto de forma que este siga o alinhamento desejado, mesmo que o trator não cumpra o mesmo alinhamento. Por esse motivo, essas soluções são denominadas sistemas passivos. O trator irá percorrer um percurso de compensação calculado para eliminar a tendência natural da máquina ou implemento de cortar curvas durante as operações ou de se deslocar continuamente na direção do declive. Na sua configuração, é definida a geometria do conjunto e, assim, nem sempre é necessária uma segunda antena de GNSS, porém essa solução não permite obedecer aos preceitos do controle de tráfego, pois o trator não segue rigorosamente os rastros.

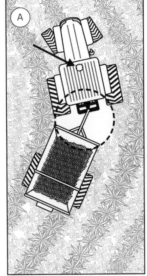 

Fig. 8.9 Equipamento de arrasto: (A) sem sistema de direção automática; (B) com sistema de direção automática ativo e antena de GNSS independente, indicada pelas setas, assim como sobre o trator

8.6 QUALIDADE DOS ALINHAMENTOS E DO PARALELISMO ENTRE PASSADAS

Como estabelecido quando abordado o tema GNSS (Cap. 1), a norma ISO 12188-2 (ISO, 2012) especifica o procedimento para avaliar e relatar o desempenho dos veículos agrícolas equipados com sistemas automatizados de orientação com base em GNSS, quando operando em um modo de direção automático. Aqui, o principal critério de desempenho é o erro transversal relativo ou *cross-track error* (XTE), que é o desvio lateral de um ponto representativo do veículo entre repetidas passadas (Fig. 8.10). Este critério de desempenho integra as incertezas associadas com o desempenho de todos os componentes do sistema de direção do veículo, incluindo o receptor GNSS, os componentes da direção automática e a dinâmica do veículo. A norma foca o monitoramento do desempenho do sistema de orientação automática com o veículo em percursos retos sobre uma superfície plana. Para o caso de percursos curvos, o desafio é maior, pois a mesma linha de referência, relativamente fácil de ser obtida em percursos retos, tem um grau de complexidade mais elevado.

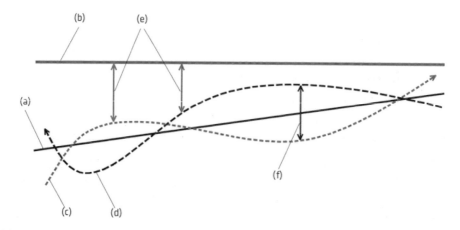

Fig. 8.10 Elementos de uma mensuração de erro transversal: (A) percurso teórico ou planejado; (B) sensores ou marcas permanentes; (C) passada anterior do veículo; (D) passada atual do veículo; (E) posições relativas obtidas por sensores de posição; (F) desvio entre duas passadas (XTE relativo)
Fonte: ISO (2012).

De qualquer forma, o alinhamento de referência precisa estar rigorosamente georreferenciado e o desafio estará em medir os desvios laterais sempre no sentido perpendicular ao percurso, o que representa um grau de liberdade a menos se comparado à mensuração de erro de posicionamento de um receptor GNSS em condição cinemática. Naquele caso, são necessárias as duas posições de referência: perpendicular e ao longo do deslocamento.

Quando se deseja quantificar esse erro, que é o desvio de paralelismo (ou desalinhamento) entre dois percursos (duas passadas) ou entre um percurso realizado e uma referência virtual, o erro será a distância perpendicular entre as duas passadas. No entanto, se há incertezas na referência virtual, estas serão incorporadas às mensurações. A própria norma ISO estabelece que o sistema de instrumentação a ser utilizado para medir as distâncias horizontais entre a referência e a passada real e entre as passadas deve ser no mínimo dez vezes mais exato do que o equipamento que está sendo avaliado. É o caso da utilização de um percurso de referência definido por um tipo de georreferenciamento, digamos GPS L1/L2 com RTK. Nesse caso, somente será possível fazer avaliação de um equipamento de direção automática com nível de incerteza bem maior, da ordem de dez vezes mais, no mínimo, pois o próprio percurso de referência já contém um nível de incerteza embutido nos erros a serem mensurados.

Como se trata de aplicações essencialmente agrícolas e em condição cinemática, aqui também valem os conceitos estabelecidos para caracterizar o desempenho de receptores GNSS e que envolvem o tempo decorrido entre passadas. Um cenário envolve o XTE entre duas passadas consecutivas em um intervalo de tempo menor do que 15 minutos, já o outro se refere a esse mesmo erro, porém em intervalos de mais do que 24 horas.

8.7 AUTOMAÇÃO DAS DECISÕES NAS MÁQUINAS

Além dos dispositivos controladores de aplicação de insumos em taxas variáveis, que são tratados à parte no Cap. 6, pela importância que representam ao conceito de AP, também há uma série de outras funções que têm sido agregadas às máquinas e que auxiliam em muito o operador a atingir patamares de qualidade nas operações nunca antes imaginados. Também há itens mais vinculados aos aspectos da gestão, da operação, da máquina, da frota e que coincidem com o surgimento da AP; por isso, principalmente a indústria de máquinas e equipamentos, e boa parte da academia, os associa. A indústria vislumbra, com isso, a oportunidade comercial oferecida pelos apelos inovadores da AP. Já a academia tem nesse tema um novo espaço para captar recursos para pesquisa, desenvolver projetos e divulgar seus resultados, o que tem gerado abordagens inovadoras, especialmente na área da Engenharia Agrícola.

Nos últimos 20 anos, a assim denominada eletrônica embarcada teve grandes avanços marcados pelas soluções de automação de comandos. Isso pode ser facilmente caracterizado pela substituição de comandos que antes eram manuais e, muitos deles, demandantes de considerável esforço humano, os quais foram simplificados e transformados em botões que comandam atuadores, que executam aquela força. O trator agrícola moderno apresenta uma quantidade expressiva desses comandos, desde a substituição das alavancas de controle remoto, comando de bloqueio de diferencial, acionamento da TDP e tantos outros. As máquinas, cujos comandos já foram puramente mecânicos, receberam grandes avanços ao incorporar os comandos e acionamentos hidráulicos. Esses, por sua vez, receberam o aporte de tecnologias da interface entre a hidráulica e a elétrica, e os atuadores eletro-hidráulicos se popularizaram com comando de simples botões ou toques.

A evolução dos motores de combustão interna para o atual sistema de alimentação eletrônica, os quais antes eram alimentados por bombas injetoras, e das transmissões para os sistemas de variação contínua de velocidade (ou automáticas), permitem um grau de automação que oferece muitas oportunidades com soluções novas para problemas antigos. É o caso do controle do efeito da variação indesejada da velocidade em uma operação, a qual afeta diretamente a aplicação de insumos. Esse problema é compensado por meio de sistemas de controle da vazão. Entretanto, a velocidade também pode ser controlada, embora não seja comum. Esse comportamento já ocorre na colheita de cereais, em que a variabilidade da produtividade ou da biomassa a ser processada pela máquina exige que ela altere a sua velocidade constantemente de forma a manter seus sistemas cheios. Isso é possível desde que sensores indiquem a variação no fluxo de biomassa, ou seja, quando ela deve aumentar ou diminuir a sua velocidade de deslocamento.

A aplicação de eletrônica embarcada nas máquinas agrícolas tem perspectivas ilimitadas, e para os próximos anos são sinalizados alguns movimentos que ainda estão em fase inicial. É o caso da comunicação entre o trator e a máquina. A primeira etapa aconteceu há mais de meio século (sistemas de controle hidráulico remoto) com o domínio dos circuitos hidráulicos e com a consequente necessidade de sua padronização de forma que a partir de qualquer modelo de trator fosse possível acionar e controlar comandos de uma determinada máquina ou implemento. Atualmente, são oferecidas soluções eletrônicas para controlar simples ações da máquina acoplada ao trator ou mesmo sistemas completos e complexos que automatizam as funções dessa máquina pelo trator, onde está o operador. É o caso da própria aplicação de insumos em taxas variáveis, que é comandada por um controlador que emite um sinal a um atuador que regula o fluxo de óleo de um circuito hidráulico e faz um motor hidráulico girar mais ou menos (Cap. 6).

Outra evolução que está em seus primórdios é a da comunicação entre a máquina e o sistema gestor. À medida que a quantidade de conjuntos mecanizados cresce nas propriedades agrícolas, pela extensão destas ou pela sofisticação da sua mecanização, a necessidade da correta gestão desses conjuntos como fatores de produção se torna mais evidente. Sistemas que conectam as máquinas e transmitem dados destas a uma central de controle e vice-versa permitem uma série de ações que facilitam em muito a atuação do gestor e dos operadores.

Essa técnica, chamada de telemetria, está chegando ao campo e traz consigo a perspectiva de transmitir dados em tempo real, ou bem próximo disso, entre as duas partes. Sensores instalados na máquina e que coletam dados de aspectos de funcionamento do motor, transmissão e operação podem ao mesmo tempo encaminhar os dados a um computador de bordo ou a uma unidade remota. Da mesma forma, dados gerados no escritório e que necessitam chegar à máquina podem ser enviados, facilitando e agilizando os processos.

Numa forma mais ampla de aplicação dessa técnica, as empresas de máquinas, por iniciativa própria ou por meio de suas revendas, vislumbram serviços de gestão de frotas. Para se referir a esse tema, já existe o termo técnico Farm Management Information Systems (FMIS). Com base nos dados funcionais das máquinas são programadas as manutenções e trocas.

As razões para a recente popularização da telemetria estão nos avanços dos serviços de comunicação, especialmente da telefonia móvel. O maior deles ocorreu quando do surgimento da tecnologia Global System for Mobile Communication (GSM), ou 2G nos anos 1990, não mais analógica como até então. Contudo, a capacidade e a velocidade da transmissão de dados ainda era o limitante e estava na ordem de 9,6 a 14,4 kbps. A evolução se deu com o surgimento do General Packet Radio Service (GPRS), ou 2.5 G, no início dos anos 2000, com capacidade para 160 kbps, o qual já permite a transmissão de dados gerados no computador de bordo de um pulverizador, como vazão, velocidade, pressão e coordenadas GNSS, ou mesmo os dados de colheita gerados pelo monitor de produtividade, em tempo real. Também permite a transmissão de arquivos de recomendação para uma dada aplicação, a partir do escritório, ou mesmo arquivos de relatório da aplicação, a partir da máquina.

Na sequência, surgiu a tecnologia Enhanced Data Rates for Global Evolution (Edge), a qual permitiu aumentar a velocidade de transmissão de dados teoricamente para até 472 kbps. A tecnologia que se seguiu foi a 3G, que alcança velocidades de transmissão de dados da ordem de 2 Mbps para usuários estáticos, 384 kbps para usuários em movimento em baixa velocidade (1,0 m s^{-1}) e 144 kbps para deslocamento de veículos em estrada. A próxima etapa, já denominada de 4G, deve oferecer velocidades para a transmissão de dados de até 155 Mbps. Toda essa evolução permite a comunicação sempre mais rápida e com maior quantidade de dados sendo transmitidos. No entanto, sabe-se das limitações de cobertura de telefonia móvel que existem em áreas rurais e que devem ser solucionadas à medida que surgem as demandas.

Também se amplia no âmbito da telemetria a necessidade de sincronismo nas tarefas entre diferentes máquinas, por meio da comunicação entre elas. Exemplos clássicos que já são trabalhados pelo mercado são o da colhedora e do trator tracionando uma carreta graneleira, ambos equipados com sistema de direção automática. A colhedora pode fazer a descarga mesmo em operação (em movimento) e, para isso, basta que o operador do trator o coloque paralelo à colhedora, que passará a comandar o esterçamento e a velocidade do trator. Contudo, para isso é importante que o trator esteja equipado com sistemas de variação contínua de velocidade.

A perspectiva ainda mais distante, mas não menos estudada e trabalhada, tanto na indústria como na academia é a da gradativa substituição dos acionamentos hidráulicos pelos acionamentos elétricos nas máquinas em geral – a chamada eletrificação do trator. Essa é uma tendência que já se anuncia, embasada na maior eficiência energética e maior capacidade de controle e automação dos acionamentos elétricos. As também denominadas plataformas eletrificadas são veículos com tensões embarcadas na faixa de 50 a 1.000 VAC ou 75 a 1.500 VDC e que, além das ligações mecânicas e hidráulicas tradicionais, também incluem máquinas elétricas. Tipicamente, um gerador é montado no volante do motor diesel para produzir a corrente elétrica que é usada como propulsor principal, dispensando a bomba hidráulica e os conjuntos de engrenagens da transmissão. Sistemas diesel-elétricos semelhantes têm sido utilizados com sucesso nas locomotivas, submarinos e, mais recentemente, em ônibus urbanos.

Alguns exemplos já são oferecidos no mercado ou têm sido apresentados como conceitos. É o caso do trator que tem um gerador acoplado ao motor diesel que alimenta motores elétricos para a bomba de circulação do líquido de arrefecimento e ventilador, ar-condicionado e compressor de ar para os freios. Outro exemplo é um pulverizador autopropelido que tem um motor diesel que aciona um gerador, o qual, por sua vez, alimenta os quatro propulsores elétricos nos rodados.

A potência elétrica para acionamentos promete ser uma solução interessante, na medida em que as máquinas acopladas ao trator passam a ter seus acionamentos elétricos. Desde 2007, existe no mercado europeu uma adubadora a lanço com os discos acionados por motores elétricos. As maiores vantagens desse recurso são a maior eficiência energética e a maior facilidade de controle sobre o acionado. As rotações dos discos da adubadora podem ser independentemente gerenciadas, o que permite aplicações controladas em bordaduras de talhões, por exemplo.

No contexto da AP, a automação de funções das máquinas tem sido oferecida aos usuários em módulos. O primeiro deles foi o controlador para taxas variáveis, seguido pelo sinalizador-guia tipo barra de luzes, os sistemas de direção automática e os controladores de seções. Esses últimos, mais recentes, tiveram uma rápida popularização, pois representam uma simplificação considerável para o operador em termos de comandar o ato de ligar e desligar o pulverizador nas entradas e saídas da lavoura.

Os sistemas que controlam automaticamente as seções e a pulverização representam uma solução para a melhoria da baixa eficiência nas aplicações de produtos fitossanitários, pois podem reduzir significativamente as sobreposições, poupando produtos fitossanitários (e, consequentemente, o risco de fitotoxicidade), combustível e o tempo durante o processo de aplicação, resultando em maior rendimento operacional, menor impacto ambiental e também menos falhas entre as passadas. Além disso, ajudam a reduzir a fadiga do operador, aumentando seu rendimento e qualidade de trabalho. Esses sistemas podem atuar controlando a válvula de cada seção ou individualmente na válvula de cada ponta de pulverização e, quanto maior esse detalhamento, maior será o impacto da área controlada (Fig. 8.11).

O mesmo conceito tem sido usado em outras aplicações. É o caso das semeadoras, que passam a ter a opção de ligar e desligar o acionamento dos mecanismos dosadores de cada linha, individualmente. É interessante destacar que isso só foi possível com a substituição dos acionamentos que eram feitos por rodas de terra por atuadores hidráulicos ou elétricos.

8.8 ELETRÔNICA EMBARCADA E A NECESSIDADE DA SUA PADRONIZAÇÃO

Tudo o que foi apresentado anteriormente gera uma nova perspectiva para a mecanização agrícola, que definitivamente passa a demandar o domínio da eletrônica e de suas tecnologias. Portanto, a eletrônica embarcada passa a ser não apenas um auxílio complementar nas máquinas, mas sim um componente essencial que traz consigo novos desafios, sendo provavelmente o maior deles o da necessidade de padronização, menos evidente quando se trata de veículos autopropelidos. Na interface entre um trator e uma máquina por ele tracionada e acionada, a necessidade de padronização tende a ser algo óbvio aos olhos do usuário, da mesma forma que foi, no passado, a padronização das dimensões do acoplamento da TDP (tomada de potência), do engate de três pontos e de conexões hidráulicas.

As comunicações eletrônicas, no entanto, requerem significativamente mais padronização do que era necessário nos casos das interfaces anteriores. Não somente os aspectos físicos agora são considerados, mas principalmente a compatibilidade da maneira como o dado ou a informação é comunicada. Um dado simples como a velocidade de deslocamento, por exemplo, para ser utilizado por diferentes equipamentos e gerado apenas em um deles, exige

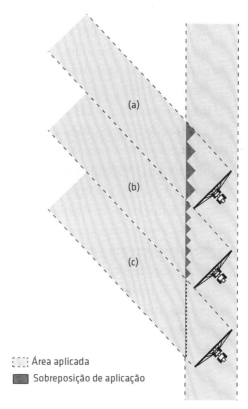

Fig. 8.11 Sistemas que permitem (A) o controle manual de seções, (B) o controle automatizado de seções mais estreitas e (C) o controle individualizado de cada ponta de pulverização

padrões para conectores, fiação, tensão e corrente e métodos de veiculação. Consenso entre os envolvidos (equipamentos de diferentes fabricantes) também deve existir com relação ao padrão de comunicação, à codificação e à definição do dado em si. As unidades de mensuração, a exatidão, a definição e a frequência de medição devem ser padronizadas para que possam ser interpretadas.

Para suprir essa necessidade, a opção adotada tem sido os padrões baseados no protocolo de comunicação digital Controller Area Network (CAN). O protocolo CAN foi desenvolvido na década de 1980 pela empresa Robert Bosch Gmb para promover a interconexão entre dispositivos de controle eletrônicos em automóveis, já necessários naquela época. Em 1988, um grupo de trabalho foi formado dentro da Associação Alemã dos Fabricantes de Máquinas e Equipamentos (atual VDMA) e elegeu o protocolo CAN para essa nova padronização, conhecida como LBS, dando origem à norma alemã DIN 9684. Em 1991, a ISO estabeleceu o seu grupo de trabalho para internacionalizar a proposta, que deu origem à norma ISO 11783, também conhecida como ISOBUS.

O propósito dessa norma é prover um padrão aberto para interconexão de sistemas eletrônicos embarcáveis em equipamentos agrícolas por meio de um barramento (do inglês *bus*), que é um conjunto formado por fios, conectores e dispositivos de potência, para promover a interconexão de componentes e permitir a comunicação de dados entre eles. Essa norma estabelece que essa eletrônica embarcada seja fisicamente distribuída em várias partes, chamadas de *electronic control units* (ECUs), cada uma responsável por apenas parte do processamento, o que as torna mais simples e baratas. Elas são interligadas pelos barramentos no trator e na máquina ou implemento e trocam mensagens padronizadas (Stone et al., 1999).

Atualmente, uma entidade privada, a Agricultural Industry Electronics Foundation (AEF, <http://www.aef-online.org>), une basicamente os dois grandes grupos de empresas e entidades dedicadas ao tema, as empresas norte-americanas e europeias. A AEF se dedica prioritariamente ao desenvolvimento e fomento à adoção da Isobus, mas também coordena discussões sobre novos temas, como a eletrificação dos tratores e máquinas (AEF, 2013).

Algumas funcionalidades com essa padronização já estão disponíveis. É o caso do terminal universal (TU), que é a tela em que as ações dos programas são visualizadas pelo operador e por meio da qual qualquer máquina ou implemento compatível pode ser operado. Há também os controles auxiliares (AUX-N), como é o caso de um joystick ou outro tipo de controle auxiliar ao TU. Também envolve os *task controllers* ou controladores de tarefas e o primeiro deles é o TC-BAS, que se refere às tarefas básicas, envolvendo a documentação de valores totais de trabalhos realizados. Outro componente padronizado é o controlador de tarefas georreferenciadas, que envolve dados com coordenadas (TC-GEO), e um terceiro é o controlador de tarefas que envolve o controle de seções, como no pulverizador e na semeadora (TC-SC). O controlador de tarefas relacionadas às ECUs do trator (TECU) trata da sua velocidade, rotações etc. A ECU avançada do trator (TECU-A) envolve a comunicação bidirecional, aquela em que a máquina controla o trator, por exemplo, comandando a sua velocidade. O controle sequencial (SQC) trata do caso das etapas das manobras de cabeceiras. A AEF também desenvolveu uma ferramenta que testa conformidades e que serve para certificar os produtos dos fabricantes.

No Brasil, essa padronização é de responsabilidade da Associação Brasileira de Normas Técnicas (ABNT), que gradativamente está nacionalizando os padrões da norma ISO 11783. Já existem tratores e máquinas agrícolas com tal padronização no mercado local, mas o processo de adoção tem sido lento.

8.9 ROBÓTICA – HISTÓRICO E CONCEITOS

A automação total de processos é adotada na indústria desde a década de 1970 e na agricultura as discussões sobre a sua aplicação são bem recentes. Os dispositivos com recursos automáticos que lhes permitem capacidade de produzir movimentos repetitivos, também chamados de autômatos, existem há muito tempo. Apesar de ser difícil definir o seu surgimento na história, é comum associá-los aos primeiros dispositivos eletromecânicos com movimento repetitivo predefinido e fixo. Mais recentemente, eles evoluíram para os braços manipuladores de base fixa, que atualmente são largamente adotados nas linhas de montagem da indústria, que também evoluíram para braços móveis, tipo gruas. Bem mais recente é o surgimento dos robôs móveis, com capacidade de se deslocar de modo guiado, semiautônomo ou totalmente autônomo. Existem referências mais antigas de dispositivos móveis comandados a distância, diretamente influenciados pela indústria bélica, como veículos autônomos teleguiados ou mesmo autoguiados, como as bombas alemãs da Segunda Guerra Mundial.

A robótica evoluiu a partir dos autômatos, chegando mais recentemente aos robôs móveis terrestres (com rodados ou pernas) e aéreos, sendo comandados a distância ou até mesmo totalmente autônomos. Os robôs móveis devem ter algumas características além da mobilidade, como percepção via sensores, controle e inteligência para converter a percepção em ação, e comunicação com seus parceiros e com o operador ou gestor.

A mobilidade dos robôs terrestres percorre os caminhos já desvendados pela engenharia automotiva, com rodas ou esteiras propulsoras e de apoio, ou com pernas articuladas. Da mesma forma, os aéreos incorporam toda a tecnologia já dominada da aviação de asa fixa ou de asa móvel aplicada intensamente nos veículos aéreos não tripulados (VANTs e *drones*).

Como soluções para a percepção automática dispõe-se de uma série de recursos, os quais dependem fundamentalmente do tipo de ambiente em que o robô trabalhará e de percursos a serem cumpridos. No caso dos robôs terrestres com rodado, os *encoders* ou geradores de pulsos que medem o número de rotações das rodas permitem obter informações de odometria e são fundamentais para definir distâncias percorridas. Os sensores de infravermelho e *laser* medem a distância entre o sensor e um obstáculo frontal, calculada em função do retorno da reflexão da luz na superfície. O *light detection and ranging* (LiDAR) é uma evolução do *laser* e permite realizar diversas medidas de distância em diferentes direções utilizando um único sensor. De forma semelhante, o radar e o sonar também medem distância, porém utilizam a reflexão sonora. Os sensores de contato identificam quando ocorre um toque entre o veículo (sensor) e um ponto de contato por meio de medida de contato/pressão. A visão artificial permite que sejam adquiridas a partir de uma ou mais câmeras (visão monocular, estéreo ou omnidirecional) descrições do ambiente que, por sua vez, permitem que sejam implementadas técnicas de determinação de posicionamento relativo, absoluto, detecção e estimativa de deslocamento e detecção de obstáculos. As bússolas eletrônicas identificam a orientação do veículo em relação ao campo magnético da Terra e representam uma medida de orientação ou de posição relativa. Receptores GNSS indicam a posição absoluta do veículo na superfície da Terra. Os acelerômetros e inclinômetros também são utilizados para detectar inclinações e mudanças bruscas de direção.

O controle e a inteligência dependem do tipo de tarefa e de deslocamento que o robô móvel deve percorrer. Em um caso relativamente simples, um robô deve percorrer caminhos dentro da fábrica, entre o estoque e a linha de montagem, carregando peças e, para isso, segue uma linha marcada no chão, guiado por um sensor óptico. Se a linha for interrompida, certamente ele deverá parar por não ter inteligência para assumir um percurso a ser seguido. Em ambientes mais complexos ou tarefas mais sofisticadas, deverá haver inteligência mínima para a preservação física do robô e dos que estão ao seu redor, das informações que estão envolvidas e, quando necessário, gerar soluções alternativas e adaptação.

8.10 AMBIENTE AGRÍCOLA E OS DESAFIOS PARA A ROBÓTICA

A ideia de aplicar a robótica na agricultura não é recente. Na década de 1980, a tosquia de ovelhas na Austrália recebeu atenção e estudos deram origem a sistemas de um e de dois braços hidráulicos robotizados que agiam simulando os golpes de tesouras do tosquiador manual. Sensores de capacitância permitiam que a tesoura flutuasse próximo à pele do animal, limitando a ocorrência de cortes a níveis menores que aqueles causados por um tosquiador manual. No entanto, depois de investimento de muitos milhões de dólares, o projeto foi descontinuado por não ser competitivo em termos de custo. São conhecidas as competições em que os tosquiadores demonstram as suas habilidades e o sistema robotizado não atingia tais velocidades, não sendo competitivo em custo (Billingsley; Visala; Dunn, 2008).

Produtos derivados do braço mecânico estacionário, próprio para atividades repetitivas, existem no mercado desde o início da década de 1990. É o caso do robô para a lactação, já utilizado no Brasil desde 2012, na região dos Campos Gerais do Paraná, o qual é formado por um braço mecânico posicionado estrategicamente em uma cabine ou brete. As vacas, uma a uma, se posicionam, induzidas por treinamento e pelo alimento que lhes é servido no local. O braço executa a higienização do úbere e todo o procedimento de ordenha, controlando-o em cada quadrante e executando o monitoramento sanitário do produto. Também pode estar equipado com uma unidade de alimentação automatizada, que permite dosar a quantidade de ração conforme a produção de leite e estágio da lactação de cada animal.

Um desses robôs atende em torno de 50 a 60 animais e, nas configurações mais completas, não necessita de supervisão do produtor. No caso de eventualidades, uma chamada no seu telefone móvel lhe reporta a ocorrência, como uma inesperada rejeição à rotina por parte de um animal. A adoção de tecnologias dessa natureza não só se viabiliza pela sua competitividade em relação ao custo da operação executada de forma mais convencional, com a presença de um operador, mas também minimiza as falhas humanas e oferece maior conforto aos animais.

Por esse exemplo, é plausível considerar que a robótica terá mais chances de ser viabilizada inicialmente na produção em ambientes controlados, justamente por se tratar de uma situação mais próxima daquela das linhas de montagem. Da mesma forma e pela mesma razão, uma única plataforma pode desenvolver várias operações, o que no campo é pouco provável que se viabilize. A introdução da robótica em estufas ou túneis representa uma possibilidade interessante, uma vez que plataformas robotizadas multitarefa estarão disponíveis e poderão autonomamente realizar tarefas repetitivas.

Para que os robôs agrícolas tenham sucesso, eles devem ser baratos em comparação com os seus homólogos industriais. Na agricultura, as margens de lucro são pequenas e os equipamentos são frequentemente utilizados apenas sazonalmente, em vez de constantemente como em uma linha de produção. Porém, precisam ser robustos e com menor exigência de exatidão.

Uma área que tem grande potencial, segundo a visão de Billingsley, Visala e Dunn (2008), pela sua natureza, é a exploração florestal. As máquinas florestais são, ainda hoje, em sua maioria, diretamente controladas pelos condutores humanos, com a ajuda de sistemas distribuídos de automação baseados em CAN (Control Area Network), mas essas máquinas tendem a se tornar mais autônomas com o passar dos anos. As máquinas de colheita podem ser equipadas com um sistema de percepção que mapeie as árvores e localize a máquina em relação a estas. Informações sobre o povoamento florestal (arranjo, densidade, produção) podem, assim, ser coletadas ou mesmo previamente informadas, permitindo a melhor programação para o corte e transporte.

As explorações florestais em florestas naturais do hemisfério Norte ainda são as que recebem maior atenção dos desenvolvedores de tecnologias e estão normalmente localizadas em áreas montanhosas. Para locomoção nessas áreas, novas soluções tecnológicas são necessárias. A movimentação com pernas articuladas (caminhada) talvez seja a única forma segura de locomoção em encostas e montanhas e tem se desenvolvido como uma área de pesquisa na robótica aplicada à silvicultura desde o final da década de 1980. Nas florestas naturais, além da mobilidade, ainda há outro desafio, que é o de selecionar árvores, já que não ocorre o corte raso (de todas as árvores) como normalmente se dá nas florestas implantadas. Nesse caso, desenvolvem-se muitos estudos na área de Simultaneous Localization And Mapping (Slam) para definir percursos. Essa área evoluiu muito e, especialmente na mineração, já existem máquinas teleguiadas e autônomas.

Para o caso de lavouras com percursos definidos pelas plantas, como é o caso das culturas perenes, ou nas florestas implantadas, ou mesmo nas culturas anuais de ciclo curto com controle de tráfego, esse desafio é significativamente reduzido. Porém, operação remota ou autonomia total de percursos em longas distâncias exige monitoramento e comunicação sem fio eficiente, o que pode representar uma limitação.

A colheita de frutas para a indústria utiliza alguma forma de energia para o seu desprendimento, como a agitação da planta ou do galho e, nesse caso, a colheita pode ser total ou seletiva, dependendo da energia aplicada e da fixação do pedúnculo da fruta à planta. Essa técnica também pode ser utilizada para a colheita de algumas frutas para consumo, mas exige pós-processamento para sua limpeza e seleção.

No caso mais clássico da colheita de frutas mimetizando a atividade humana, ocorre fusão de dois modelos clássicos: o veículo autônomo e o braço mecânico. O veículo precisa ter a sua solução de propulsão e de orientação, e o braço mecânico deve ter o seu sistema sensor de detecção das frutas, normalmente visão artificial, e sistema de propulsão. Quando todas as frutas são colhidas, é necessária alguma forma de localizá-las para que um atuador colha cada uma. Em outras situações, há um requisito adicional para determinar se o fruto está pronto para a colheita e quais devem ser deixados para amadurecer. Na horticultura, as plataformas com esteiras transportadoras laterais têm auxiliado a colheita, embora o processo continue sendo feito essencialmente de forma manual, para espécies como repolho, brócolis, couve-flor e melão.

Outro exemplo é um veículo autônomo dedicado à agricultura orgânica, com grande presença especialmente na Europa, que pode ser equipado com mecanismos para capina mecânica. Novamente, a solução é composta de um veículo autônomo que deve ter a sua solução de percurso e prover propulsão para o mecanismo de capina, o qual deve apresentar um sistema sensor próprio para definir o que precisa ser capinado ou preservado.

Já na pulverização, por exemplo, o veículo autônomo é complementado por sistemas de detecção por visão artificial, no caso de ervas daninhas, ou LiDAR, ou mesmo percursos predeterminados, no caso de plantas perenes em fileiras. As partes relacionadas à pulverização em si já são mais conhecidas e com elevado nível de automação já dominado.

Para a agricultura extensiva, uma automação que pode vir a ser demandada é o trator autônomo. O primeiro deles foi apresentado ao mercado em 2011, na feira Agritechnica, em Hannover, Alemanha. Ele foi concebido com a ideia de que dois tratores equipados com sistema de direção automática e de controles sequenciais de manobras trabalhem próximos e que um supervisor, não um operador, esteja em um deles, pronto para reagir a possíveis emergências. Esse tem sido o grande limitante da indústria, que teme por riscos à segurança ainda não claramente definidos.

Por outro lado, existe o pensamento de que a robotização na agricultura venha a se firmar, ao menos inicialmente, com pequenas unidades. Assim, o uso de tecnologias embarcadas em máquinas mais inteligentes para reduzir e direcionar entradas de energia de forma mais eficaz do que no passado e o advento de arquiteturas de sistemas autônomos possibilitam desenvolver uma nova gama de equipamentos agrícolas baseados em pequenas máquinas inteligentes que podem realizar a operação adequada, no lugar certo, no momento propício e da maneira correta. Uma das atribuições desses equipamentos, provavelmente a mais fácil de ser viabilizada, seria o transporte de sensores e a coleta automatizada e intensa de dados das lavouras visando ao acompanhamento da evolução das culturas e ao melhor entendimento da sua variabilidade espacial para, assim, gerar recomendações localizadas e detalhadas.

As práticas agrícolas atuais têm sido e devem ser continuamente questionadas. Somente assim será possível chegar mais próximo de atender corretamente aos requisitos agronômicos das culturas. Blackmore (2009) sugere que é necessária uma mudança de paradigma na maneira de pensar sobre a mecanização agrícola. É preciso deixar de planejar as tarefas em função das máquinas que hoje utilizamos e passar a defini-las a partir dos requisitos das plantas. Só então será possível usar princípios mecatrônicos apropriados para projetar máquinas que atendam a esses requisitos. As tecnologias existentes em automação já são capazes de possibilitar o desenvolvimento de um sistema de mecanização completamente novo para apoiar sistemas de cultivo baseados em pequenas máquinas inteligentes. Tal sistema permitiria a aplicação de insumos de forma inteligentemente direcionada, reduzindo assim o custo com insumos e aumentando o nível de cuidado com as culturas. Essa estratégia não reduz o papel do gestor, pois as funções de gestão ainda serão necessárias, mas tais máquinas inteligentes poderão adaptar os tratamentos de acordo com as condições locais, da forma como uma pessoa o faria, porém sem a sua presença.

Tal hipótese confronta fortemente a tendência atual da mecanização que aponta para equipamentos ainda maiores e mais potentes. A razão que sustenta essa opção é a carência e a dificuldade com a mão de obra nas lavouras.

A realidade da agricultura brasileira é representada por uma grande diversidade de panoramas geográficos e fundiários. Há mistos de culturas perenes, como café e citros, e semiperenes, como a cana-de-açúcar, da produção de madeira de forma intensiva e em ciclos curtos, das culturas anuais hoje demandando menos potência, após o pleno domínio da prática da semeadura direta. A evolução da robótica nesse contexto não deverá ser exatamente a mesma que se inicia na Europa, por exemplo, indicando que há a necessidade de amplos estudos e discussões para a sua implementação.

Em particular, nos cultivos em grandes áreas contínuas, o advento de veículos agrícolas mais inteligentes e, portanto, mais autônomos é uma possibilidade. Essas soluções estão tecnologicamente próximas e deverão requerer avanços e evoluções dos usuários. Certamente, ocorrerão mudanças sensíveis no perfil da mão de obra. Outras mudanças virão, especialmente, na adequação das lavouras e carreadores para viabilizar e otimizar o uso de veículos autônomos, exigindo, por exemplo, a programação inteligente de percursos otimizados para essas máquinas.

Sem dúvida, a interface entre a AP e a mecanização agrícola, num processo crescente de incorporação de soluções de automação, cria espaço para que o *big data* da agricultura prospere. A geração de dados em grande quantidade é fundamental para a gestão com mais inteligência artificial. Na agricultura, essa geração de dados passa pelas tecnologias de sensores embarcados e pelos equipamentos. Como consequência, haverá espaço para o desenvolvimento de sistemas de tomada de decisões (com base nesses dados), sempre mais inteligentes, complexos e robustos.

Referências bibliográficas

ADAMCHUK, V. I.; HUMMEL, J. W.; MORGAN, M. T.; UPADHYAYA, S. K. On-the-go soil sensors for precision agriculture. *Computers and Electronics in Agriculture*, v. 44, n. 1, p. 71-91, 2004.

ANDRIOTTI, J. L. S. *Fundamentos de estatística e geoestatística*. São Leopoldo: Unisinos, 2004.

BAIO, F. H. R. Evaluation of an auto-guidance system operating on a sugar cane harvester. *Precision Agriculture*, v. 13, n. 1, p. 141-147, 2012.

BANSAL, R.; LEE, W. S.; SATISH, S. Green citrus detection using fast Fourier transform (FFT) leakage. *Precision Agriculture*, v. 14, p. 59-70, 2013.

BELLINASO, H.; DEMATTÊ, J. A. M.; ROMEIRO, S. A. Soil spectral library and its use in soil classification. *Revista Brasileira de Ciência do Solo*, v. 34, p. 861-870, 2010.

BERRY, J. K. *Map analysis: understanding spatial patterns and relationships*. San Francisco: GeoTech Media, 2007.

BILLINGSLEY, J.; VISALA, A.; DUNN, M. Robotics in agriculture and forestry. In: SICILIANO, B.; KHATIB, O. (Ed.) *Springer handbook of robotics*. Berlin: Springer-Verlag, 2008. p. 1065-1077.

BLACKMORE, S. New concepts in agricultural automation. In: HGCA CONFERENCE ON PRECISION IN ARABLE FARMING - CURRENT PRACTICE AND FUTURE POTENTIAL, 2009, UK. *Proceedings...* [s.l.]: HGCA, 2009.10 p.

BRAMLEY, R. G. V. Lessons from nearly 20 years of Precision Agriculture research, development, and adoption as a guide to its appropriate application. *Crop & Pasture Science*, Victoria, v. 60, p. 197-217, 2009.

BRASIL. *Agricultura de precisão*. Ministério da Agricultura, Pecuária e Abastecimento. Secretaria de Desenvolvimento Agropecuário e Cooperativismo. Brasília: Mapa/ACS, 2014. 21 p. (Agenda Estratégica 2014 – 2025). Disponível em: <http://www.agricultura.gov.br/arq_editor/file/Desenvolvimento_Sustentavel/Agricultura-Precisao/Agenda%20Estrat%C3%A9gica%20do%20setor%20de%20Agricultura%20de%20Precis%C3%A3o.pdf>. Acesso em: 25 ago. 15.

BULLOCK, D. S.; LOWENBERG-DEBOER, J.; SWINTON, S. G. Adding value to spatially managed inputs by understanding site-specific yield response. *Agricultural Economics*, v. 27, p. 233-245, 2002.

BURROUGH, P. A.; McDONNELL, R. A. *Principles of geographical information systems*. New York: Oxford University Press, 1998.

CAMBARDELLA, C. A.; MOORMAN, T. B.; NOVARK, J. M.; PARKIN, T. B.; KARLEN, D. L.; TURCO, R. F.; KONOPKA, A. E. Field-scale variability of soil properties in central Iowa soils. *Soil Science Society of America Journal*, v. 58, p. 1501-1511, 1994.

CHERUBIN, M. R.; SANTI. L. A.; EITELWEIN, M. T.; AMADO, T. J. C.; SIMON, D. H.; DAMIAN, J. N. Dimensão da malha amostral para caracterização da variabilidade espacial de fósforo e potássio em latossolo vermelho. *Pesquisa Agropecuária Brasileira*, Brasília, DF, v. 50, n. 2, p. 168-177, 2015.

COLAÇO, A. F.; ROSA, H. J. A; MOLIN, J. P. A model to analyse as-applied reports from variable rate operations. *Precision Agriculture*, v. 15, n. 3, p. 304-320, 2014.

CREPANI, E. *Princípios básicos de sensoriamento remoto*. São José dos Campos: Inpe, 1993.

DoD - DEPARTMENT OF DEFENSE. *Global Positioning System, Standard Positioning Service, Performance Standard*. 4th ed., 2008. Disponível em: <http://www.gps.gov/technical/ps/2008-SPS-performance-standard.pdf>. Acesso em: 13 set. 2013.

DRUCK, S.; CARVALHO, M. S.; CÂMARA, G.; MONTEIRO, A. M. V. *Análise espacial de dados geográficos*. Planaltina: Embrapa Cerrados, 2004.

DWORAK, V.; SELBECK, J.; EHLERT, D. Ranging sensors for vehicle based measurement of crop stand and orchard parameters: a review. *Transactions of the American Society of Agriculture and Biological Engineers*, St. Joseph, v. 54, n. 4, p. 1497-1510, 2011.

EHSANI, M. R.; SULLIVAN, M. D.; ZIMMERMAN, T. L.; STOMBAUGH, T. Evaluating the Dynamic Accuracy of Low-Cost GPS Receivers. St. Joseph: ASABE, 2003. Meeting Paper n. 031014.

FIGUEIRÊDO, D. C. *Curso básico de GPS*. 2005. (Apostila de aula). Disponível em: <http://www.leb.esalq.usp.br/disciplinas/Topo/leb450/Angulo/Curso_GPS.pdf>. Acesso em: 05 nov. 2013.

FOUNTAS, S.; BLACKMORE, S.; ESS, D.; HAWKINS, S.; BLUMHOFF, G.; LOWENBERG-DEBOER, J.; SORENSEN, C. G. Farmer experience with Precision Agriculture in Denmark and the US Eastern corn belt. *Precision Agriculture*, v. 6, p. 121-141, 2005.

FRIDGEN, J. J.; KITCHEN, N. R.; SUDDUTH, K. A.; DRUMMOND, S. T.; WIEBOLD, J.; FRAISSE, C. W. Management zone analyst (MZA): software for subfield management zone delineation. *Agronomy Journal*, v. 96, p. 100-108, 2004.

GIMENEZ, L. M.; ZANCANARO, L. Monitoramento da fertilidade de solo com a técnica da amostragem em grade. *Informações Agronômicas*, Piracicaba, p. 19-25, 2012.

GRIFFIN, T. W.; LOWENBERG-DEBOER, J. Worldwide adoption and profitability of precision agriculture: implications for Brazil. *Revista de Política Agricola*, v. 14, n. 4, p. 20-38, 2005.

HEEGE, H. J. *Precision in crop farming*. London: Springer, 2013.

ISO - INTERNATIONAL ORGANIZATION FOR STANDARDIZATION. 11783: Tractors and machinery for agriculture and forestry - Serial control and communications data network. Geneva, [s.d.].

ISO - INTERNATIONAL ORGANIZATION FOR STANDARDIZATION. 12188-1: Tractors and machinery for agriculture and forestry - Test procedures for positioning and guidance systems in agriculture - Part 1: Dynamic testing of satellite-based positioning devices. Geneva, 2010. 8 p.

ISO - INTERNATIONAL ORGANIZATION FOR STANDARDIZATION. 12188-2. Tractors and machinery for agriculture and forestry - Test procedures for positioning and guidance systems in agriculture - Part 2: Testing of satellite-based auto-guidance systems during straight and level travel. Geneva, 2012. 6 p.

ISO - INTERNATIONAL ORGANIZATION FOR STANDARDIZATION. 17123-8. Optics and optical instruments – Field procedures for testing geodetic and surveying instruments – Part 8: GNSS field measurement systems in real time (RTK). Geneva, 2007. 15 p.

LANDIM, P. M. B.; STURARO, J. R.; MONTEIRO, R. C. Krigagem ordinária para situações com tendência regionalizada. DGA, IGCE, UNESP/Rio Claro, Laboratório de Geomatemática, texto didático 07, 2002. Disponível em: <http://www.rc.unesp.br/igce/aplicada/DIDATICOS/LANDIM/tkrigagem.pdf>. Acesso em: 25 fev. 2015.

LI, J.; HEAP, A. D. *A review of spatial interpolation methods for environmental scientists.* Canberra, Geoscience Australia, 2008. 137 p. (Record 2008/23).

LIU, W. T. H. *Aplicações em Sensoriamento Remoto*. Campo Grande: Uniderp, 2006. 908 p.

MACHADO, T. M.; MOLIN, J. P. Ensaios estáticos e cinemáticos de receptores de GPS. *Revista Brasileira de Engenharia Agrícola e Ambiental*, v. 15, n. 9, p. 981-988, 2011.

MAJA, J. M.; EHSANI, R. Development of a yield monitoring system for citrus mechanical harvesting machines. *Precision Agriculture*, v. 11, p. 475-487, 2010.

MINASNY, B.; McBRATNEY, A. B. *FuzMe*: Fuzzy k-Means with extragrades program. Australian Centre for Precision Agriculture, The University of Sydney, 2002. Disponível em: <http://www.usyd.edu.au/su/agric/acpa/fkme/FkME.html>

MIRANDA, J. I. *Fundamentos de sistemas de informações geográficas*. Brasília: Embrapa Informação Tecnológica, 2005.

MOLIN, J. P. Orientação de aeronave agrícola por DGPS comparada com sistema convencional por bandeiras. *Engenharia Agrícola*, v. 18, p. 62-70, 1998.

MOLIN, J. P. Definição de unidades de manejo a partir de mapas de produtividade. *Engenharia Agrícola*, v. 22, p. 83-92, 2002.

MOLIN, J. P; CARREIRA, P. T. Metodologia para ensaios cinemáticos de receptores de GNSS utilizando um GPS RTK como referência. *Revista Brasileira de Agroinformática*, v. 8, n. 1, p. 53-62, 2006.

MOLIN, J. P.; FAULIN, G. D. C. Spatial and temporal variability of soil electrical conductivity related to soil moisture. *Scientia Agricola*, v. 70, n. 1, p. 1-5, 2013.

MOLIN, J. P.; MASCARIN, L. S. Colheita de citros e obtenção de dados para mapeamento da produtividade. *Engenharia Agrícola*, v. 27, n. 1, p. 259-266, 2007.

MOLIN, J. P.; RUIZ, E. R. S. Erro de percurso em aplicações a lanço. *Engenharia Agrícola*, v. 19, n. 2, p. 208-218, 2000.

MOLIN, J. P.; DIAS, C. T. S.; CARBONERA, L. Estudos com penetrometria: novos equipamentos e amostragem correta. *Engenharia Agrícola e Ambiental*, v. 16, n. 5, p. 584-590, 2012.

MOLIN, J. P.; POVH, F. P.; PAULA, V. R.; SALVI, J. V. Método de avaliação de equipamentos para direcionamento de veículos agrícolas e efeito de sinais de GNSS. *Engenharia Agrícola*, v. 31, p. 121-129, 2011.

MOLIN, J. P.; COUTO, H. T. Z.; GIMENEZ, L. M.; PAULETTI, V.; MOLIN, R.; VIEIRA, S. R. Regression and correlation analysis of grid soil data versus cell spatial data. In: EUROPEAN CONFERENCE ON PRECISION AGRICULTURE, Montpellier, 3., 2001, Montpelier. *Proceedings...* Montpelier: AgroMontpelier, p.449-453, 2001.

MONICO, J. F. G. *Posicionamento pelo GNSS*: descrição, fundamentos e aplicações. 2. ed. São Paulo: Editora Unesp, 2008.

MOREIRA, M. A. *Fundamentos de sensoriamento remoto e metodologias de aplicação*. 4. ed. Viçosa: UFV, 2011.

MULLA, D. J.; HAMMOND, M. W. Mapping of soil test results from large irrigation circles. In: ANNUAL FAR WEST REGIONAL FERTILIZER CONFERENCE, 39., 1988, Pasco, WA, USA. *Proceedings...* Agricultural Experimental Station Technical Paper 8597, 1988. p. 169-171.

NOVO, E. M. L. M. *Sensoriamento remoto*: princípios e aplicações. 2. ed. São Paulo: Edgard Blucher, 1992.

OLIVEIRA, T. C. A.; MOLIN, J. P. Uso de piloto automático na implantação de pomares de citros. *Engenharia Agrícola*, v. 31, n. 2, p. 334-342, 2011.

OLIVER, M. A. *Geoestatistical applications for Precision Agriculture*. New York: Springer, 2010.

OLIVER, M. A. An overview of Precision Agriculture. In: OLIVER, M. A.; BISHOP, T. F. A.; MARCHANT, B. P. *Precision Agriculture for sustainability and environmental protection*. Abingdon, Oxon, UK: Routledge, 2013. p. 01-58.

PAULA, V. R.; MOLIN, J. P. Assessing damage caused by accidental vehicle traffic on sugarcane ratoon. *Applied Engineering in Agriculture*, v. 29, n. 2, p. 161-169, 2013.

PEDROSO, M.; TAYLOR, J. A.; TISSEYRE, B.; CHARNOMORDIC, B.; GUILLAUME, S. A segmentation algorithm for the delineation of agricultural management zones. *Computer and Electronics in Agriculture*, v. 70, p. 199-208, 2010.

RAIJ, B. van; CANTARELLA, H.; QUAGGIO, J. A.; FURLANI, A. M. C. Recomendações de adubação e calagem para o Estado de São Paulo. 2. ed. Campinas: IAC, 1997. 279 p. (IAC. Boletim Técnico, 100).

ROSELL, J. R.; SANZ, R. A review of methods and applications of the geometric characterization of tree crops in agricultural activities. *Computers and Electronics in Agriculture*, v. 81, p. 124-141, 2012.

ROSSEL, R. A. V.; McBRATNEY, A. B.; MINASNY, B. *Proximal soil sensing*. London: Springer, 2010.

ROUSE, J. W.; HAAS, R. H.; SCHELL, J. A.; DEERING, D. W.; HARLAN, J. C. *Monitoring the vernal advancement and retrogradation (greenwave effect) of natural vegetation*. Greenbelt: NASA, 1974. (NASA/GSFC. Final Report).

SANTESTEBAN, L. G.; GUILLAUME, S.; ROYO, J. B.; TISSEYRE, B. Are precision agriculture tools and methods relevant at the whole-vineyard scale? *Precision Agriculture*, v. 14, n. 1, p. 2-17, 2013.

SEGANTINE, P. C. L. *Sistema Global de Posicionamento - GPS*. 1. ed. São Carlos: Escola de Engenharia de São Carlos - EESC/USP, 2005.

SPAROVEK, G.; SCHNUG, E. Soil tillage and precision agriculture: a theoretical case study for soil erosion control in Brazilian sugar cane production. *Soil & Tillage Research*, v. 61, p. 47-54, 2001.

SPEKKEN, M.; BRUIN, S. Optimized routing on agricultural fields by minimizing maneuvering and servicing time. *Precision Agriculture*, v. 14, p. 224-244, 2013.

SPEKKEN M.; ANSELMI, A. A.; MOLIN, J. P. A simple method for filtering spatial data. In: EUROPEAN CONFERENCE ON PRECISION AGRICULTURE, 9., 2013, Lleida, Spain. *Proceedings...*, Lleida, 2013.

STONE, M. L.; MCKEE, K. D.; FORMWALT, C. W.; BENNEWEIS, R. K. ISO 11783: an electronic communications protocol for agricultural equipment. In: AGRICULTURAL EQUIPMENT TECHNOLOGY CONFERENCE, 1999, Louisville, Kentucky, USA. *Proceedings of* ASAE (American Society of Agricultural Engineers), publication n. 913C1798.

SUDDUTH, K. A.; KITCHEN, N. R.; WIEBOLD, W. J.; BATCHELOR, W. D.; BOLLERO, G. A.; BULLOCK, D. G.; CLAY, D. E.; PALM, H. L.; PIERCE, F. J.; SCHULER, R. T.; THELEN, K. D. Relating apparent electrical conductivity to soil properties across the north-central USA. *Computers and Electronics in Agriculture*, v. 46, p. 263-283, 2005.

TAYLOR, J. A.; McBRATNEY, A. B.; WHELAN, B. M. Establishing management classes for broadacre agricultural production. *Agronomy Journal*, v. 99, n. 5, p. 1366-1376, 2007.

THOELE, H.; EHLERT, D. Biomass related nitrogen fertilization with a crop sensor. *Applied Engineering in Agriculture*, v. 26, n. 5, p. 769-775, 2010.

TING, K. C.; TAREK, A.; ALLEYNE, A.; RODRIGUEZ, L. Information technology and agriculture global challenges and opportunities. *The Bridge*, National Academy of Engineering, Washington DC, v. 41, n. 3, p. 6-13, 2011.

VIEIRA, S. R.; CARVALHO, J. R. P.; GONZÁLEZ, A. P. Jack knifing for semivariogram validation. *Bragantia*, v. 69, p. 97-105, 2010.

UNOOSA - UNITED STATES OFFICE FOR OUTER SPACE AFFAIRS; UN - UNITED NATIONS. *Current and planned global and regional navigation satellite systems and satellite-based augmentations systems*. New York: United Nations, 2010.